U0260476

中国工程院重大咨询项目
中国农业资源环境若干战略问题研究

农产品产地污染防治卷

中国主要农产品产地污染防治战略研究

席北斗　黄彩红　李　瑞　主编

中国农业出版社
北　京

图书在版编目（CIP）数据

中国工程院重大咨询项目·中国农业资源环境若干战略问题研究. 农产品产地污染防治卷：中国主要农产品产地污染防治战略研究/席北斗，黄彩红，李瑞主编. —北京：中国农业出版社，2019.8
ISBN 978-7-109-24608-9

Ⅰ. ①中… Ⅱ. ①席… ②黄… ③李… Ⅲ. ①农业资源-研究报告-中国 ②农业环境-研究报告-中国 ③农产品-产地-污染防治-研究-中国 Ⅳ. ①F323.2 ②X322.2 ③X71

中国版本图书馆CIP数据核字（2018）第212531号

农产品产地污染防治卷：中国主要农产品产地污染防治战略研究
NONGCHANPIN CHANDI WURAN FANGZHI JUAN：ZHONGGUO ZHUYAO NONGCHANPIN CHANDI WURAN FANGZHI ZHANLÜE YANJIU

中国农业出版社
地址：北京市朝阳区麦子店街18号楼
邮编：100125
责任编辑：孙鸣凤　姚　红
版式设计：北京八度出版服务机构
责任校对：沙凯霖
印刷：北京通州皇家印刷厂
版次：2019年8月第1版
印次：2019年8月北京第1次印刷
发行：新华书店北京发行所
开本：889mm×1194mm　1/16
印张：13.75
字数：240千字
定价：120.00元

本书编委会

课题组成员名单

组　　长：席北斗　中国环境科学研究院研究员
　　　　　黄彩红　中国环境科学研究院副研究员
　　　　　李　瑞　中国环境科学研究院助理研究员

顾　　问：刘鸿亮　中国工程院院士，中国环境科学研究院研究员
　　　　　任阵海　中国工程院院士，中国环境科学研究院研究员
　　　　　魏复盛　中国工程院院士，中国环境监测总站研究员
　　　　　侯立安　中国工程院院士，中国人民解放军火箭军工程大学教授

主要成员：

中国南方农产品产地污染综合防治战略研究课题组

黄彩红　中国环境科学研究院副研究员
唐朱睿　中国环境科学研究院博士研究生
许其功　中国环境科学研究院研究员
张列宇　中国环境科学研究院研究员
何小松　中国环境科学研究院研究员
杨天学　中国环境科学研究院副研究员
吴代赦　南昌大学教授
郑博福　南昌大学教授

中国北方农产品产地污染综合防治战略研究课题组

席北斗　中国环境科学研究院研究员
李　瑞　中国环境科学研究院助理研究员
李鸣晓　中国环境科学研究院研究员
姜　玉　中国环境科学研究院博士研究生
师荣光　农业农村部环境保护科研监测所研究员
崔东宇　中国环境科学研究院工程师
许　铮　中国环境科学研究院硕士研究生
高绍博　中国环境科学研究院硕士研究生

前言

P R E F A C E

党中央、国务院高度重视我国农产品产地环境质量安全，相关系列政策、法规相继出台。然而，随着我国工业化、城市化、农业现代化进程的不断加快，大量污染物进入农产品产地环境并逐渐超过其容量限制，污染总体上呈不断加重趋势，引发了农产品产地诸多环境问题，特别是土壤重金属污染问题突出，“镉大米”“砷大米”事件频发。本书结合大气、水、土壤等环境要素，系统阐述了我国主要农产品产地的环境现状，深入剖析主要问题及成因，提出环境安全综合治理策略，对提升我国农产品产地环境污染治理的科学性，保障农业可持续发展、农产品质量安全、生态环境安全和人民群众健康安全都具有重要意义。

全书包括综合报告和课题报告两部分。综合报告概述了我国主要农产品产地环境污染问题，从全局角度提出我国农产品产地环境污染防治战略。课题报告为中国南方主要农产品产地污染综合防治战略研究、中国北方主要农产品产地污染综合防治战略研究，前者以四川盆地、长江中下游地区和广西蔗糖产区为主要调查对象进行论述，后者主要针对东北平原、黄淮海平原展开相关论述，提出了环境污染防治的基本对策、分区对策及代表性重点工程。全书主要以2015年为基准年进行数据分析，部分为2008—2012年数据，数据来源于实测、文献调研、公报、环境保护部及农业部相关单位。

本书是课题组集体智慧和辛勤工作的成果。全书具体分工如下：综合报告由席北斗、黄彩红、李瑞撰写；中国南方主要农产品产地污染综合防治战略研究报告由黄彩红主笔，唐朱睿、许其功、张列宇、何小松、杨天学、吴代赦、郑博福等共同撰写；中国北方主要农产品产地污染综合防治战略研究报告由李瑞主笔，姜玉、李鸣晓、师荣光、崔东宇、许铮、高绍博等共同撰写。

在本研究开展与本书写作过程中，石玉林院士、唐华俊院士、高中琪局长、刘鸿亮院士、任阵海院士、魏复盛院士、侯立安院士、张红旗研究员等多位专家给予了指导和帮助，在此一并表示衷心的感谢。

本书可供从事环境保护、农业农村环保研究的科研与管理人员阅读，还可供环境专业大专院校师生参考。书中可能存在不完善之处和不少错误，恳请有关专家和广大读者批评指正。

本书编委会

2018年3月

C O N T E N T S

课题报告

课题报告一 中国南方主要农产品产地污染综合防治战略研究

课题报告二　中国北方主要农产品产地污染综合防治战略研究

综合报告

一、主要农产品产地面临的问题

（一）土壤污染叠加趋势明显

2014年，我国耕地土壤点位超标率为19.4%，其中，轻微、轻度、中度和重度污染点位比例分别为13.7%、2.8%、1.8%和1.1%。污染类型以无机型为主，有机型次之，复合型污染比重较小，无机污染物超标点位数占全部超标点位的82.8%。镉、汞、砷、铜、铅、铬、锌、镍8种无机污染物点位超标率分别为7.0%、1.6%、2.7%、2.1%、1.5%、1.1%、0.9%、4.8%，六六六、滴滴涕、多环芳烃3类有机污染物点位超标率分别为0.5%、1.9%、1.4%。长江三角洲、珠江三角洲、辽河平原、海河平原等部分区域土壤污染问题较为突出，西南地区、中南地区土壤重金属超标范围较大；镉、汞、砷、铅4种无机污染物含量分布呈现从西北到东南、从东北到西南逐渐升高的态势。

污染物种类呈现增加的趋势，多氯联苯、抗生素等新型污染物时有检出。污染来源多样，工矿企业生产排放、农业投入品不合理使用、农业生产模式与产业结构不合理、畜禽粪便和垃圾等农村固体废弃物资源化利用程度低是南方农产品产地环境污染的主要成因。此外，南方农产品产地处于我国酸雨污染区，农户散煤、秸秆焚烧等农村生活和农业生产方式对大气酸沉降影响显著；南方地区水网发达，流域内水体富营养化对灌溉水影响较大，长江中游地区湖泊和湿地生态退化严重，沿江化工行业环境风险隐患突出；农村畜禽养殖业对水体污染贡献大，面源流失评估困难，农产品产地环境胁迫明显。

2015年，酸雨区面积约72.9万km^2，占国土面积的7.6%，比2010年下降5.1个百分点；其中，较重酸雨区和重酸雨区面积占国土面积的比例分别为1.2%和0.1%。酸雨污染主要分布在长江以南—云贵高原以东地区，包括江西大部、湖南中东部、重庆南部等，大幅提升了南方土壤重金属污染风险。

（二）重金属污染问题突出

以环境保护部、农业部相关数据为基础测算[①]，四川盆地、长江中下游地区、广西

① 单项重金属点位超标率采取单因子评价法，综合点位超标率采用内梅罗指数法计算。

蔗糖产区土壤重金属污染相对严重，综合点位超标率分别为34.3%、10.92%、79.49%。四川盆地主要污染物为Cd、Ni和Cu，长江中下游地区与广西蔗糖产区主要污染物为Cd和Ni，其中洞庭湖平原Cd点位超标率高达65.03%。三江平原、松嫩平原、淮北平原土壤重金属点位超标率相对较低，分别为1.35%、0.81%、0.62%；海河平原、辽河平原、黄泛平原点位超标率相对较高，分别为4.28%、3.70%、2.10%。三江平原、淮北平原土壤主要超标重金属为Cd、Hg、Ni，松嫩平原为As、Cd、Cr、Ni、Zn，海河平原As、Cd、Cr、Cu、Hg、Ni、Pb、Zn 8种重金属均有不同程度超标，辽河平原、黄泛平原除Pb外其他7种重金属全部超标。

南方农产品产地主要分布于长江沿岸，产地环境涉及水、土、气等多因素、多介质交互作用，污染类型以重金属无机污染为主，从单一污染向复合污染转变，总体情况不容乐观，部分地区污染严重。土壤重金属Cd仍为主要环境问题，污染范围大，生态风险高，超标点位主要分布在四川盆地、洞庭湖平原、广西蔗糖产区。珠江三角洲与广西蔗糖产区重金属As污染问题突出，多环芳烃、邻苯二甲酸酯、石油烃等有机污染并存，复合污染严重。

北方主要农产品产地土壤重金属超标问题较为突出的区域主要位于辽河平原东部、南部以及海河平原京津冀交汇区。Cd超标点位集中分布在辽河平原的沈阳市和锦州市，海河平原的天津市，黄泛平原的济源市、新乡市、安阳市；Hg超标点位集中分布在海河平原的天津市、北京市；Cu超标点位集中分布在辽河平原的沈阳市、抚顺市，海河平原的赵县；As超标点位集中分布在海河平原的天津市。Cd尚清洁点位连片分布在辽河平原的沈阳市和锦州市、海河平原的天津市和北京市周边；Ni尚清洁点位分布在辽河平原的沈阳市、辽阳市、海城市、营口市，海河平原的涿州市、保定市、石家庄市、沙河市，淮北平原的洛阳市、舞阳县、信阳市，呈带状分布。海河平原天津市以南、赵县以东区域为土壤环境质量清洁区；黄泛平原北部和西南部为土壤环境质量清洁区；松嫩平原西南部为土壤环境质量清洁区；三江平原除富锦市、宝清县，其他区域均为土壤环境质量清洁区。

根据Hakanson潜在生态风险指数法测算，东北地区及黄淮海平原土壤重金属Hg和Cd污染风险问题突出，556个市县中，Hg高等污染风险的市县共计55个，其中黄泛平原19个、海河平原10个、辽河平原9个、松嫩平原9个、淮北平原7个、三江平原1个；Cd高等污染风险的市县共计14个，其中黄泛平原8个、海河平原2个、辽河平原

2个、松嫩平原的1个、淮北平原1个。Hg中等污染风险的市县共计163个，Cd中等污染风险的市县共计123个；Hg低等污染风险的市县共计338个，Cd低等污染风险的市县共计419个。黄淮海平原土壤重金属污染风险及点位超标率高于东北地区。南方农产品产地土壤重金属Cd污染风险问题相对集中，182个县市（区）中，高等污染风险的县市（区）共计29个，其中四川盆地15个、长江中下游地区8个、广西蔗糖产区6个；中等污染风险的县市（区）共计46个，其中四川盆地26个、长江中下游地区16个、广西蔗糖产区4个（表0−1）。

表0−1　农产品产地主产区Hg、Cd污染风险等级区划一览

单位：个，%

地区		黄泛平原	海河平原	辽河平原	松嫩平原	淮北平原	三江平原	四川盆地	长江中下游地区	广西蔗糖产区
		小麦	玉米和小麦	玉米	玉米	小麦和水稻	水稻和玉米	水稻	水稻	水稻和蔗糖
Hg	高风险县市（区）	19	10	9	9	7	1	—	—	—
	中风险县市（区）	50	57	17	25	26	8	—	—	—
	低风险县市（区）	58	43	4	11	5	12	—	—	—
	超标率	0.210	0.230	0.150	0	0.070	0.004	—	—	—
Cd	高风险县市（区）	8	2	2	1	1	0	15	8	6
	中风险县市（区）	53	16	6	19	27	2	26	16	4
	低风险县市（区）	66	92	22	25	10	19	24	65	18
	超标率	2.920	0.710	1.190	0.09	0.240	0.090	29.270	17.080	67.020

（三）污染源类型多样

我国农产品产地污染来源以工矿型（工矿点源污染）为主，城市型（生活源污染）、农村型（农业面源污染）为辅。各地区均存在多种污染源类型，工矿型主要分布在长江流域，江西赣江，广西刁江、环江，湖南湘江等支流，及湖南湘西、湖北大冶、江西德兴等周边地区，涉及黄淮海平原、东北平原、洞庭湖平原、鄱阳湖平原和广西蔗糖产区；城市型主要分布于人口密集、城镇化、集约化程度较高地区；而农村型污染源在各地区均有体现，东北平原相对贡献率较高。从污染源迁移转化途径看，流域或区域内水体（含地下水）对农产品产地土壤污染贡献较大，大气沉降次之。各支流的污染直接导致流域内土壤污染，淮河、辽河、海河、湘江流域较为突出。

从重金属污染贡献率来看，污染源种类对不同重金属类别影响各异。黑色冶炼、火力发电、硫酸、颜料、电镀、电子等工业排放多种类别重金属，油漆、陶瓷和纺织工业排放Cd较多，橡胶、塑料和氯碱等工业排放Hg较多；农业投入品方面，每年肥料和农药对农田重金属的贡献可达2.23万t，其中Cu、Cr和Cd的贡献分别为7 741t、3 429t和113t，Cd主要来源于磷肥，Pb主要来源于氮肥；每年大气沉降对农田重金属的贡献达13.54万t，其中Zn（78 973t）、Pb（24 658t）贡献较大，Cd的贡献为493t。据统计，因固体废弃物堆存而被占用和毁损的农田面积已达600万亩[①]，造成周边地区的污染农田面积超过5 000万亩，广西南丹矿区每年向刁江排放含As尾矿1 770t，自建矿以来，约排放800万～1 000万t，尾矿砂大量堆积于河道，直接导致流域范围内耕地土壤As严重超标。此外，高背景值是广西蔗糖产区点位超标率较高的成因之一，其中Cd（0.267mg/kg）是全国平均值的3.8倍。

此外，污染物种类呈现增加的趋势，多氯联苯、抗生素等新型污染物时有检出。污染来源多样，工矿企业生产排放、农业投入品不合理使用、农业生产模式与产业结构不合理、畜禽粪便和垃圾等农村固体废弃物资源化程度低，是南方农产品产地污染的主要成因。南方农产品产地处于我国酸雨污染区，农户散煤、秸秆焚烧等农村生活和农业生产方式对大气酸沉降影响显著；南方地区水网发达，流域内水体富营养化对灌溉水影响较大，长江中游、湖泊和湿地生态退化严重，沿江化工行业环境风险隐患突出；农村畜禽养殖业对水体污染贡献大，面源流失评估困难，农产品产地环境胁迫明显。

化工行业是导致东北地区及黄淮海平原农产品产地土壤重金属污染的最主要潜在污染源。金属冶炼加工业是三江平原的重要潜在污染源，其相对贡献率占比为29%；畜禽养殖业是松嫩平原、辽河平原、黄泛平原的重要潜在污染源，其相对贡献率占比分别为17%、17%、16%；煤炭产业是海河平原的重要潜在污染源，其相对贡献率占比为20%；金属冶炼加工业、畜禽养殖业是淮北平原的重要潜在污染源，其相对贡献率占比均为16%。

① 亩为非法定计量单位，1亩＝1/15hm^2。下同。——编者注

应该指出，当前对农产品产地污染源调查与污染源迁移转化研究缺乏系统性和实效性，难以为国家农业决策提供准确参考。

二、总体思路和对策

（一）发展理念

农产品产地环境关系到农产品质量安全、国家粮食安全和人民群众健康，农业生产是传统产业，也是战略产业，保障农产品产地环境安全对实现农业可持续发展具有重要意义。中国农业现代化的进一步发展必须适应经济发展新常态和供给侧结构性改革要求，认真贯彻落实党中央、国务院战略决策和部署，高举中国特色社会主义伟大旗帜，以马克思列宁主义、毛泽东思想、邓小平理论、“三个代表”重要思想、科学发展观为指导，深入贯彻习近平总书记系列重要讲话精神，按照“五位一体”总体布局和“四个全面”战略布局，牢固树立“创新、协调、绿色、开放、共享”的新发展理念，以推进“一带一路”倡议、京津冀协同发展、长江经济带建设三大战略为引领，立足我国国情和农情，以保障农产品质量和人居环境安全为出发点，综合考虑农产品产地环境要素，突出农产品产地环境保护重点，统筹兼顾、因地制宜、分类指导，强化科技创新机制和市场化运作模式，促使国家重大需求与可持续发展相协调，努力构建环境友好、资源节约、质量安全的现代农业发展体系，实现农产品产地环境质量总体改善的发展目标，保障国家粮食安全，为实现“两个一百年”奋斗目标、实现中华民族伟大复兴中国梦构筑坚实的资源基础。

（二）总体思路

以“预防为主、保护优先、风险管控”为导向，推进环境保护与粮食安全协同发展。以“坚守基准红线，强化风险管控”为准则，协同部署“天地一体化”农产品产地污染监控预警体系。以“依托科技创新，强化源头管理”为抓手，全面阻断污染源进入农产品产地。以“预防为主、综合治理”为前提，针对不同区域特征，实施“一区一策”污染防治策略。

将国家分区战略与农产品产地环境整合联动，以长江经济带生态脆弱区、京津冀一

体化协同发展区、西北“一带一路”建设区为引领，基于“三去一降一补”战略，通过大力实施农产品产地污染物源头削减，加大科技创新驱动力度和强化统筹科学管理，加快推进农业供给侧结构性改革进程，保障农产品产地环境安全，全面系统推动农业现代化发展。

污染物源头削减战略是保障农产品产地环境安全和农产品质量安全的基础。大气、水、土壤环境是发展高产优质农产品最基本的自然条件，农业可持续发展必须对基础条件积极开展防护工作，强化风险管控与安全利用。通过推行绿色生产方式，开展村镇清洁能源建设和农业标准化清洁生产，从源头降低农村固体废弃物、垃圾、畜禽养殖粪污的污染风险及减量化、无害化、分质资源化综合处理压力，优先保护水质较好江河湖泊，积极改善富营养化等环境问题突出的重点流域水质，切实加强内源性污染消减与外源污染物控制等相关工作。

科技创新驱动战略是保障和改善农产品产地环境安全的核心。积极发挥科技创新在农产品产地污染防治中的重要驱动作用，加快形成资源利用高效、生态系统稳定、产地环境良好、产品质量安全的农业发展新格局，包括绿色生产、风险评估、预防保护、污染治理、污染修复、效果评估等系列技术体系与模式，农产品产地污染防治相关技术指南、规范、标准及政策法规等支撑体系，强化示范试点带动效应，大力推广实施科技创新成果，提高成果转化率，使科技创新切实服务于高产、优质、安全的农产品生产，实施农业标准化战略，突出优质、安全、绿色导向，健全农产品质量和食品安全标准体系。

统筹科学管理战略是改善农产品产地环境安全的保障。构建完善、精细化管理技术体系，形成系列地方科学性、可操作性强的管理文件。重点开展典型区域试点示范工作，通过加强农产品主产地各区域、流域的系统规划和统筹管理，强化风险管控与安全利用。加快建立政府主导、地方落实、群众参与的管理模式，发挥“互联网+”在农产品产地污染防治与修复全产业链中的作用，推进大众创业、万众创新。

（三）主要对策

1．成立国家级农产品产地污染监察中心

中心应由国务院直接领导，发展改革委、环境保护、农业、水利、住建、国土、科技等有关部门参加，统筹资源、科学部署土、水、气、生、人一体化农产品产地污染监控预警系统。强化工矿企业源头排污监管；深入调查土壤重金属、有毒有机物污染现

状，探究不同污染组分在土壤中的迁移转化规律，分析污染物在土、水、气、作物等介质中的交互作用机制，为农产品产地污染防治措施提供客观的科学手段及理论依据。强化农产品种植、生产、流通全链条监管力度，以“严禁流通、源头查封”不达标农产品的“市场倒逼”方式控制农田污染。结合遥感、多维地理信息系统、智慧地图、“互联网+”等技术，实现国外先进在线环境监测技术及设备的国产化，同时研发具有国内自主知识产权的在线环境监测技术及装备；研发统一的环境监测信息大数据共享平台并开发专业用户客户端，建立完善的智能化监测数据管理考核机制及环境应急监测机制。

2．建立污染源头削减与管控体系

污染源的控制对于保护和改善农产品产地环境质量至关重要。以绿色发展理念引导农产品产地全要素、全过程清洁生产，坚决防止污染源进入产地环境，并严控二次污染风险。以高标准农产品质量为抓手，倒逼农产品产地环境质量“反降级”的推进。以环境容量为准绳，严格控制超承载力、超负荷生产，最终形成源头严防、过程严管、责任严究的污染源管控体系。

污染物源头削减是保障农产品产地环境安全和农产品质量安全的基础。大气、水、土壤环境是发展高产优质农产品最基本的自然条件，农业可持续发展必须对基础条件积极开展防护工作，强化风险管控与安全利用，切实加强内源性污染削减与外源污染物控制等相关工作。统筹考虑生产与生活、城市与农村、种植业与养殖业等环境保护工作，重点抓好工矿企业管理、农业投入品管理、畜禽养殖污染防治、农村生活垃圾和污水治理等工程，切实加强产地环境保护和源头治理。严控工矿污染，明确工矿企业新建标准、生产工艺要求及与农产品产地的安全距离，全面整治历史遗留尾矿库，开展环境风险评估，完善污染治理设施，开展工矿企业废水高效内部资源化综合处理技术研究及相关工程示范。农业投入品方面，加快推进果菜茶有机肥替代化肥行动，推行农作物病虫害专业化统防统治和绿色防控，推广高效低毒低残留农药和现代植保机械，加强农药包装废弃物回收处理，提高测土配方施肥技术推广覆盖率，加强废弃农膜回收利用。严格规范兽药、饲料添加剂的生产和使用，加强畜禽粪便综合利用，鼓励支持畜禽粪便处理利用设施建设，开展“四位一体”村镇垃圾、畜禽养殖废弃物分质资源化土壤修复技术工程示范，实现村镇环保、农业、社会和生态环境可持续发展。

3．分区分级综合治理土壤污染

全面开展全国农产品产地土壤生态风险等级分区，建立土、水、气的农产品产地环

境精细化管理单元，形成农产品产地土壤生态环境分区管理体系，即高风险区域实施污染源垂直监管、污染土壤快速治理；中风险区域推进污染源全面整治、环保经济协同发展；低风险区域提倡坚守生态红线、科学发展绿色农业。高风险区域中现有的污染源管理模式已无法满足农田土壤生态环境可持续发展的需求，应实施污染源垂直监管、污染土壤快速治理，开展综合整治，调整种植结构，削减污染危害，已威胁到农产品安全和人类健康的地区要禁产，在重度污染区开展休耕试点，休耕期间优先种植生物量高、吸收积累作用强的植物，不改变耕地性质，或纳入国家新一轮退耕还林还草实施范围，实施重度污染耕地种植结构调整，配套相关配套支持政策，切实保障农民收益不降低。中风险区域是社会经济建设发展的缓冲区，应推进污染源全面整治、环保经济协同发展，需开展风险评估，实施风险管控，并积极进行修复，因土地利用方式不合理导致的土壤退化，需适时调整农业结构布局，开展污染土壤修复与综合治理试点工程。低风险区域是大力发展可持续农业的主战场，应提倡坚守生态红线、科学发展绿色农业，控制污染源进入，严格遵守农田投入品使用标准，推进实施差别化环境准入，严格控制在优先保护类耕地集中区域新建污染企业。

4．建设农产品产地污染防治科技创新平台

科技创新战略是保障和改善农产品产地环境安全的核心。实施国家农产品产地土壤环境科技创新任务、土壤环保标准体系建设任务和土壤环境技术管理体系建设任务。开展基础理论、环境标准和高新技术推广应用研究，形成一个有机联系的土壤环境科技创新体系。加强长期、稳定的土壤科学研究和关键技术开发，针对性地系统研究全国性和区域性土壤保护科学问题，认识和掌握土壤障碍问题成因与质量演变规律；科学地系统研究和建立土壤质量基准和保护标准体系；在土壤环境监测、土壤污染控制和修复、耕层土壤保护、土壤次生盐碱化防治以及土壤肥力平衡等技术与设备方面，形成适合国情的自主创新研发体系。强化科研人才队伍建设，推进省级专业技术研究机构全覆盖和整建制研究能力提升，推动地方设立农产品产地污染防治科技规划项目。鼓励和支持科研院所、大专院校、公司、学会等积极参与推动农产品产地污染防治科技进步。

5．完善农产品产地环境管理技术体系

明确政府为责任主体，依据不同农产品产地环境特征，加大农产品产地环境质量提升科技创新力度；以完善产地环境标准体系为根本，加快农产品产地环境重金属含量阈

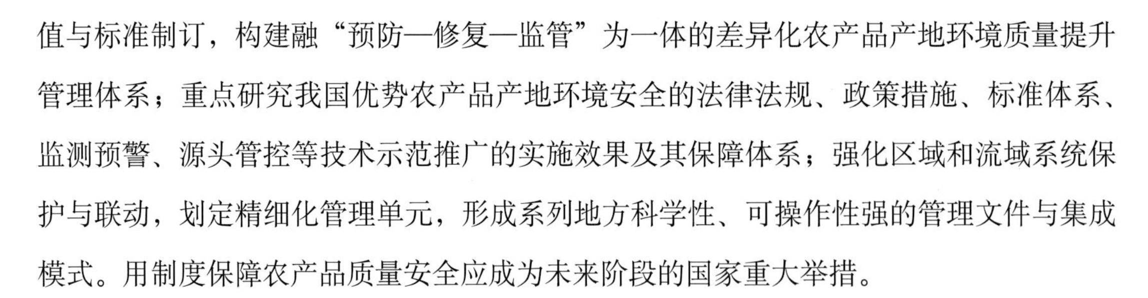

值与标准制订，构建融“预防—修复—监管”为一体的差异化农产品产地环境质量提升管理体系；重点研究我国优势农产品产地环境安全的法律法规、政策措施、标准体系、监测预警、源头管控等技术示范推广的实施效果及其保障体系；强化区域和流域系统保护与联动，划定精细化管理单元，形成系列地方科学性、可操作性强的管理文件与集成模式。用制度保障农产品质量安全应成为未来阶段的国家重大举措。

6. 推进畜禽养殖污染治理

科学划定畜禽养殖禁养区、限养区、宜养区。加大国家财政专项支持力度，结合以奖促治，解决农村畜禽养殖污染问题。在农村分散畜禽养殖区域，以村为实施单元，连片推广应用可降解有机废弃物小型户用沼气工程。在农村集中畜禽养殖区域，以镇/县为实施单元，规模化推广应用以畜禽粪便为主的中大型沼气工程。在畜禽养殖废弃物产生量较高的地区，遵循“以地定畜、种养结合”的原则，形成生态养殖—沼气—有机肥料—种植的循环经济模式，实现畜禽养殖污染物的资源化综合利用。推广低污染、低投资、低运行、易管理“三低一易”型畜禽养殖污染寒冷季节越冬工程。

优化畜牧业结构，提升供给质量和效率。依照《畜禽粪污土地承载力测算技术指南》，指导各地合理布局畜禽养殖，推进种养结合、农牧循环发展。以推进“一带一路”倡议的“红旗河”西部调水工程、京津冀协同发展战略为契机，进一步科学响应生猪养殖北移西进，有效疏解长江经济带生猪饲养密度和畜禽养殖生态环境压力，通过畜禽粪肥资源化利用提升“镰刀弯”地区（东北冷凉区、北方农牧交错区、西北风沙干旱区、太行山沿线区及西南石漠化区）耕地质量，探索形成粮经饲统筹、种养加结合的绿色生态循环养殖机制，推广新型清洁生产技术模式，保障生态环境安全，提升肉蛋奶供给质量与效率。

三、分区防治对策

（一）东北平原

东北平原废水Cd、Hg排放总量不高（分别占全国0.36%、1.12%），工业污染治理投资力度相对较低（占全国6.52%），土壤重金属高风险市县数量相对较少（20个），宜采用经济性高、环境扰动小、污染风险低的防治和修复技术。在Cd、Hg超标地块种植

富集能力较强的植物，例如野古草、大米草等，使土壤中重金属污染物不断向植物中转移，净化后的土壤可逐步恢复玉米、小麦等对重金属不敏感的农作物的种植；或实行Cd、Hg超标地块永久退耕。

严控化肥、饲料添加剂含量，倡导生产种植有机农产品，重点保护三江平原土壤环境质量。对辽河流域及松花江流域水质较差水体优先启动河道生态治理工程，提高水体自净能力。

（二）黄淮海平原

黄淮海平原废水Cd、Hg排放总量较高（分别占全国7.81%、17.80%），工业污染治理投资力度相对较高（占全国28.50%），土壤重金属高风险市县数量相对较多（36个）。对此，在精准测算高风险区域和超标农田面积及土方量的基础上，对超标地块在休耕季节进行客土更换，被置换的污染土壤应采取异位淋洗技术进行净化，淋洗液可送往周边工业园区废水处理设施集中处理，或新建污水处理设施就地处理。开展黄淮海平原重点流域重金属污染防治专项规划编制工作。科学划定污染控制单元，统筹防治地表水、地下水、近岸海域等各类水体污染。加强南水北调工程沿线环境保护，着力推进工业节水及清洁生产。

（三）四川盆地

四川盆地以城市型污染源为主要类型。成都平原是四川盆地土壤污染较重地区，Cd点位超标率达33.29%，主要分布在乐山市、德阳市等县市（区）。以控制污染源为重点，以小流域为单元，实施分级管理，综合保护，强化治理与修复工程监管，逐步改善水、土、气综合环境质量。严格管控高风险工矿企业和环境准入标准。开展污染土壤的种植业结构调整与农艺调控，采用固化/稳定、植物修复、低温热解、农艺调控等组合技术，实现对污染物的削减和风险控制。

（四）长江中下游地区

长江流域化工企业数量6 136家，湘江、赣江等支流化工企业分布密集，湖南湘西、湖北大冶、江西德兴等矿业密集，导致部分地区重金属污染。该区域内酸雨污染面积大、酸度高，加重了土壤重金属污染程度。

长江中下游地区低等风险区域占比达94.38%，重点加大保育力度，并通过推广缓冲性肥料、施用石灰等措施着力提高土壤pH。对中轻度污染耕地进行修复或种植结构调整，采用植物萃取＋化学活化、植物阻隔＋化学钝化、植物萃取＋低积累作物阻隔、植物稳定等技术，修复不同污染程度土壤。加大流域内湖泊、河流和大型水利工程辐射区农产品产地污染的系统综合防治力度。强化农产品产地环境污染源头控制工程、矿区影响区土壤修复治理工程及配套辅助工程；优化沿江工矿企业布局，强制采用全过程清洁生产，对威胁土壤安全的尾矿渣进行处理处置与综合利用。

（五）广西蔗糖产区

广西土壤重金属高背景值、刁江和环江流域密集分布的工矿企业污染排放是导致广西蔗糖产区点位超标率高的主要原因。应重点控制矿区污染，包括加固尾矿库堤坝，开展尾矿库周边抛荒场生态恢复和选矿厂废弃地治理工程；通过植物萃取、间作、阻隔和物化强化等开展污染土壤修复工程；建设修复植物育苗、废弃物处置和资源化利用等辅助工程；开展经济作物套种、土壤重金属钝化剂——低积累作物和超富集植物轮作、综合农业措施（如分水管理、施肥管理、土壤翻耕等）；制定环境风险管控方案，划定禁止生产区域，开展退耕还林还草工程。

四、京津冀地区农产品产地污染防治

（一）环境污染概况

2015年，京津冀地区废水排放总量为555 309万t，占全国7.55%。其中，废水中COD排放总量为157.87万t，Hg排放总量为174.8kg，Cd排放总量为16.2kg，Pb排放总量为437.1kg。2014年，京津冀地区有涉水工业企业1.53万家。农田土壤重金属超标点位周边污染源分布中，化工行业污染源对农田土壤污染的相对贡献率最高（51%），畜禽养殖业（27%）、金属冶炼加工业（9%）、电镀业（7%）次之。京津冀地区污染源点多面广，单位面积涉水工业污染源密度是全国平均水平的5.4倍，40%地下污染源周边存在地下水污染。区域Ⅳ～Ⅴ类地下水质比例约为78%；重金属污染浅层地下水指标主要以As、Pb、Cr为主，污染比例为7.98%；浅层地下水挥发性有机物污染比

较严重，污染比例为29.17%。

（二）防治措施

1. 建设京津冀区域环境质量动态监测网络

按照统一规划、统一监测方法、统一评价技术的原则，实行农作物和土壤环境质量协同监测，界定京津冀农产品产地污染区，识别重点污染行业，全面分析京津冀地区农产品产地污染时空分布、变化趋势以及迁移转化规律。开展农产品质量全程追踪监控工程示范。

2. 开展重点污染源在线监控预警

开展化工行业、金属冶炼加工业、电镀业、禽养殖业、填埋场等重点污染源在线监控预警，推进化工、冶金行业清洁生产，淘汰落后工艺，鼓励技术改造，强化行业的环保、能耗、技术、工艺、质量、安全等方面的指标约束，提高准入门槛。推广应用化工生产过程污染物浓缩、分离、纯化、资源内部循环利用技术。使用湿法冶金工艺逐渐替代火法冶金工艺，减少有害重金属源头排放量，提高有害金属回收率。

3. 开展污染源解析理论与技术研究

开展土壤污染来源及演化过程、不同形态污染物在不同土壤母质中的吸收迁移转化规律、不同形态污染物及赋存形态对作物生长及生态系统危害等重大科技研究，开展污染土壤原位/异位修复技术研究，通过湿地恢复重建提高环境净化能力。

课题报告

课题报告一

中国南方主要农产品产地污染综合防治战略研究

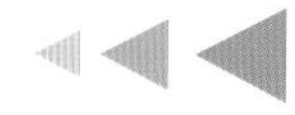

一、绪论

（一）研究背景

随着我国工业化、城市化、农业现代化进程的不断加快，大量污染物进入农产品产地环境并逐渐超过其容量限制，污染总体上呈不断加重趋势，引发了农产品产地诸多环境问题，农产品产地环境污染事件层出不穷，引起农产品产量下降、质量降低，严重影响了我国农业生产和农村经济的可持续发展。

南方地区城镇化起步早、发展快，初期经济发展以牺牲环境为代价，特别是土壤重金属污染问题突出，而南方地区广泛分布的酸雨污染加剧了问题的严重性。如湖南的“镉大米”事件，海南的“毒豇豆”事件，贵州的锰矿山污染农田事件，不仅使人民群众身体受到伤害，也影响了当地经济社会的可持续发展。此外，农产品产地环境污染问题，还严重影响到了我国农产品的出口和国际竞争力，导致国际贸易过程中退货事件时有发生，不仅影响了我国农产品的国际形象，也给当地种植农户带来了严重的经济损失。因此，开展农产品产地污染现状和成因分析，评估农产品产地土壤污染风险并制定综合防治策略，对于提升南方农产品产地污染治理的科学性，保障农业可持续发展、农产品质量安全、生态环境安全和人民群众健康都具有重要意义。

我国幅员辽阔，南北方农产品产地在气候、土壤、灌溉、耕作方式和作物种植类型方面差异较大。相较于北方，南方气候温暖湿润，降水丰富，土壤偏酸性，灌溉方式主要为江河来水漫灌，粮食作物种植以水稻为主。这样的环境条件，有利于重金属的迁移和有机污染物的降解转化。相关调查显示，我国南方地区农产品产地污染物主要有重金属、农药、多环芳烃及邻苯二甲酸酯等。另外，抗生素、致病微生物和一些新型的污染物（如多氯联苯和纳米材料等），也偶有检出。这些物质通过大气沉降、农业活动、工矿生产和固体废弃物排放进入土壤，造成了农产品产地环境污染和产品质量下降。长江中游湘江流域219个土壤样品和48个蔬菜样品的调查结果显示，土壤中As、Cd、Cu、Ni、Pb和Zn含量均高于我国二级标准，其中Cd超标率达68.5%；蔬菜方面，As、Cd、

Ni和Pb的超标率分别为95.8%、68.8%、10.4%和95.8%。珠江三角洲区域农业土壤的调查结果显示，所采集578个土壤样品中有230个样品的重金属含量超过二级标准值，超标率达39.79%，其中以Ni超标最为严重，超标率达22.32%，其次为Hg、Cd和Cu，超标率分别为13.49%、11.07%和10.03%。在有机污染方面，广东地区所检测的390个土壤样品中，有195个样品检出有机磷农药，检出率达50%，而有机氯农药只有1个样品未检出，检出率高达99.74%，污染程度和范围触目惊心。此外，一些本来是作物生长所需的营养盐物质，如硝酸盐，由于过量施用也进入作物，对珠江三角洲4种蔬菜148个样品的分析显示，36.5%的样品硝酸盐含量超标，污染程度严重的蔬菜样品占62.2%。

相对于大气和水体污染，土壤重金属污染具有隐蔽性、滞后性和长期性，其所造成的危害更大，治理更难。党中央、国务院高度重视我国农产品产地环境质量安全，系列政策、法规相继出台，如连续多年的中央1号文件、《土壤污染防治行动计划》《农业环境突出问题治理总体规划(2014—2018年)》《全国农业可持续发展规划(2015—2030年)》《重点流域农业面源污染综合治理示范工程建设规划（2016—2020年》及《“十三五”全国农产品质量安全提升规划》等，农产品产地污染综合防治迫在眉睫。

基于此，本书结合大气、水、土壤等环境要素，系统分析我国南方主要农产品产地环境现状、剖析成因，结合经济社会发展水平和区域特点，提出环境安全综合治理策略，形成区域性农产品安全综合治理模式，为保障农业生产的可持续发展和农产品安全提供科学依据。

（二）区域特征

南方地区农业生产条件基本相似，表现为高温期与多雨期一致，水热资源丰富、配合好，江淮地区梅雨适时适量，有利于水稻生长。长江中下游平原、珠江三角洲地势低平、土壤肥沃，河汊纵横，既灌溉便利，又利于发展淡水养殖；四川盆地紫色土肥沃；横断山区森林资源丰富，树种多，利于发展林业生产。长江流域农业生产历史悠久，生产水平高，“鱼米之乡”大多分布在长江两岸广袤平原之中。然而，江淮地区伏旱期，气温高，降水减少，蒸发旺盛，易对水稻生产产生影响；长江以南地区为红壤分布区，土壤酸性强，土质黏重，不利于种植业的发展。

南方地区是我国重要的农耕区之一，以水田为主。耕作特点表现为长江以北一年两

熟，长江以南一年三熟。淡水养殖发展很快，舟山渔场是我国最大的渔场。

南方地区是我国重要的农产品生产基地，在我国农业生产中具有重要战略地位。种类包括商品粮、桑蚕、糖料作物、油料作物、棉花和淡水渔业等，长江中下游平原和珠江三角洲是著名的“鱼米之乡”，四川盆地素有“天府之国”的美誉。其中商品粮基地包括成都平原、江汉平原、洞庭湖平原、鄱阳湖平原、太湖平原、珠江三角洲和江淮地区，棉花基地包括江汉平原和长江三角洲，糖料作物基地包括广东、海南、广西、云南和四川等省份，淡水渔业基地包括长江中下游平原和珠江三角洲。

（三）环境概况

我国南方农产品产地主要分布于长江沿岸，产地环境涉及水、土、气等多因素、多介质交互作用，污染类型以重金属无机污染为主，从单一污染向复合污染转变，总体情况不容乐观，部分地区污染严重。土壤重金属Cd仍为主要环境问题，污染范围大，生态风险高，超标点位主要分布在四川盆地、洞庭湖平原、广西蔗糖产区。珠江三角洲与广西蔗糖产区重金属As污染问题突出，多环芳烃、邻苯二甲酸酯、石油烃等有机污染并存，复合污染严重。污染物种类呈现增加趋势，多氯联苯、抗生素等新型污染物时有检出。污染来源多样，工矿企业生产排放、农业投入品不合理使用、农业生产模式与产业结构不合理、畜禽粪便和垃圾等农村固体废弃物资源化程度低是南方农产品产地环境污染的主要成因。此外，南方农产品产地处于我国酸雨污染区，农户散煤、秸秆焚烧等农村生活和农业生产方式对大气酸沉降影响显著；南方地区水网发达，流域内水体富营养化对灌溉水影响较大，长江中游、湖泊和湿地生态退化严重，沿江化工行业环境风险隐患突出；农村畜禽养殖业对水体污染贡献大，面源流失评估困难，农产品产地环境胁迫明显。

（四）主要内容

报告系统梳理了包括四川盆地、长江中下游地区和广西蔗糖产区在内的南方主要农产品产地环境问题，从大气、水、土壤环境质量等方面入手，综合分析污染成因并提出了南方主要农产品产地污染防治的基本对策与分区对策，阐述了南方地区代表性重点工程。报告以2015年为基准年进行数据分析，部分为2008—2012年数据，主要来源于实测数据、文献调研、公报、环境保护部及农业部相关单位。

二、南方主要农产品产地大气环境质量

据《2015中国环境状况公报》统计，国家环境监测网已覆盖338个地级以上城市的1 436个点位组成的国家环境空气监测网，423条河流和62座湖泊（水库）的972个断面（点位）组成的国家地表水环境监测网，338个地级以上城市和部分县级城市近1 000个点位组成的国家酸沉降监测网以及全国31个省（自治区、直辖市）645个生态点位10个区域重点站的生态环境监测网。公报中，城市环境空气质量评价依据《环境空气质量标准》(GB 3095—2012)，评价指标为二氧化硫（SO_2)、二氧化氮（NO_2)、可吸入颗粒物(PM_{10})、细颗粒物（$PM_{2.5}$)、一氧化碳（CO）和臭氧（O_3)；地表水水质评价依据《地表水环境质量标准》(GB 3838—2002）和《地表水环境质量评价办法（试行)》，评价指标为pH、溶解氧、高锰酸盐指数、化学需氧量、五日生化需氧量、氨氮、总磷、铜、锌、氟化物、硒、砷、汞、镉、铬（六价)、铅、氰化物、挥发酚、石油类、阴离子表面活性剂和硫化物共21项；湖泊（水库）营养状态评价指标为叶绿素a、总磷、总氮、透明度和高锰酸盐指数；生态环境质量评价依据《生态环境状况评价技术规范》(HJ 192—2015)。数值修约依据《数值修约规则与极限数值的表示和判定》(GB/T 8170—2008)。

（一）评价方法

取各项空气污染物单项因子的指数之和，用以评价空气质量整体水平，空气综合污染指数的数学表达式为：

$$P=\sum_{i=1}^{n}P_i,\ P_i=C_i/C_{i0} \qquad (式1-1)$$

式中，P为空气综合污染指数；P_i为i项空气污染物的分指数，n=1，2，…，n；C_i为i项空气污染物的季或年均浓度值，mg/m^3；C_{i0}为i项空气污染物的环境质量标准限值，mg/m^3。

空气质量级别评价采用最大单因子级别法。根据《环境空气质量标准》(GB 3095—2012)，分别确定SO_2、NO_2、PM_{10}、$PM_{2.5}$、CO、O_3的空气质量级别，并将其中最高级别确定为评价地区空气质量级别。

（二）大气污染总体情况

2015年，我国南方主要农产品产地空气环境污染物为$PM_{2.5}$，重点城市$PM_{2.5}$年均浓度范围在43～70μg/m^3（超过国家二级标准1.23～2倍）。全国酸雨区面积约72.9万km^2，占国土面积的7.6%，比2010年下降5.1个百分点；其中，较重酸雨区和重酸雨区面积占国土面积的比例分别为1.2%和0.1%。酸雨污染是南方农产品产地大气环境主要问题，酸雨类型总体为硫酸型，主要分布在长江以南—云贵高原以东地区，包括浙江、上海、江西、福建的大部分地区，湖南中东部、重庆南部、江苏南部和广东中部。

（三）四川盆地大气环境质量

1．主要省份空气环境质量

2013—2016年，四川省空气环境质量稳定。据《2015四川省环境状况公报》，2015年，四川省21个省控城市中，空气质量为优的城市占比为26.2%，空气质量为良的城市占比为54.3%，达到二级标准以上的城市占比为80.50%，与2014年基本持平，较2013年提高5.6个百分点。总超标比例为19.5%，其中轻度污染占13.7%，中度污染占3.3%，重度污染占2.4%，严重污染占0.1%（图1-1）。

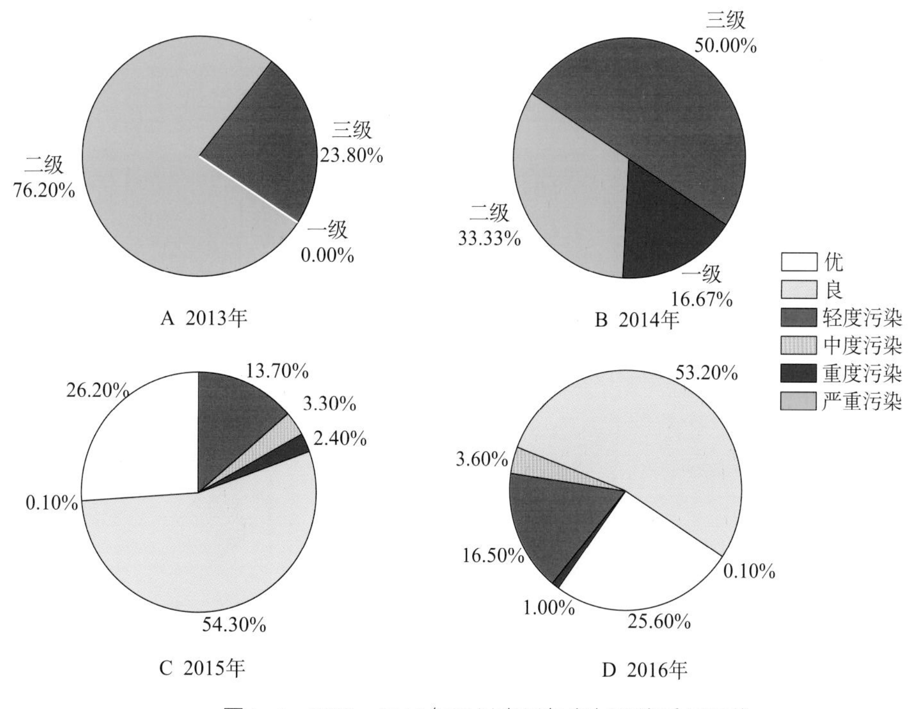

图1-1 2013—2016年四川省近年空气环境质量现状

2. 重点城市空气环境质量

四川盆地空气环境质量逐年改善（图1-2）。2013年，重庆市、雅安市的主要大气污染物是PM_{10}，绵阳市为SO_2，其他城市均为$PM_{2.5}$。2014年，除乐山市主要污染物为PM_{10}，其他城市主要污染物均为$PM_{2.5}$。2015年，除雅安市主要污染物为PM_{10}，其他城市主要污染物均为$PM_{2.5}$（表1-1）。2016年，所调查8个重点城市的大气主要污染物均为$PM_{2.5}$。四川盆地区域大气主要污染物已由多种类型转为单一类型。

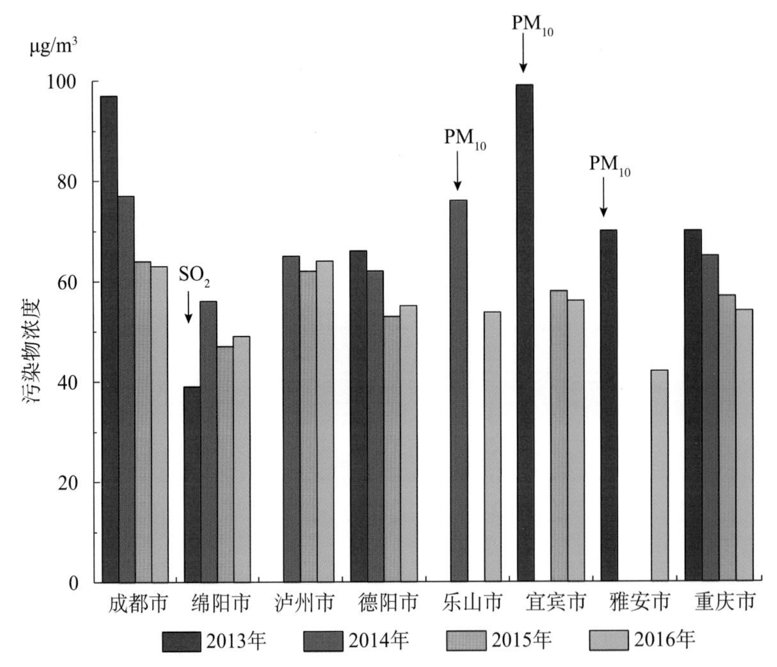

图1-2 2013—2016年四川盆地主要城市空气环境质量

注：首要污染物非$PM_{2.5}$时采用箭头单独标注。

2015年，四川盆地重点城市$PM_{2.5}$浓度范围为47～64μg/m³，区域差异不大，成都市污染较重，绵阳市相对较轻，这与成都市人口密度较大、工业企业较为发达有关。

表1-1 2015年四川盆地主要城市主要污染物情况

单位：μg/m³

序号	城市	主要污染物	浓度
1	成都市	$PM_{2.5}$	64.0
2	绵阳市	$PM_{2.5}$	47.0
3	泸州市	$PM_{2.5}$	62.0

（续）

序号	城市	主要污染物	浓度
4	德阳市	$PM_{2.5}$	52.9
5	乐山市	$PM_{2.5}$	—
6	宜宾市	$PM_{2.5}$	58.0
7	雅安市	PM_{10}	—
8	重庆市	$PM_{2.5}$	57.0

3. 酸雨污染概况

2005年以来，四川省和重庆市酸雨问题逐年改善。2015年，四川省24个省控城市的降水pH年均范围为4.60（广元）～7.60（乐山）。降水pH平均为5.42，酸雨发生频率为16.5%（图1-3）。按照不同降水酸度划分：酸雨城市6个，其中，中酸雨城市1个，轻酸雨城市5个，非酸雨城市18个。酸雨主要集中分布在成都经济区的成都，川南经济区的泸州、自贡，攀西经济区的攀枝花以及川东北经济区的广元。2016年，全省酸雨状况有所好转，酸雨主要集中在川南经济区的泸州、自贡，攀西经济区的攀枝花。重庆市酸雨频率为24.5%，降水pH范围为3.63～8.21，年均值为5.36，主要分布在重庆市区（图1-4）。

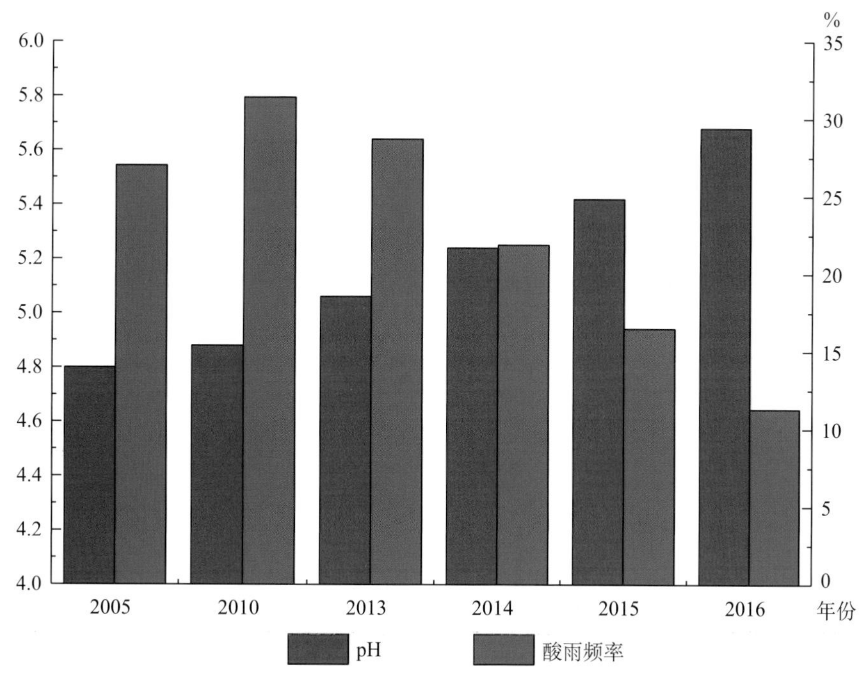

图1-3　2005—2016年四川省酸雨酸度与酸雨频率

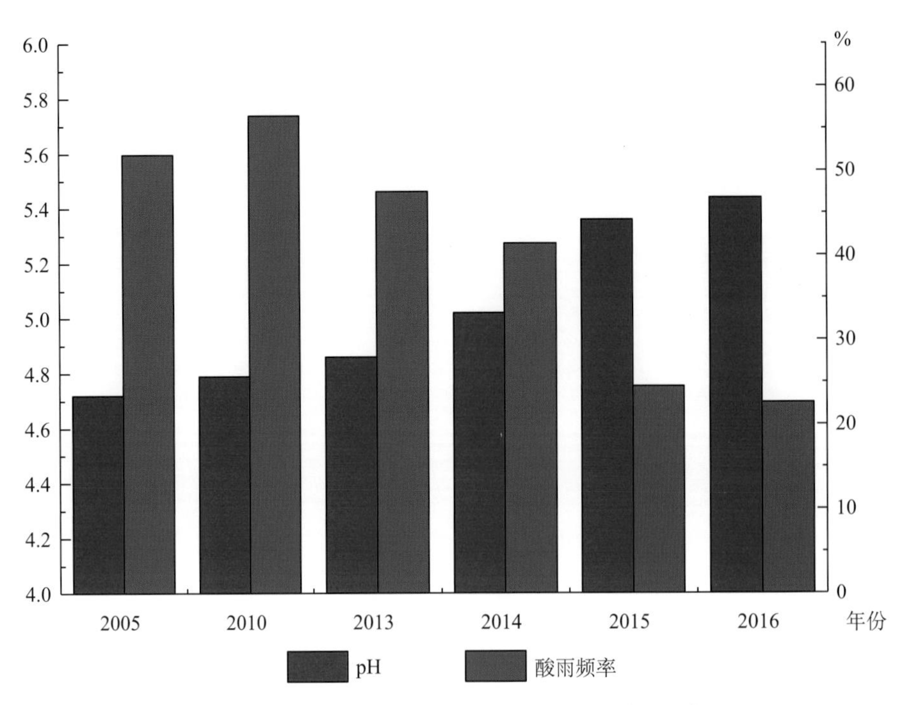

图1-4　2005—2016年重庆市酸雨酸度与酸雨频率

泸州市的酸雨频率在四川盆地重点城市历年最大，逐年降低，从2013年的80%降低至2016年的40%，2015年酸雨频率为46%。泸州市酸雨污染成因复杂，受汽车尾气、工业燃煤等多种因素影响，同时，不利于污染物扩散的气候条件和地理位置也是酸雨成因之一。其他城市酸雨频率下降趋势明显，成都市从18%降低至1.6%，重庆市从47.5%降低至22.6%（表1-2、图1-5）。

表1-2　2013—2016年四川盆地主要城市酸雨频率

单位：%

城市	2013年	2014年	2015年	2016年
成都市	18.00	3.40	22.10	1.60
绵阳市	18.00	3.40	22.10	1.60
泸州市	80.00	77.00	46.00	40.00
德阳市	0	0	5.40	7.20
乐山市	—	0	—	0
宜宾市	17.40	—	1.40	0
雅安市	4.00	—	—	3.30
重庆市	47.50	41.40	24.50	22.60

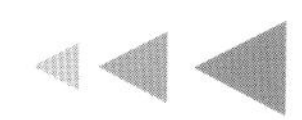

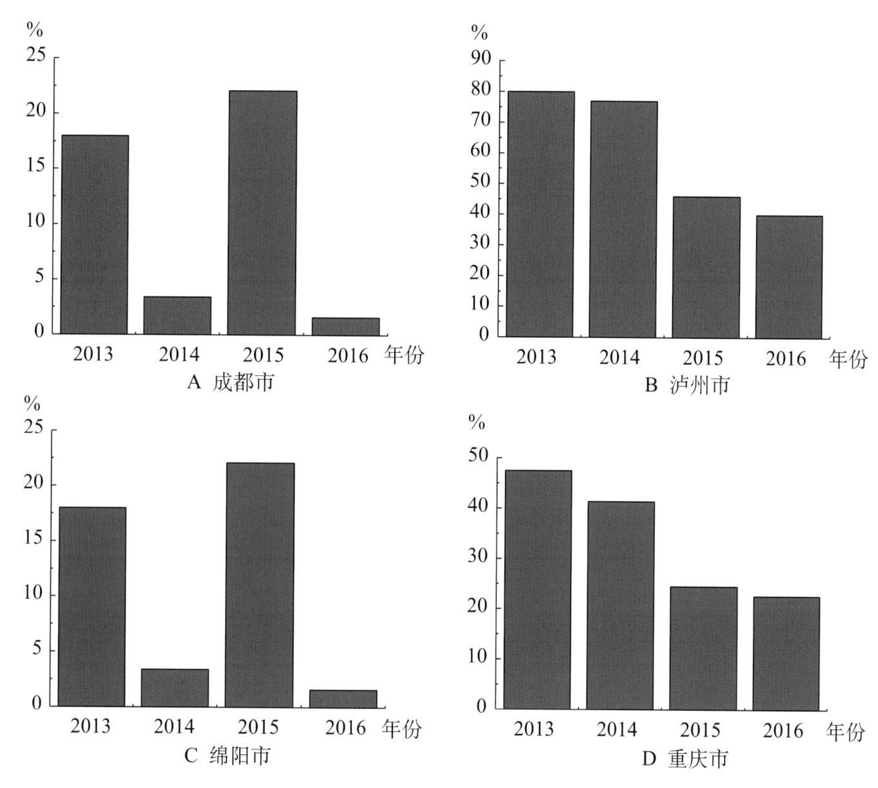

图1-5　2013—2016年四川盆地主要城市酸雨频率

四川盆地重点城市的酸雨酸度逐渐缓解。pH最低的是泸州市，2013—2016年，pH逐渐增高，从4.48升至5.34，酸雨的酸性逐渐减弱。其次是重庆市，pH从4.86升至5.44，酸性也减弱。绵阳市和成都市在2015年时pH有所降低，到2016年时，均有所升高（表1-3、图1-6）。

表1-3　2013—2016年四川盆地主要城市酸雨酸度

城市	2013年	2014年	2015年	2016年
成都市	5.44	6.23	5.45	6.59
绵阳市	5.63	6.09	5.70	6.38
泸州市	4.48	4.49	5.03	5.34
德阳市	6.67	—	5.58	5.73
乐山市	—	6.84	—	7.61
宜宾市	5.34	—	6.41	6.42
雅安市	6.15	—	—	6.63
重庆市	4.86	5.02	5.36	5.44

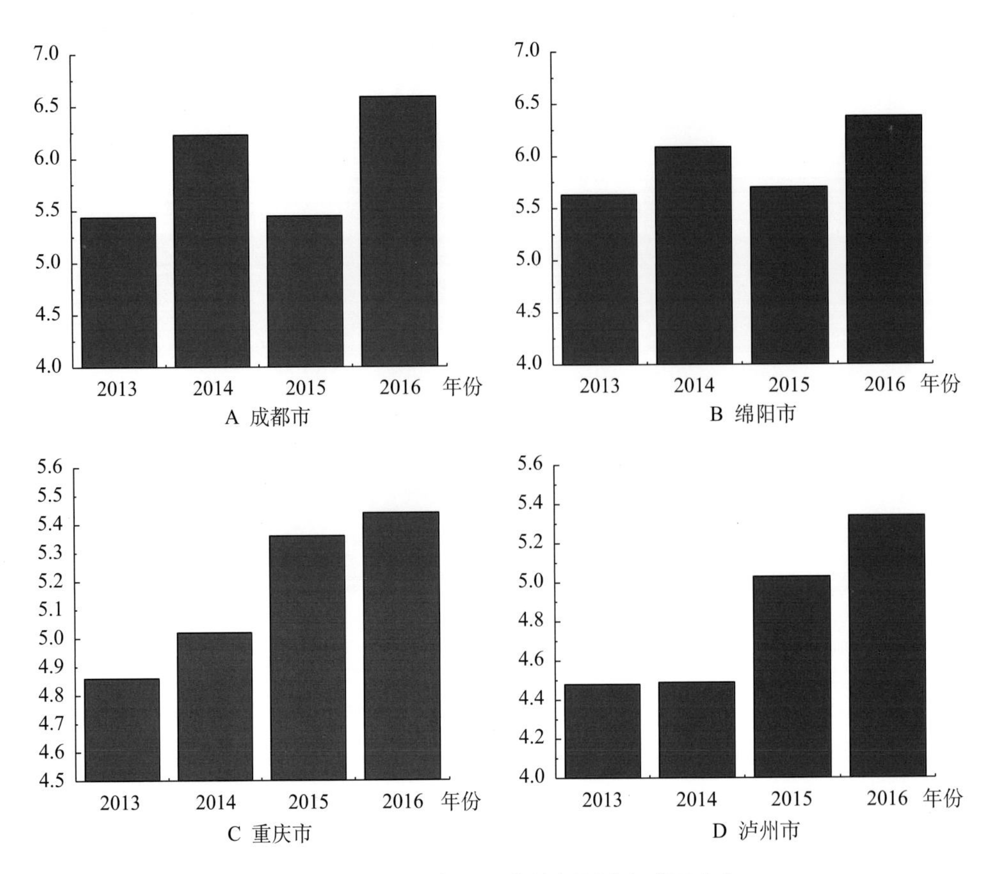

图1-6　2013—2016年四川盆地主要城市酸雨酸度

（四）长江中下游地区大气环境质量

1. 主要省份空气环境质量

自2013年开始监测$PM_{2.5}$以来，长江中下游地区部分省市空气环境质量较2010年有所降低，达标天数占比减少，安徽、湖北空气污染呈加重趋势，湖南、江苏、江西达标天数占比略有增加。2015年，安徽省空气质量平均达标天数比例为77.9%，16个设区的市空气质量达标天数比例范围为67.1%（淮北）~94.7%（黄山）；湖北省17个重点城市空气质量均未达到二级标准，空气优良天数比例为66.6%，其中达到优的天数比例为11.4%、达到良的天数比例为55.2%；湖南省14个市州所在城市平均达标天数比例为77.9%，超标天数比例为22.1%（其中轻度污染占16.7%，中度污染占4.2%，重度污染占1.2%），其中长沙、株洲、湘潭、岳阳、常德、张家界6个环保重点城市平均达标天数比例为75.5%；江西省市设区城市达标天数比例均值为90.1%，城市空气环境质量总体稳定；江苏省城市环境空气质量平均达标率为66.8%，13市空气质量达标率介于61.8%~72.1%（图1-7）。

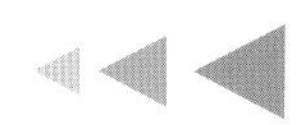

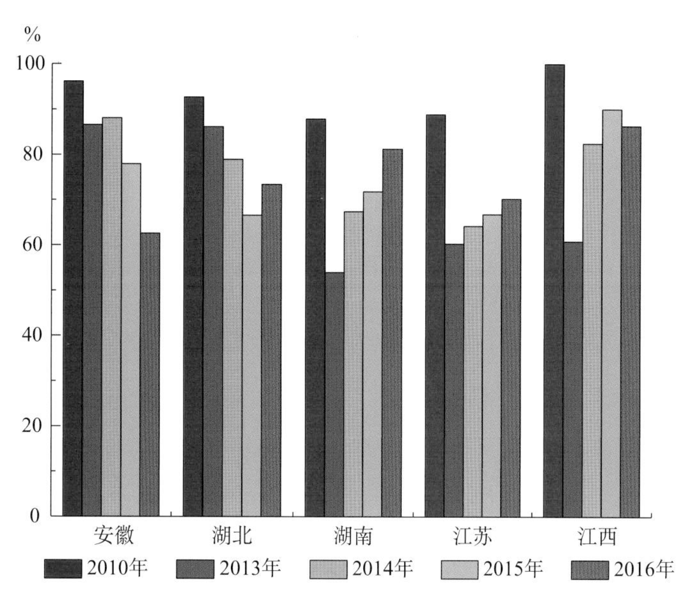

图1-7　2010—2016年长江中下游地区各省空气质量达标天数比例

各省首要污染物主要为$PM_{2.5}$，其次为PM_{10}，年均浓度随时间降低。湖北省17个重点城市PM_{10}年均浓度值为99μg/m³，$PM_{2.5}$年均浓度值为65μg/m³；江西省11个设区城市除南昌、萍乡、九江和新余超二级标准，其余7城市PM_{10}年均浓度值达到二级标准，全省PM_{10}年均浓度值为68μg/m³，11个设区城市$PM_{2.5}$均超二级标准，全省$PM_{2.5}$年均浓度值为45μg/m³；安徽省PM_{10}年均浓度值为80μg/m³，为二级标准1.14倍，$PM_{2.5}$年均浓度值为55μg/m³，为二级标准1.57倍；江苏省13个省辖城市PM_{10}年均浓度值为80～122μg/m³，平均值为96μg/m³；$PM_{2.5}$年均浓度值为49～65μg/m³，平均值为58μg/m³；湖南省$PM_{2.5}$年均浓度值为60μg/m³（图1-8）。$PM_{2.5}$主要来源于机动车、燃煤、扬尘，且秋冬季浓度

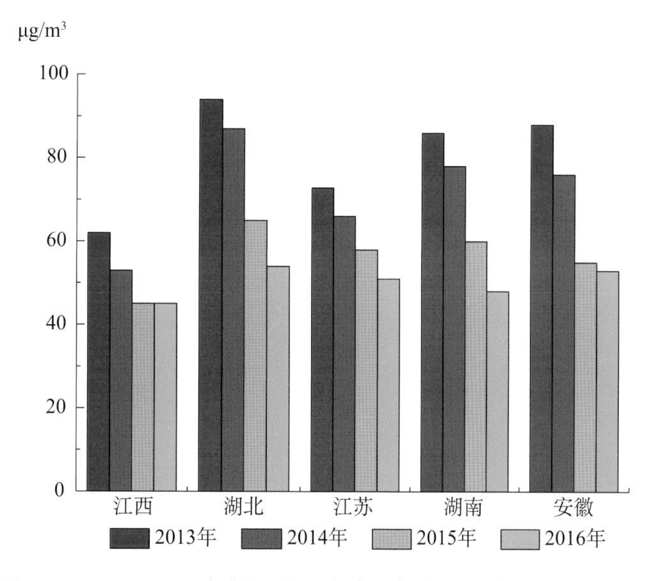

图1-8　2013—2016年长江中下游地区各省$PM_{2.5}$年均浓度值变化

较高，夏季较低。

2. 重点城市空气环境质量

2013—2014年，长江中下游地区重点城市中，除武汉市和南昌市，主要空气污染物均为PM_{10}。2015—2016年，长江中下游地区重点城市首要污染物均为$PM_{2.5}$（图1-9）。

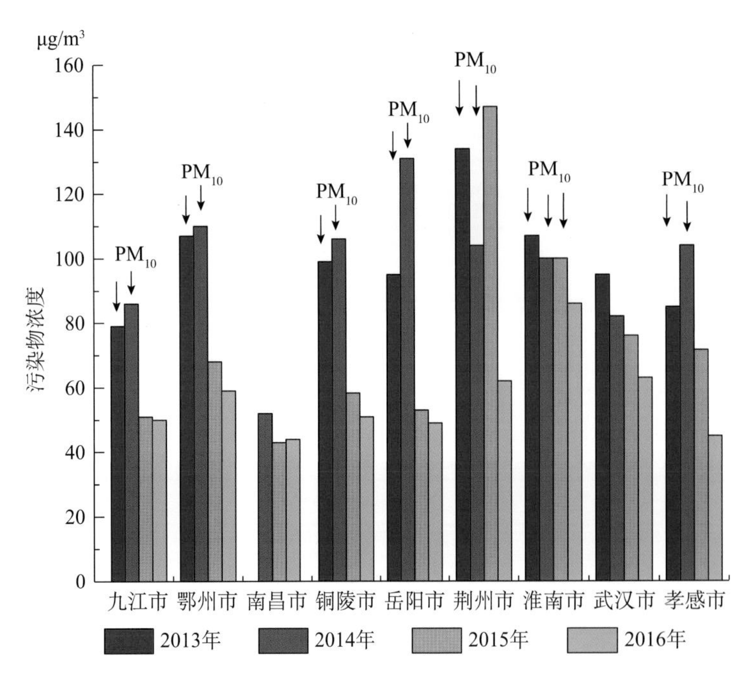

图1-9　长江中下游地区主要城市空气环境质量

注：首要污染物非$PM_{2.5}$时采用箭头单独标注。

2015年，长江中下游地区重点城市大气主要污染物是$PM_{2.5}$，部分城市为PM_{10}。荆州市大气污染最严重，$PM_{2.5}$浓度高达147μg/m³，远高于其他城市，如孝感市和武汉市的$PM_{2.5}$为70～80μg/m³。安徽省淮南市首要污染物是PM_{10}，铜陵市的首要污染物为$PM_{2.5}$，其浓度为58.3μg/m³。南昌市是长江中下游地区$PM_{2.5}$浓度最低的城市（43μg/m³）。总体而言，湖北省的空气质量相对其他省份较差（表1-4）。

表1-4　2015年长江中下游地区主要城市主要污染物情况

单位：μg/m³

序号	城市	主要污染物	浓度
1	九江市	$PM_{2.5}$	51.0
2	鄂州市	$PM_{2.5}$	68.0
3	南昌市	$PM_{2.5}$	43.0

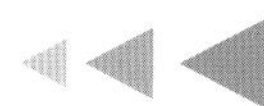

（续）

序号	城市	主要污染物	浓度
4	铜陵市	$PM_{2.5}$	58.3
5	岳阳市	$PM_{2.5}$	53.0
6	荆州市	$PM_{2.5}$	147.0
7	淮南市	PM_{10}	100.0
8	武汉市	$PM_{2.5}$	76.0
9	孝感市	$PM_{2.5}$	71.6

3. 酸雨污染概况

（1）湖南省

湖南省持续多年存在酸雨污染问题，自2005年以来，酸雨频率有所降低，但降水pH均值无显著变化。2015年，湖南省14个省控城市的降水pH均值范围为4.38（株洲市）~6.12（张家界市）。降水pH均值为4.84，酸雨发生频率为62.6%。长沙市、株洲市相对严重，酸雨频率为100%，降水pH均值分别为4.39、4.38（图1-10）。降水pH小于5.0的强酸性降水地区主要分布在湘中南和东南部，弱酸性降水区则分布在湘中地区。湖南省酸雨形成主要受局地源影响，其次是土壤、地形、气候和中远距离的输送等自然因素的作用。综合资料显示，能源结构和工业污染物等社会因素在酸雨的形成中具有决定性的作用。

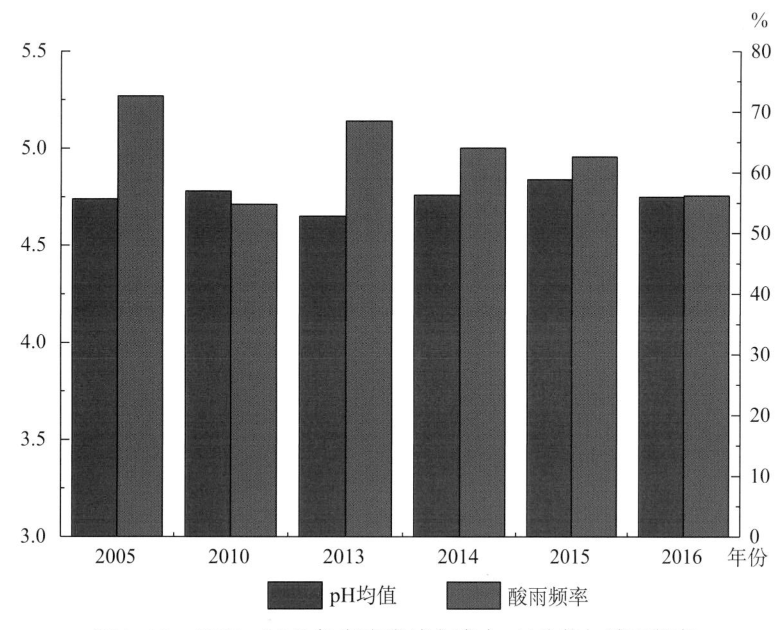

图1-10　2005—2016年湖南省城市降水pH均值与酸雨频率

（2）湖北省

湖北省酸雨污染较轻，2005—2016年降水频率逐渐降低，降水pH逐渐升高。2015年，全省未出现酸雨城市。与2014年相比，武汉和宜昌酸雨状况有所改善。17个重点城市年均降水pH均值范围在5.61（武汉）~7.13（神农架）。全省降水pH均值为6.14，与2014年（5.98）相比有所好转（图1-11）。全年有武汉、黄石、十堰、宜昌、黄冈、咸宁6个城市出现酸雨，酸雨频率为1.3%（黄石）~23.9%（宜昌）。2015年，全省出现酸雨样本的区域为十堰、宜昌南部和鄂东部分地区。

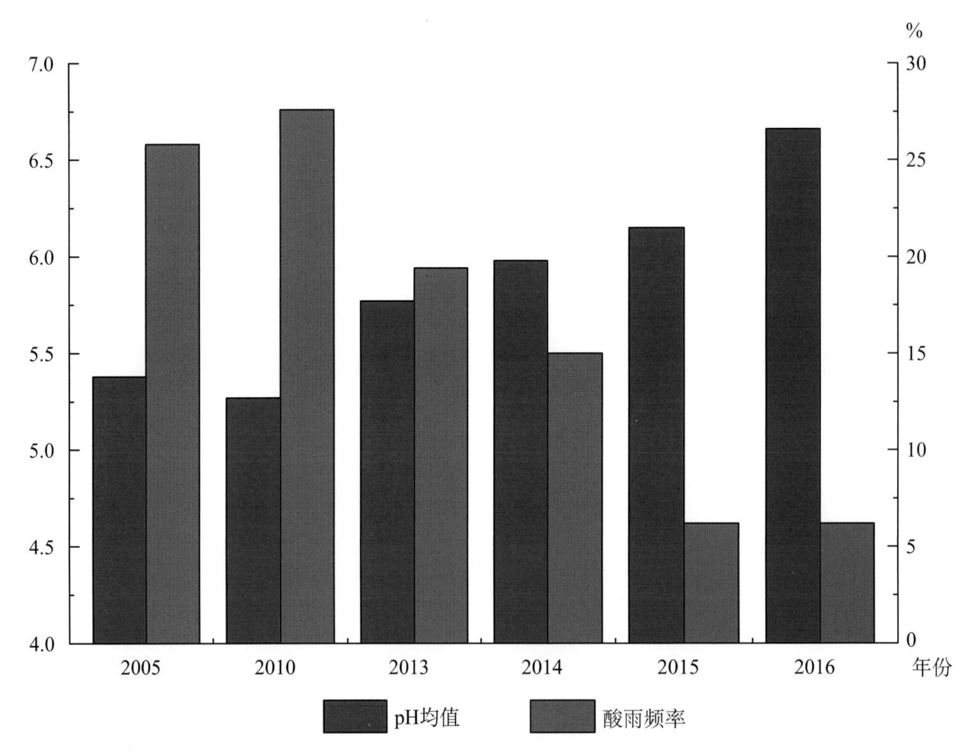

图1-11　2005—2016年湖北省城市降水pH均值与酸雨频率

（3）江西省

江西省是长江中下游地区酸雨污染较重的省份之一，自2005年以来，酸雨频率有所降低，降水pH均值变化不显著。2015年，全省降水pH均值为5.26，除九江、吉安和宜春，其余8城市降水pH均值均低于5.60，酸雨污染仍较为严重。全省城市酸雨频率为61.0%，酸雨频率大于80%的设区市有南昌、景德镇、鹰潭和抚州，其中南昌市的酸雨频率为100%。与2014年相比，全省降水pH均值上升0.17，酸雨频率下降4.8个百分点，酸雨污染总体略有减轻（图1-12）。重点污染源为烟气排放，工业源二氧化硫排放成为江西酸雨污染的重要成因。

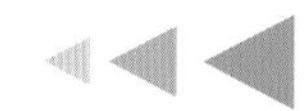

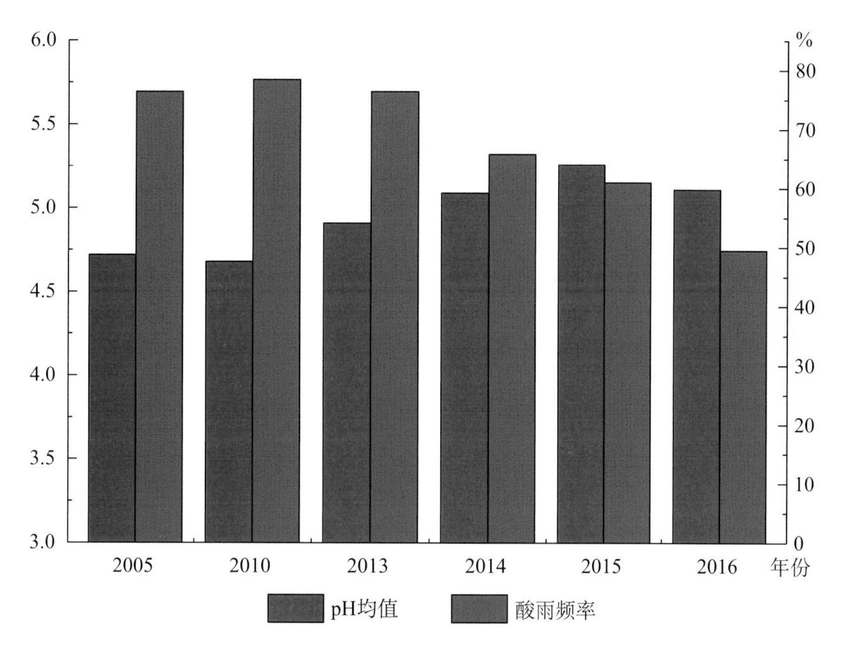

图1-12　2005—2016年江西省城市降水pH均值与酸雨频率

（4）江苏省

2005年以来，江苏省酸雨频率有所降低，2016年降水pH均值上升明显。2015年，全省酸雨频率为28.3%，降水pH均值为4.87。南京、无锡、常州、苏州、南通、淮安、扬州、镇江和泰州9市监测到不同程度的酸雨污染，酸雨频率为1.0%～55.7%。徐州、连云港、盐城和宿迁4市未采集到酸雨样品。2016年，全省酸雨频率下降9.5个百分点，降水pH和酸雨酸度分别减弱4.5%和2.3%（图1-13）。

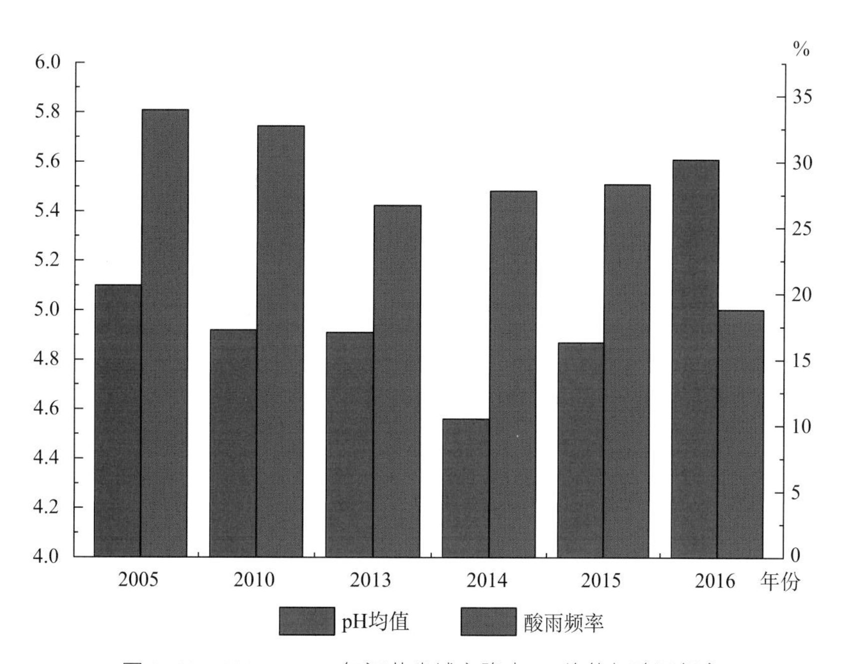

图1-13　2005—2016年江苏省城市降水pH均值与酸雨频率

（5）安徽省

2015年，全省平均酸雨频率为8.1%，马鞍山、宣城、滁州、铜陵、合肥、安庆、池州和黄山8市出现酸雨。全省降水pH均值为5.90，池州和黄山降水pH均值分别为5.44和5.32，均为轻酸雨城市。2016年，全省平均酸雨频率为10.9%，合肥、滁州、宣城、池州、安庆、铜陵和黄山7市出现酸雨。全省降水pH均值为5.68，其中，铜陵和黄山为酸雨城市（降水pH均值分别为5.19和4.98）。与2015年相比，2016年，池州市酸雨频率下降16.6个百分点、降水pH均值上升0.28，酸雨污染状况明显好转。铜陵、黄山和安庆酸雨频率分别上升28.5个、23.8个和9.1个百分点，降水pH均值分别下降1.19、0.34和0.12，酸雨污染状况有所加重（图1–14）。

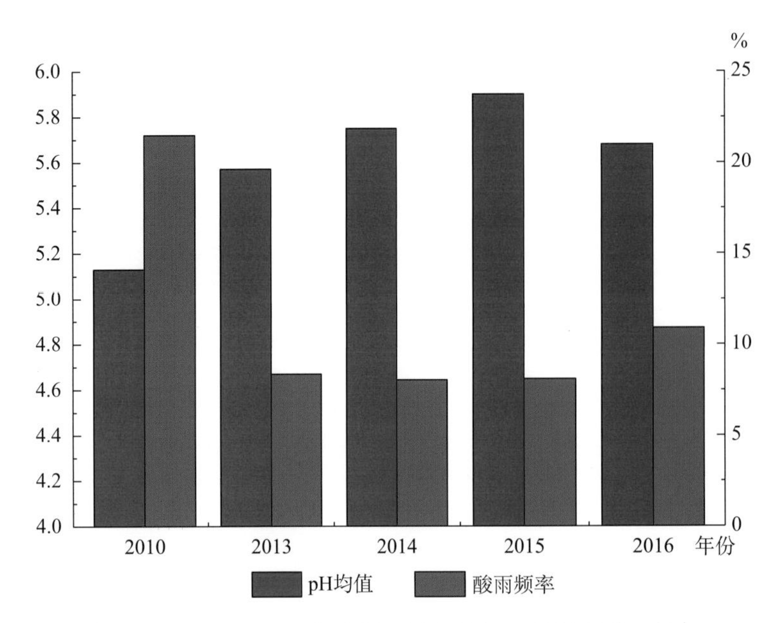

图1–14　2010—2016年安徽省城市降水pH均值与酸雨频率

（6）长江中下游地区主要城市

从南方19个主要城市降水pH均值来看，2015年，酸雨城市主要集中在湖南省和江西省，其中湖南省株洲市、长沙市酸雨酸度最强，频率最高（表1–5、图1–15）。

表1–5　2015年长江中下游地区部分酸雨城市降水pH均值与酸雨频率

单位：%

城市	降水pH均值	酸雨频率
株洲市	4.38	100.00
长沙市	4.39	100.00

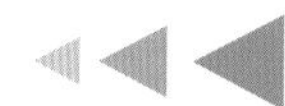

（续）

城市	降水pH均值	酸雨频率
湘潭市	4.69	75.50
南昌市	4.71	100.00
鹰潭市	4.94	83.95
景德镇市	4.98	81.98
萍乡市	4.99	53.08
赣州市	5.04	55.24
怀化市	5.07	80.30
永州市	5.14	50.70
岳阳市	5.16	34.90
抚州市	5.23	90.43
武汉市	5.38	11.50
新余市	5.40	37.96
益阳市	5.44	85.00
上饶市	5.44	67.90
衡阳市	5.55	16.70
常德市	5.58	31.40
九江市	5.58	36.72

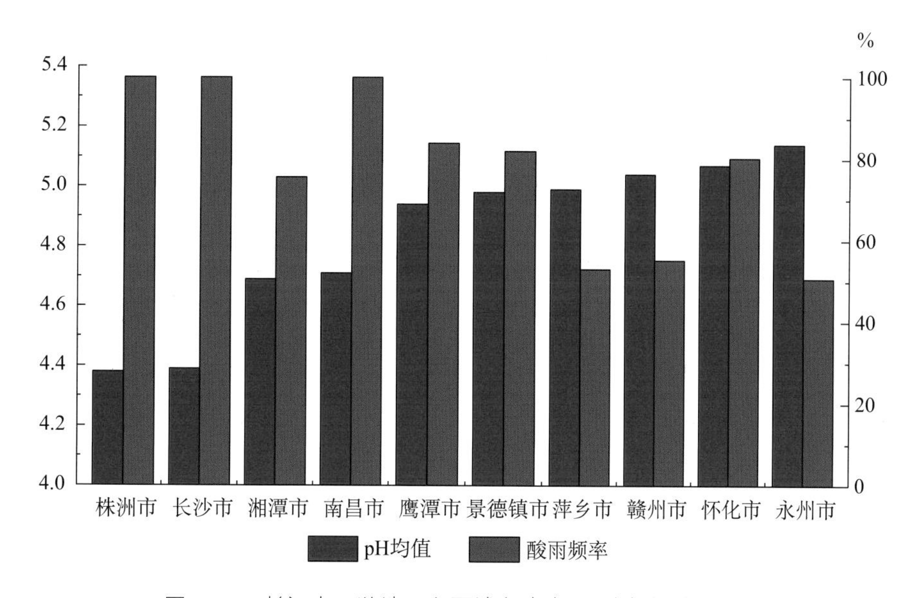

图1-15　长江中下游地区主要城市降水pH均值与酸雨频率

（五）广西蔗糖产区大气环境质量

1．城市空气环境质量

广西蔗糖产区空气污染较轻，2013—2016年，达标天数占比在90%左右，主要污染物是$PM_{2.5}$，年均浓度逐年降低。2015年，广西壮族自治区14个设区城市环境空气PM_{10}年平均浓度值为48～72μg/m^3，全区PM_{10}年均浓度值为61μg/m^3，按照PM_{10}年平均二级浓度限值评价，除南宁市超标，其他13个设区市均达标。$PM_{2.5}$年平均浓度值为29～51μg/m^3，平均浓度值为41μg/m^3，按照$PM_{2.5}$年平均二级浓度限值评价，除北海市、防城港市达标，其他12个设区市均超标（图1-16）。

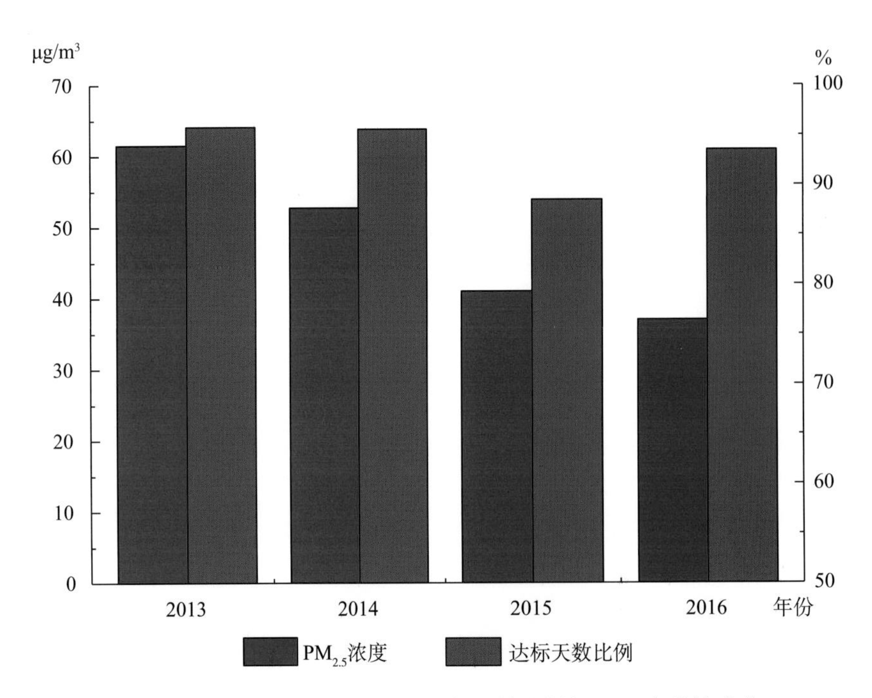

图1-16　2013—2016年广西空气质量达标天数比例与$PM_{2.5}$年均浓度值

2．酸雨污染概况

广西壮族自治区酸雨污染相对较轻，2005年以来，改善趋势明显。2015年，14个设区市酸雨频率均值为16.9%，比2014年下降4.7个百分点。南宁市、玉林市酸雨频率为0，酸雨频率10%以下的城市为北海市、梧州市、贵港市，频率10%～20%的城市为钦州市、贺州市、崇左市，频率20%～30%的城市为来宾市、柳州市、防城港市、河池市、百色市，桂林市酸雨频率为42.5%。14个设区市降水pH均值为5.23（桂林市）~6.52（南宁市），平均值为5.59，比2014年上升0.29（图1-17）。

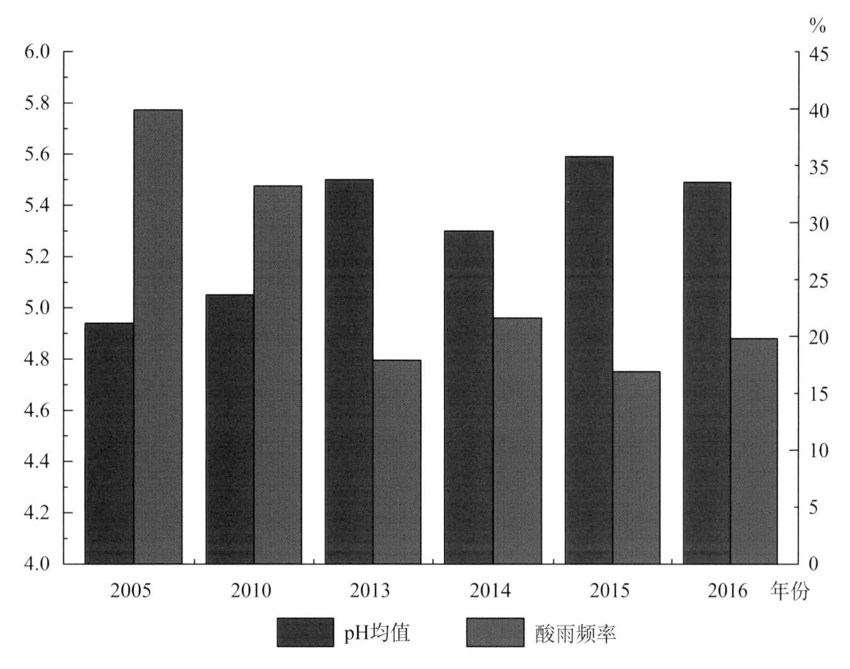

图1-17　2005—2016年广西城市降水pH均值与酸雨频率

三、南方主要农产品产地水环境质量

（一）评价方法

评价方法参照《地表水环境质量标准》（GB 3838—2002）中除水温、总氮、粪大肠菌群外的21项指标，依据各类标准限值分别评价各项指标水质类别，然后按照单因子方法取水质类别最高者作为断面水质类别。Ⅰ、Ⅱ类水质可用于饮用水源一级保护区、珍稀水生生物栖息地、鱼虾类产卵场、仔稚幼鱼的索饵场等；Ⅲ类水质可用于饮用水源二级保护区、鱼虾类越冬场、洄游通道、水产养殖区、游泳区；Ⅳ类水质可用于一般工业用水和人体非直接接触的娱乐用水；Ⅴ类水质可用于农业用水及一般景观用水；劣Ⅴ类水质除调节局部气候，几乎无使用功能。主要污染指标定义为：水质超过Ⅲ类标准的指标按照断面超标率大小排列，取最大的前三项为主要污染指标。断面超标率为某指标超过Ⅲ类标准的断面个数与断面总数的比值。

（二）水环境质量概况

南方水系包括长江流域、珠江流域及浙闽片河流，因涉及南方农产品产地研究，准河流域也列入报告分析范畴。长江水系是南方最大的水系，包括长江干流与700余条支流，流经180余万km^2，占国土面积的18.8%，占我国河川径流量的36%左右。珠江流域面积为45.26万km^2，占国土面积的4.7%，河流众多，集水面积在1万km^2以上的河流有8条，1 000km^2以上的河流有49条。南方地区水环境质量总体良好，污染程度轻于北方，支流污染多重于干流，主要污染指标为化学需氧量、五日生化需氧量和总磷，人类活动与污染关系密切。

2015年，长江、黄河、珠江、松花江、淮河、海河、辽河七大流域和浙闽片河流、西北诸河、西南诸河的700个国家重点监控断面中，Ⅰ类水质断面占2.7%，Ⅱ类占38.1%，Ⅲ类占31.3%，Ⅳ类占14.3%，Ⅴ类占4.7%，劣Ⅴ类占8.9%，主要集中在海河、淮河、辽河和黄河流域等北方水系。南方水系353个国家重点监控断面中，Ⅰ类水质断面占6.25%，Ⅱ类占45.39%，Ⅲ类占30.31%，Ⅳ类占9.3%，Ⅴ类占4.22%，劣Ⅴ类占4.53%。除淮河流域，南方水系污染相对较轻，259个国家重点监控断面中，Ⅰ类水质断面占8.52%，Ⅱ类占59.53%，Ⅲ类占23.93%，Ⅳ类占4.59%，Ⅴ类占0.74%，劣Ⅴ类占2.69%（表1-6）。

表1-6　2015年南方地区地表水监测情况

单位：个，%

地区	监测断面	水质					
		Ⅰ类	Ⅱ类	Ⅲ类	Ⅳ类	Ⅴ类	劣Ⅴ类
全国	700	2.70	38.10	31.30	14.30	4.70	8.90
南方	259	8.52	59.53	23.93	4.59	0.74	2.69

（三）长江流域水环境质量

长江干流水质总体较好，水质逐年改善，Ⅰ～Ⅲ类水质断面比例从2005年的76%上升为2015年的89.4%。2015年，长江流域160个国家重点监控断面中，Ⅰ类水质断面占3.8%，比2014年下降0.6个百分点；Ⅱ类占55.0%，比2014年上升4.1个百分点；Ⅲ类占30.6%，比2014年下降2.1个百分点；Ⅳ类占6.2%，比2014年下降0.7个百分点；Ⅴ类占1.2%，比2014年下降0.7个百分点；劣Ⅴ类占3.1%，与2014年持平。长江干流42个国家重点监控断面中，Ⅰ类水质断面占7.1%，比2014年下降0.2个百分点；Ⅱ类占38.1%，比2014年下降3.4个百分点；Ⅲ类占52.4%，比2014年上升1.2个百分点；Ⅴ类占2.4%，比2014年上升2.4个百分点；无Ⅳ类和劣Ⅴ类水质断面，均与2014年持平（图1-18）。

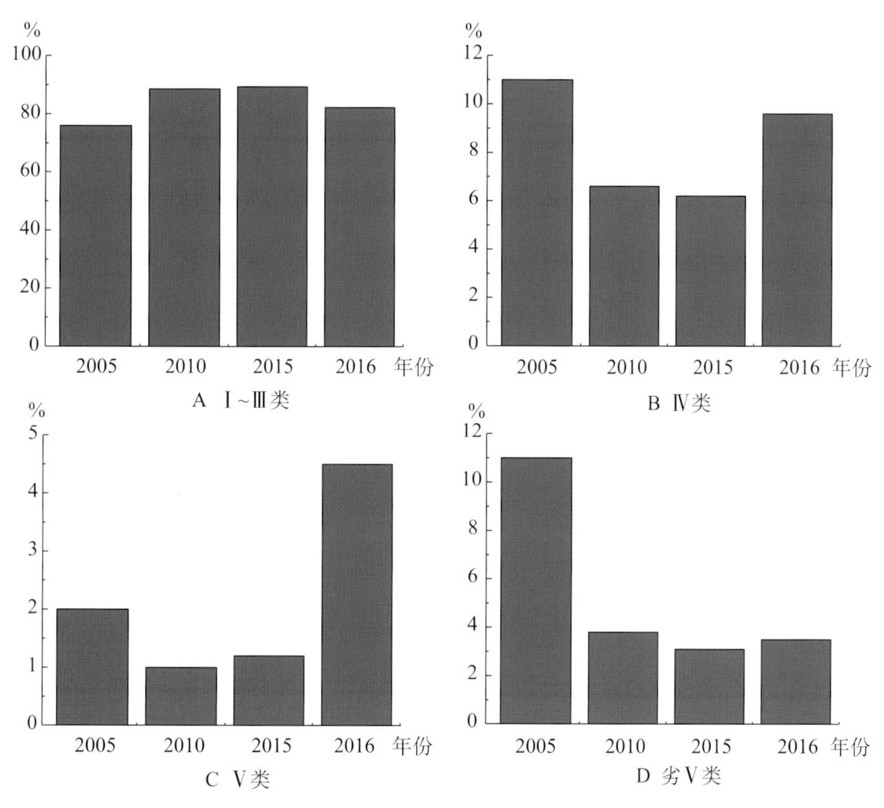

图1-18 2005—2016年长江干流水质变化情况

长江干流以Ⅲ类水为主，主要支流以Ⅱ类水为主，总体来看支流水质优于干流。2015年，长江支流118个国家重点监控断面中，Ⅰ类水质断面占2.5%，比2014年下降0.9个百分点；Ⅱ类占61.0%，比2014年上升6.8个百分点；Ⅲ类占22.9%，比2014年下降3.4个百分点；Ⅳ类占8.5%；Ⅴ类占0.8%比2014年下降1.7个百分点；劣Ⅴ类占4.2%，与2014年持平。云南段金沙江，四川段岷江和沱江，江西段赣江、抚河、饶河、袁河、信江，长江安徽段等支流Ⅳ类到劣Ⅴ类水质占比较高，对长江干流水质有一定程度影响（表1-7、表1-8）。

表1-7 2015年长江流域水环境状况

单位：个，%

指标	监测断面	水质					
		Ⅰ类	Ⅱ类	Ⅲ类	Ⅳ类	Ⅴ类	劣Ⅴ类
总体水质	160	3.80	55.0	30.60	6.20	1.20	3.10

（续）

指标	监测断面	水质					
		Ⅰ类	Ⅱ类	Ⅲ类	Ⅳ类	Ⅴ类	劣Ⅴ类
长江干流	42	7.10	38.10	52.40	2.40	—	—
主要支流	118	2.50	61.00	22.90	8.50	0.80	4.20

表1-8　不同年份长江支流水环境状况

单位：%

水系		年份	水质					
			Ⅰ类	Ⅱ类	Ⅲ类	Ⅳ类	Ⅴ类	劣Ⅴ类
云南段	金沙江	2005	2.60	31.60	23.80	10.50	2.60	28.90
		2010	2.50	27.50	25.00	10.00	7.50	27.50
		2015	5.08	33.90	25.42	20.34	3.39	11.86
四川段	金沙江干流	2005			100.00	—	—	—
		2010	50.00	40.00	10.00	—	—	—
		2015	30.00	70.00	—	—	—	—
	岷江流域	2005	—	36.80	—	36.80	—	10.50
		2010	6.00	38.00	32.00	9.00	6.00	9.00
		2015	—	39.50	13.20	7.90	13.20	26.30
	沱江流域	2005	—	—	—	17.60	23.50	58.80
		2010	—	15.00	49.00	12.00	9.00	15.00
		2015	2.60	—	13.20	52.60	10.50	21.10
	嘉陵江	2005	—	68.20	13.60	18.20	—	—
		2010	14.00	52.00	31.00	—	3.00	—
		2015	4.70	44.20	44.20	4.60	—	2.30
贵州段	乌江水系	2005	17.20	27.60	6.90	10.40	—	37.90
		2010	3.22	35.48	19.35	12.90	—	29.03
		2015			80.60		9.70	9.70
	沅水水系	2005	15.80	42.10	5.30	—	—	36.80
		2010	5.56	50.00	11.11	5.56	5.56	22.22
		2015			83.30	—	—	16.70
	赤水河水系	2005	20.00	80.00	—	—	—	—
		2010	40.00	30.00	30.00	—	—	—
		2015			100.00	—	—	—

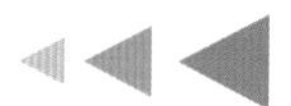

（续）

水系		年份	水质					
			Ⅰ类	Ⅱ类	Ⅲ类	Ⅳ类	Ⅴ类	劣Ⅴ类
湖南段	湘江	2005	—	32.26	51.61	3.22	3.22	9.68
		2010	7.50	25.00	50.00	10.00	7.50	—
		2015	2.38	59.52	30.95	2.38	0.00	4.76
	资江	2005			100.00	—	—	—
		2010			100.00	—	—	—
		2015	—	57.14	35.71	7.14	—	—
	澧水	2005			100.00	—	—	—
		2010			100.00	—	—	—
		2015	—	88.89	11.11	—	—	—
	沅水水系	2005	—	8.33	41.67	3.33	—	16.67
		2010	—	55.00	35.00	10.00	—	—
		2015	—	60.00	36.00	4.00	—	—
	汉江主流	2005						
		2010		100.00	—	—	—	—
		2015	5.00	95.00	—	—	—	—
	汉江支流	2005	—	—	—	—	—	—
		2010	—		58.30		29.20	12.50
		2015	2.80	38.90	36.10	16.60		2.80
	长江湖北段其他支流	2005	—	36.00	28.00	20.00	6.00	10.00
		2010			90.70	3.70	—	5.60
		2015	2.30	40.90	37.50	6.80		8.00
江西段	赣江	2005			71.80			28.20
		2010			81.70			18.30
		2015			86.80			13.20
	抚河	2005			69.30			30.70
		2010			73.30			26.70
		2015			86.70			13.30
	饶河	2005			92.30			7.70
		2010			64.70			35.30
		2015			82.40			17.60

（续）

水系		年份	水质					
			Ⅰ类	Ⅱ类	Ⅲ类	Ⅳ类	Ⅴ类	劣Ⅴ类
江西段	袁河	2005			57.10			42.90
		2010			81.30			18.70
		2015	—	81.30	—	18.70	—	—
	信江	2005			100.00			—
		2010			87.50			12.50
		2015			84.00			16.00
	萍水河	2005	—	—	—	—	—	—
		2010			77.80			22.20
		2015			88.90			11.10
	修水	2005			100.00			—
		2010			80.00			20.00
		2015			90.00			10.00
安徽段	长江安徽段支流	2005			72.70	21.20		6.10
		2010	—	—	—	—	—	—
		2015		52.63	26.31	13.16	7.89	—

（四）珠江流域水环境质量

珠江水系总体水质稳定良好，以Ⅱ类水为主，劣Ⅴ类水来源于支流。2005年以来，Ⅰ～Ⅲ类水占比基本持平，Ⅳ类、Ⅴ类水有所减少，劣Ⅴ类水有所增加。2015年，珠江流域54个国家重点监控断面中，Ⅰ类水质断面占3.7%，Ⅱ类占74.1%，Ⅲ类占16.7%，Ⅳ类占1.8%，无Ⅴ类水质断面，劣Ⅴ类占3.7%。2016年，Ⅰ类水质断面上升0.6个百分点，Ⅱ类上升1.2个百分点，Ⅲ类上升1.2个百分点，Ⅳ类下降3.6个百分点，Ⅴ类上升0.6个百分点，劣Ⅴ类持平（图1–19、表1–9）。

2015年，珠江干流18个国家重点监控断面中，Ⅰ类、Ⅱ类、Ⅲ类和Ⅳ类水质断面分别占5.6%、77.8%、11.1%和5.6%，无Ⅴ类和劣Ⅴ类水质断面，均与2014年持平。珠江主要支流26个国家重点监控断面中，Ⅰ类水质断面占3.8%，比2014年下降3.9个百分点；Ⅱ类占73.1%，与2014年持平；Ⅲ类占15.4%，比2014年上升3.9个百分点；无Ⅳ类和Ⅴ类水质断面，劣Ⅴ类占7.7%，均与2014年持平。云南段和广东段存在轻度污染（表1–10）。

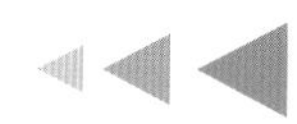

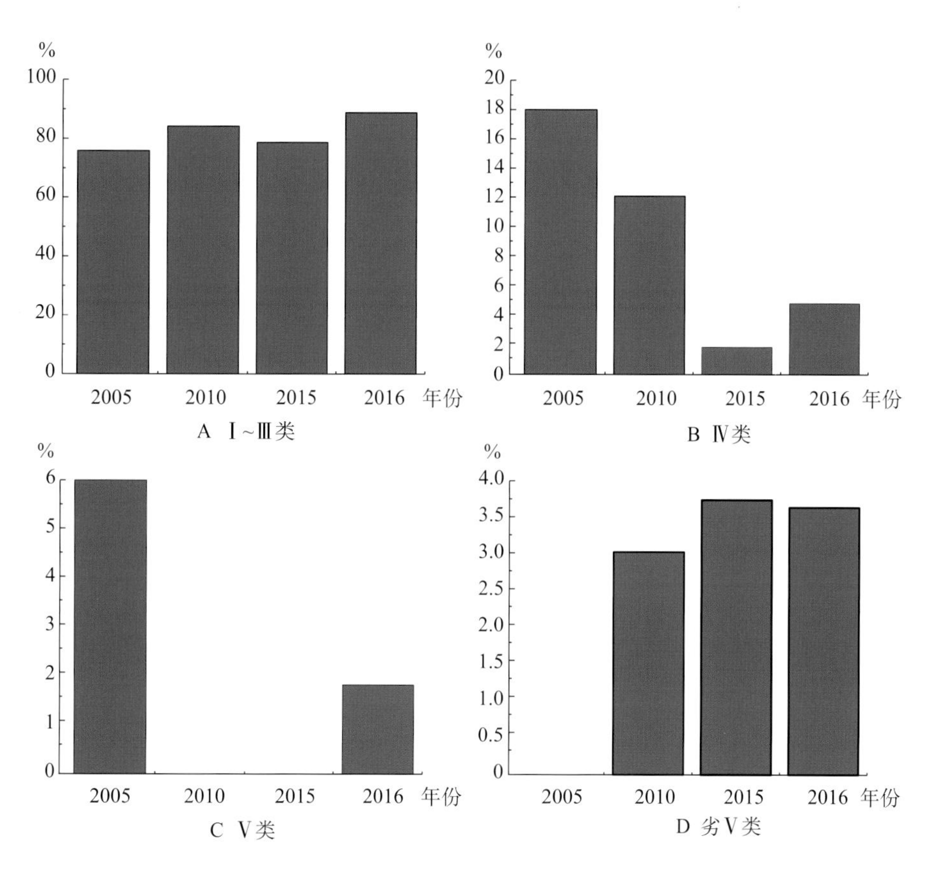

图1-19　2005—2016年珠江流域干流水质变化情况

表1-9　2015年珠江流域水环境状况

单位：个，%

指 标	监测断面	水质					
		Ⅰ类	Ⅱ类	Ⅲ类	Ⅳ类	Ⅴ类	劣Ⅴ类
总体水质	54	3.70	74.10	16.70	1.80	—	3.70
珠江干流	18	5.60	77.80	11.10	5.60	—	—
主要支流	26	3.80	73.10	15.40	—	—	7.70

表1-10　2005—2015年珠江流域支流水环境状况

单位：%

监测断面		年份	水质					
			Ⅰ类	Ⅱ类	Ⅲ类	Ⅳ类	Ⅴ类	劣Ⅴ类
云南段	云南段	2005	6.90	20.70	10.30	6.90	10.30	44.90
		2010	12.00	19.00	23.00	19.00	8.00	31.00
		2015	3.45	41.38	27.59	20.69	3.45	3.45

（续）

监测断面		年份	水质					
			Ⅰ类	Ⅱ类	Ⅲ类	Ⅳ类	Ⅴ类	劣Ⅴ类
贵州段	南盘江	2005	—	—	40.00	—	—	60.00
		2010	—	—	66.67	—	—	33.33
		2015			100.00	—	—	—
	北盘江	2005	25.00	12.50	25.00	12.50	—	25.00
		2010	—	50.00	20.00	20.00	—	10.00
		2015			100.00	—	—	—
	红水	2005	33.30	33.30	33.30	—	—	—
		2010	—	33.33	66.67	—	—	—
		2015			100.00	—	—	—
	柳江	2005	40.00	60.00	—	—	—	—
		2010	—	100.00	—	—	—	—
		2015			100.00	—	—	—
广西段	广西段	2005		100.00	—	—	—	—
		2010			100.00	—	—	—
		2015			100.00	—	—	—
广东段	东江	2015	—	56.30	21.80	—	9.40	12.50
	北江	2015		100.00	—	—	—	—
	西江	2015	88.90	11.10	—	—	—	—
	韩江	2005			50.00		50.00	—
		2015		44.40	44.40	11.20	—	—
	鉴江	2015		25.00	50.00	25.00	—	—
	广东段	2005			62.30		16.90	20.80
	粤西诸河	2005			50.00		37.50	12.50
	粤东诸河	2005			40.00		20.00	40.00

（五）淮河流域水环境质量

淮河流域污染严重，干流水质明显好于支流，洪河、颍河、沱河、涡河等支流污染严重。2005年以来，淮河流域Ⅰ～Ⅲ类水质占比逐年增加，Ⅳ类水质占比逐年减少，但Ⅴ类水质占比持续增加。2015年，淮河流域94个国家重点监控断面中，无Ⅰ类水质断面，与2014年持平；Ⅱ类占6.4%，比2014年下降1.0个百分点；Ⅲ类占47.9%，比2014年下降1.0个百分点；Ⅳ类占22.3%，比2014年上升1.0个百分点；Ⅴ类占13.8%，比2014年上升6.4个百分点；劣Ⅴ类占9.6%，比2014年下降5.3个百分点（图1-20、表1-11）。主要污染指标为化学需氧量、五日生化需氧量和总磷。

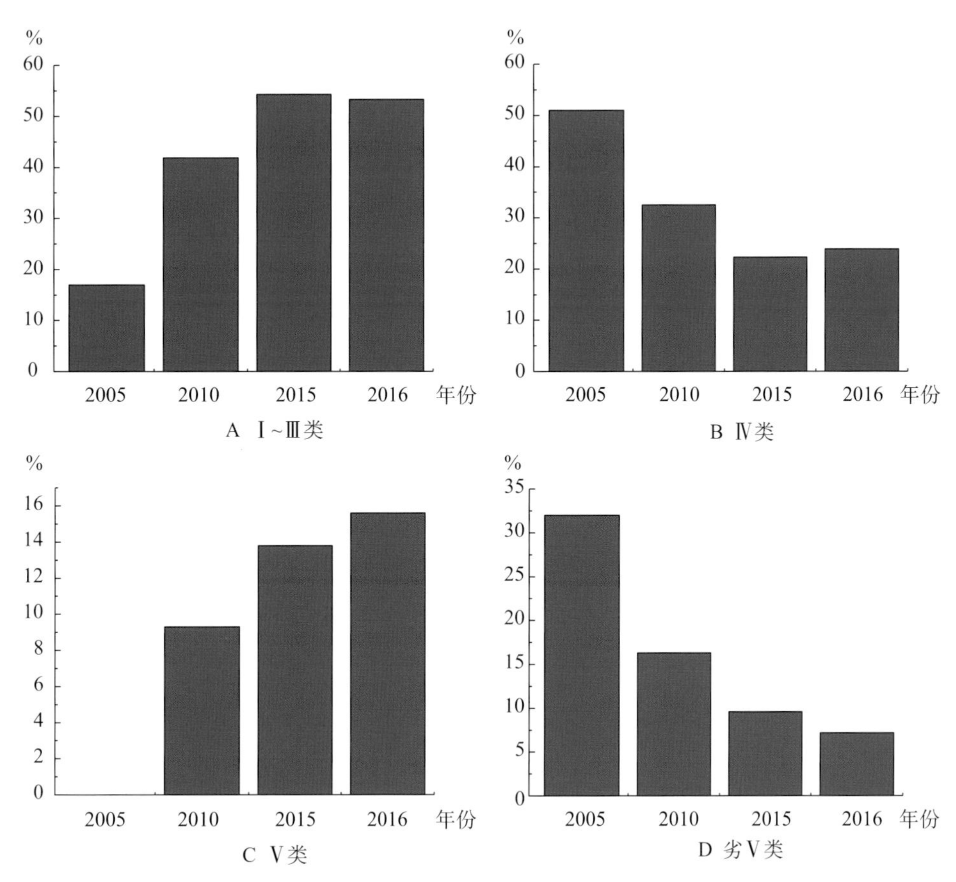

图1-20　2005—2016年淮河流域干流水质变化情况

2015年，淮河干流10个国家重点监控断面中，无Ⅰ类、Ⅴ类和劣Ⅴ类水质断面，Ⅱ类占30.0%，Ⅲ类占50.0%，Ⅳ类占20.0%，均与2014年持平。淮河主要支流42个国家重点监控断面中，无Ⅰ类水质断面，与2014年持平；Ⅱ类占7.1%，比2014年上升2.3个百分点；Ⅲ类占28.6%，与2014年持平；Ⅳ类占26.2%，比2014年下降4.8个百分点；Ⅴ类占21.4%，比2014年上升9.5个百分点；劣Ⅴ类占16.7%，比2014年下降7.1个百分点。主要污染指标为化学需氧量、五日生化需氧量和总磷。

沂沭泗水系11个国家重点监控断面中，无Ⅰ类、Ⅴ类和劣Ⅴ类水质断面，均与2014年持平；无Ⅱ类水质断面，比2014年下降9.1个百分点；Ⅲ类占54.5%，比2014年下降18.2个百分点；Ⅳ类占45.5%，比2014年上升27.3个百分点。主要污染指标为化学需氧量、五日生化需氧量和高锰酸盐指数。

淮河流域其他水系31个国家重点监控断面中，无Ⅰ类水质断面，与2014年持平；无Ⅱ类水质断面，比2014年下降3.2个百分点；Ⅲ类占71.0%，比2014年上升3.3个百分点；Ⅳ类占9.7%，与2014年持平；Ⅴ类占12.9%，比2014年上升6.4个百分点；劣Ⅴ类占6.5%，比2014年下降6.4个百分点。主要污染指标为化学需氧量、五日生化需氧量和石油类。

表1-11 2015年淮河流域水环境状况

单位：个，%

指标	监测断面	水质					
		Ⅰ类	Ⅱ类	Ⅲ类	Ⅳ类	Ⅴ类	劣Ⅴ类
总体水质	94	—	6.40	47.90	22.30	13.80	9.60
淮河干流	10	—	30.00	50.00	20.00	—	—
主要支流	42	—	7.10	28.60	26.20	21.40	16.70

（六）浙闽片河流水环境质量

2005年以来，浙闽片河流Ⅰ～Ⅲ类水质比例持续增加，Ⅴ类水改善程度不显著，木兰溪污染严重。2015年，45个国家重点监控断面中，Ⅰ类水质断面占4.4%，比2014年下降2.3个百分点；Ⅱ类占31.1%，比2014年上升4.4个百分点；Ⅲ类占53.3%，比2014年上升2.2个百分点；Ⅳ类占8.9%，比2014年下降2.2个百分点；Ⅴ类占2.2%，比2014年下降2.2个百分点；无劣Ⅴ类水质断面，与2014年持平（图1-21、表1-12）。主要污染物为石油类、氨氮和五日需氧量。

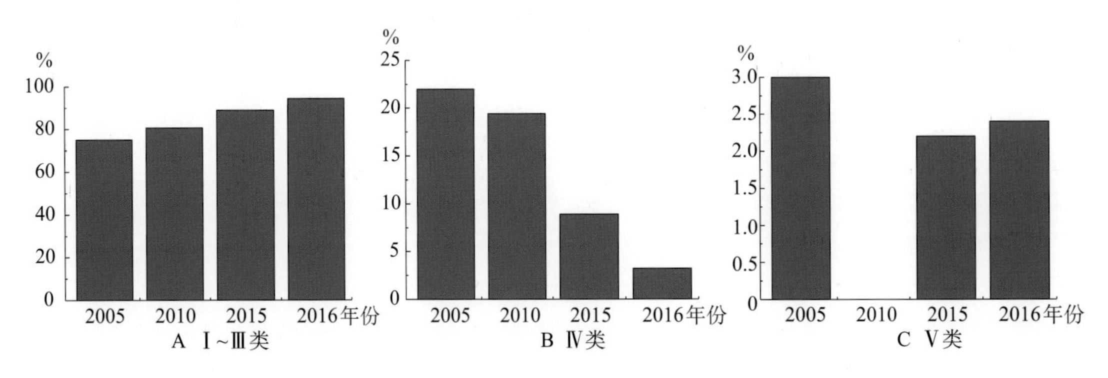

图1-21 2005—2016年浙闽片河流水质变化情况

表1-12　2005—2015年浙闽片河流支流水环境状况

单位：%

水系		年份	水质					
			Ⅰ类	Ⅱ类	Ⅲ类	Ⅳ类	Ⅴ类	劣Ⅴ类
浙江片	钱塘江	2005		66.70			33.30	
		2010		73.30			26.70	
		2015		87.20			12.80	
	曹娥江	2005		50.00			50.00	
		2010		70.00			30.00	
		2015		100.00			—	
	甬江	2005		64.30			35.70	
		2010		64.30			35.70	
		2015		64.30			35.70	
	椒江	2005		46.20			53.80	
		2010		84.60			15.40	
		2015		81.80			18.20	
	瓯江	2005		79.30			20.70	
		2010		96.60		3.40	—	—
		2015		100.00			—	
	飞云江	2005	—	100.00		—		—
		2010		100.00			—	
		2015		100.00			—	
	苕溪	2005	—	72.20		27.80		—
		2010		94.40		5.60		—
		2015	—	100.00			—	
福建片	闽江	2005		92.00			8.00	
		2010		99.10			0.90	
		2015		98.20			1.80	
	九龙江	2005		88.90			11.10	
		2010		90.80			9.20	
		2015		84.20			15.80	
	交溪、霍童溪、晋江、漳江	2005		100.00			—	
		2010		100.00			—	
		2015		100.00			—	

（续）

水系		年份	水质					
			Ⅰ类	Ⅱ类	Ⅲ类	Ⅳ类	Ⅴ类	劣Ⅴ类
福建片	东溪	2005		91.70			8.30	
		2010		100.00			—	
		2015		100.00			—	
	萩芦溪	2005		88.90			11.10	
		2010		87.50			12.50	
		2015		100.00			—	
	敖江	2005		83.30			16.70	
		2010		100.00			—	
		2015		100.00			—	
	汀江	2005		73.20			26.80	
		2010		98.00			2.00	
		2015		92.60			7.40	

（七）湖泊（水库）水环境质量

2005年以来，全国湖泊（水库）水环境状况日趋改善，Ⅰ～Ⅲ类水占比逐年增加，Ⅴ类和劣Ⅴ类水质占比逐年减少（图1-22）。2015年，南方农产品产地主要湖泊（水

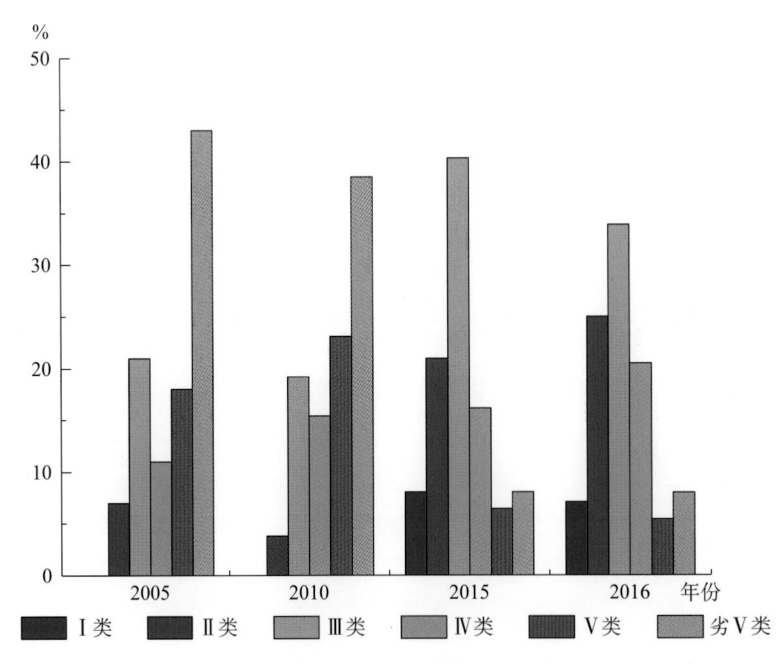

图1-22　2005—2016年南方地区主要湖泊（水库）水质变化情况

库）中，洱海、抚仙湖、泸沽湖水质为优，洪湖、武昌湖、阳澄湖为良好，太湖、鄱阳湖轻度污染，洞庭湖、巢湖中度污染，滇池重度污染。主要污染指标为总磷、化学需氧量和高锰酸盐指数。所开展营养状态监测的南方湖泊（水库）中，滇池、巢湖和太湖为重度富营养状态，洞庭湖为中度富营养状态，鄱阳湖、洪湖、武昌湖为轻度富营养状态，洱海为中营养状态，抚仙湖、千岛湖为贫营养状态（表1－13）。

表1－13　南方主要湖泊（水库）环境状况

	水质状况					营养状态				
	优	良好	轻度污染	中度污染	重度污染	贫营养	中营养	轻度富营养	中度富营养	重度富营养
湖泊（水库）	洱海 抚仙湖 泸沽湖	洪湖 武昌湖 阳澄湖	太湖 鄱阳湖	巢湖 洞庭湖	滇池	抚仙湖 千岛湖	洱海	鄱阳湖 武昌湖 洪湖	洞庭湖	滇池 巢湖 太湖

四、南方主要农产品产地土壤环境质量

（一）评价方法

利用GIS空间分析技术，参考土壤环境质量评价方法，结合各平原实际情况，对研究区域表层土壤污染现状和趋势进行分析，对其空间分布规律和原因进行探讨。在ArcGIS 9.0的支持下用普通克立格法进行插值，同时展示主要污染物的含量趋势。土壤环境污染评价方法采用单因子指数法进行单一污染物评价，采用内梅罗指数法进行综合污染评价，采用地质累计指数法反映人为活动对土壤环境污染的影响。

1．单因子指数法

单因子污染指数是土壤中重金属的实测浓度与其评价标准的比值，该方法计算简单、易操作，但其评价结果只能代表一种污染物对土壤污染的程度，而不能反映土壤整体污染程度。本书中仅采用单因子评价法作为主要污染因子筛选的依据。其计算方法如下：

$$P_i = \frac{C_i}{S_i} \tag{式1-2}$$

式中，P_i为土壤中某种重金属的单因子污染指数；C_i为土壤中重金属含量的实测值，mg/kg，采用表层土壤污染物含量数据；S_i为土壤重金属的评价标准，mg/kg。评价标

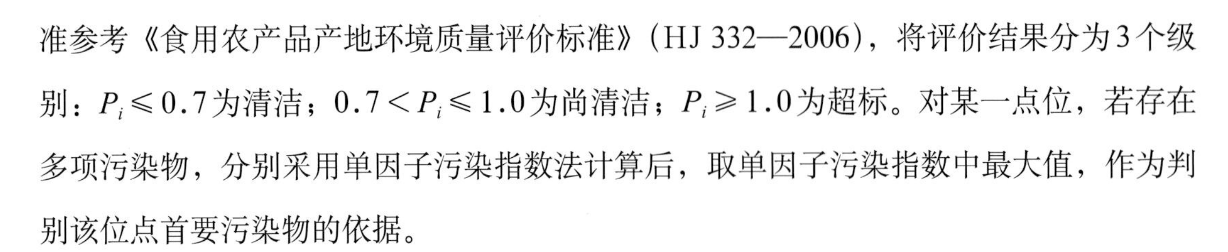

准参考《食用农产品产地环境质量评价标准》(HJ 332—2006)，将评价结果分为3个级别：$P_i \leqslant 0.7$为清洁；$0.7 < P_i \leqslant 1.0$为尚清洁；$P_i \geqslant 1.0$为超标。对某一点位，若存在多项污染物，分别采用单因子污染指数法计算后，取单因子污染指数中最大值，作为判别该位点首要污染物的依据。

2．内梅罗指数法

内梅罗指数法是最常用的综合污染指数评价方法，是当前应用较多的一种环境质量指数。该方法兼顾了单因子污染指数的平均值和最高值，突出了污染最严重的污染物对环境质量的影响，在加权过程中避免了权系数中主观因素的影响，更加合理地反映了土壤环境污染性质和程度。其计算方法如下：

$$I = \sqrt{\frac{max_i^2 + ave_i^2}{2}} \quad \text{(式1-3)}$$

式中，I为内梅罗综合污染指数；max_i为各单因子环境质量指数中最大者，即土壤中各重金属元素单因子污染指数中的最大值；ave_i为各单因子环境质量指数的平均值，即土壤中某种重金属的单因子污染指数；i为土壤中测定的重金属种类数。评价标准参考《食用农产品产地环境质量评价标准》(HJ 332—2006)，划分等级与单因子污染指数法评价标准相同。

（二）土壤环境质量概况

土壤环境污染是威胁我国南方地区粮食安全、农产品质量安全和人民群众健康的首要因素。南方酸性土水稻种植区和典型工矿企业周边农区、污水灌区、大中城市郊区、高集约化蔬菜基地、地质元素高背景区等区域为土壤污染高风险地区。南方农产品产地土壤重金属首要污染因子为Cd，四川盆地、洞庭湖平原为污染较重地区。四川盆地、长江中下游地区、广西蔗糖产区表层土壤重金属综合点位超标率分别为34.3%、10.92%、79.49%。四川盆地主要污染物为Cd、Ni和Cu，长江中下游地区与广西蔗糖产区为Cd和Ni。就南方区域农产品产地表层土壤相关数据分析得知，重金属污染高值区域集中在洞庭湖平原、珠江三角洲地区和成都平原，低值区域分布在鄱阳湖平原、江汉平原。从As、Cd、Cr、Cu、Hg、Pb、Zn、Ni 8种重金属综合指数中位数来看，排名前十的城市包括株洲、杭州、湘潭、江门、新余、雅安、岳阳、重庆、乐山和珠海。从重金属Cd单项指数的中位数来看，株洲、湘潭、新余、江门、岳阳、杭州、雅安、黄石、乐山和长沙居于全国前列（表1-14）。

表1-14　南方主要农产品产地重金属评价中位数情况

城市	株洲	杭州	湘潭	江门	新余	雅安	岳阳	重庆	乐山	珠海
综合指数	2.09	1.87	1.31	1.09	1.05	0.94	0.94	0.80	0.80	0.73
城市	株洲	湘潭	新余	江门	岳阳	杭州	雅安	黄石	乐山	长沙
Cd单项指数	2.89	1.78	1.46	1.41	1.30	1.24	1.11	1.06	1.02	0.93

（三）四川盆地土壤环境质量

1．土壤重金属污染综合评价

根据《2014四川省土壤污染现状调查公报》显示，全省土壤环境状况总体不容乐观，部分地区土壤污染较重。高土壤环境背景值、工矿业和农业等人为活动是造成土壤污染或超标的主要原因。全省土壤总的点位超标率为28.7%，其中轻微、轻度、中度和重度污染点位比例分别为22.6%、3.41%、1.59%和1.07%。污染类型以无机型为主，有机型次之，复合型污染比重较小，无机污染物超标点位数占全部超标点位的93.9%。耕地土壤点位超标率为34.3%，其中轻微、轻度、中度和重度污染点位比例分别为27.8%、3.95%、1.37%和1.20%，主要污染物为镉、镍、铜、铬、滴滴涕和多环芳烃。从污染分布情况看，攀西地区、成都平原区、川南地区等部分区域土壤污染问题较为突出，镉是土壤污染的主要特征污染物，点位超标率为20.8%。六六六、滴滴涕、多环芳烃3类有机污染物点位超标率分别为0.04%、1.22%、0.57%。

综合文献查阅等途径，共采集分析四川省和重庆市65个县市（区）的统计数据，从整体资料丰富度来看，成都平原核心区研究较多，重庆市辖区次之，仍有部分地区缺少数据支撑。参照《食用农产品产地环境质量评价标准》（HJ 332—2006），四川盆地表层土壤重金属污染严重，特征污染物是Cd、Ni和Cu，超标点位主要分布在宝兴县、峨眉山市、乐山市、芦山县、洪雅县、安县、大邑县、江安县、开县、荥经县、潼南县、南川区、涪陵区、沐川县、长寿区、巴南区、威远县、天全县、都江堰市和德阳市等地区（表1-15）。

表1-15　四川盆地土壤重金属综合污染数据统计

单位：个，%

指标	样点数	最大值	中位数	最小值	算术平均值	几何平均值	标准离差	变异系数	点位超标率
安县	82	5.081	0.794	0.338	1.332	0.988	1.183	0.888	35.40

（续）

指标	样点数	最大值	中位数	最小值	算术平均值	几何平均值	标准离差	变异系数	点位超标率
安岳县	4	1.041	0.992	0.846	0.932	0.929	0.072	0.077	25.00
巴南区	70	1.479	0.796	0.413	0.787	0.758	0.216	0.275	12.90
宝兴县	12	1.929	1.452	0.885	1.349	1.311	0.321	0.238	83.30
苍溪县	30	0.586	0.422	0.255	0.425	0.418	0.081	0.191	0
成都市	110	1.130	0.511	0.180	0.546	0.520	0.170	0.311	0.90
大邑县	136	2.952	0.910	0.292	0.961	0.856	0.485	0.504	33.10
丹棱县	22	0.815	0.552	0.340	0.552	0.536	0.138	0.250	0
德阳市	108	2.234	0.430	0.184	0.559	0.484	0.370	0.662	11.10
垫江县	6	0.558	0.546	0.357	0.458	0.449	0.092	0.202	0
都江堰市	138	12.020	0.717	0.448	0.845	0.750	0.983	1.164	12.30
峨眉山市	71	2.025	1.201	0.314	1.070	0.958	0.447	0.418	62.00
丰都县	12	0.437	0.380	0.103	0.334	0.314	0.095	0.285	0
涪陵区	25	1.763	0.926	0.387	0.943	0.883	0.344	0.365	24.00
富顺县	1	—	—	—	—	—	—	—	—
高县	1	—	—	—	—	—	—	—	—
广汉市	36	1.428	0.501	0.248	0.565	0.521	0.264	0.467	8.30
合川区	16	2.603	0.791	0.421	0.913	0.804	0.545	0.597	18.80
合江县	2	0.945	0.800	0.655	0.800	0.787	0.145	0.181	0
洪雅县	100	3.102	1.021	0.388	1.091	0.978	0.521	0.477	50.00
夹江县	93	1.309	0.610	0.236	0.632	0.589	0.240	0.380	8.60
犍为县	69	1.098	0.649	0.268	0.595	0.569	0.171	0.288	1.40
剑阁县	9	0.492	0.431	0.293	0.402	0.397	0.063	0.157	0
江安县	20	2.159	1.034	0.411	1.048	0.959	0.435	0.415	45.00
江津区	37	1.293	0.846	0.207	0.725	0.655	0.257	0.355	5.40
江油市	194	1.603	0.647	0.221	0.667	0.627	0.241	0.361	8.20
金堂县	91	0.888	0.401	0.194	0.411	0.400	0.099	0.240	0
井研县	45	5.580	0.551	0.408	0.817	0.652	0.997	1.221	4.40
开县	12	1.305	1.289	0.473	1.072	1.026	0.282	0.263	58.30
乐山市	193	4.107	1.127	0.245	1.270	1.053	0.783	0.617	54.90
乐至县	2	0.410	0.383	0.356	0.383	0.382	0.027	0.071	0
梁平县	12	0.783	0.776	0.502	0.665	0.651	0.133	0.200	0
芦山县	44	2.114	1.031	0.422	1.104	1.024	0.430	0.389	54.50
泸县	297	2.563	0.728	0.384	0.764	0.741	0.218	0.285	6.70
泸州市	8	0.927	0.812	0.685	0.776	0.771	0.087	0.112	0

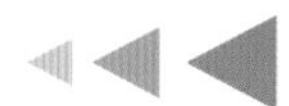

（续）

指标	样点数	最大值	中位数	最小值	算术平均值	几何平均值	标准离差	变异系数	点位超标率
绵阳市	80	0.838	0.438	0.346	0.471	0.462	0.103	0.219	0
沐川县	84	2.060	0.797	0.251	0.837	0.777	0.329	0.393	20.20
南部县	15	0.939	0.606	0.371	0.584	0.565	0.157	0.269	0
南川区	12	1.720	1.600	0.929	1.300	1.250	0.360	0.277	50.00
内江市	3	0.847	0.847	0.366	0.647	0.609	0.205	0.316	0
郫县	37	1.074	0.504	0.327	0.537	0.522	0.139	0.258	2.70
蒲江县	86	4.866	0.601	0.274	0.650	0.593	0.485	0.746	1.20
青神县	20	0.901	0.562	0.304	0.549	0.523	0.169	0.308	0
仁寿县	127	1.345	0.513	0.293	0.543	0.528	0.139	0.257	0.80
荣昌县	23	1.772	0.901	0.380	0.835	0.796	0.269	0.322	8.70
荣县	3	0.818	0.818	0.666	0.763	0.760	0.069	0.091	0
三台县	142	0.752	0.387	0.321	0.406	0.401	0.074	0.181	0
射洪县	1	—	—	—	—	—	—	—	—
双流县	179	1.227	0.545	0.255	0.585	0.559	0.179	0.306	2.80
遂宁市	1	—	—	—	—	—	—	—	—
天全县	38	3.159	0.877	0.418	1.196	0.949	0.863	0.721	39.50
潼南县	38	1.925	0.852	0.261	0.985	0.796	0.604	0.613	36.80
万州区	12	0.969	0.947	0.618	0.867	0.853	0.142	0.163	0
威远县	2	1.257	1.119	0.982	1.119	1.111	0.138	0.123	50.00
盐亭县	89	0.459	0.376	0.330	0.382	0.381	0.031	0.081	0
宜宾市	1	—	—	—	—	—	—	—	—
宜宾县	2	0.797	0.785	0.774	0.785	0.785	0.012	0.015	0
荥经县	77	3.233	1.041	0.486	1.171	1.078	0.535	0.457	50.60
永川区	28	1.046	0.639	0.367	0.631	0.618	0.131	0.207	3.60
长宁县	1	—	—	—	—	—	—	—	—
长寿区	43	1.060	0.821	0.444	0.784	0.760	0.189	0.241	18.60
中江县	107	0.727	0.387	0.269	0.402	0.397	0.069	0.172	0
忠县	11	0.605	0.595	0.583	0.594	0.594	0.007	0.013	0
资中县	3	0.778	0.778	0.692	0.745	0.744	0.037	0.050	0
梓潼县	74	0.703	0.424	0.272	0.428	0.426	0.054	0.126	0

2. 土壤重金属单因子污染评价

对四川盆地表层土壤中As、Cd、Cr、Cu、Hg、Pb、Zn、Ni 8种重金属进行单因子评价，结果表明：四川盆地表层土壤中重金属Cd和Ni首要污染因子。Cd污染总体超标严重，Cd单项质量指数中位数平均值为0.696，3 447个样点中有1 009个样点超过《食用农产品产地环境质量评价标准》（HJ 332—2006），点位超标率为29.27%。污染区域主要分布在四川盆地山前区的城市带，与重金属综合污染趋势一致，说明四川盆地土壤重金属污染以Cd为主。污染较重地区主要包括安县、宝兴县、大邑县、峨眉山市、涪陵区、洪雅县、江安县、乐山市、芦山县、泸州市、南川区、天全县、潼南县、荥经县、长寿区等县市（区）。As污染状况总体良好，3 236个样点中，As单项质量指数中位数平均值为0.263，除江油市、安岳县、成都市、乐山市和双流县等县市（区）有个别点位超标，其余地区均未发现As污染。Cr污染状况总体较好，存在部分样点超标，污染区域主要分布在安县、宝兴县、峨眉山市、芦山县、乐山市、洪雅县、荥经县和蒲江县，3 271个样点中，Cr单项质量指数中位数平均值为0.301。Cu点位超标率为3.83%，超标位点主要分布在峨眉山市、洪雅县、芦山县、万州区、荥经县等县市，3 412个样点中，Cu单项质量指数中位数平均值为0.340。Hg污染状况总体良好，3 355个调查点位仅23个样点超标，县市（区）最高超标率不足3%，Hg单项质量指数中位数平均值为0.168，污染区域分布在成都市、双流县、广汉市、夹江县、洪雅县、江油市、德阳市、都江堰市和泸县，其余县市（区）均未受到Hg污染。Pb污染状况总体良好，3 447个样点中，除都江堰市、洪雅县、荥经县和天全县个别点位超标，其他县市（区）均未受到Pb污染，Pb单项质量指数中位数平均值为0.107。Zn点位超标率为1.14%，超标样点地区分布差异不大，超标样点主要分布在荣昌县、天全县、安县和南川区等县市（区），2 450个样点中，Zn单项质量指数平均值为0.292。Ni单项质量指数中位数平均值为0.714，点位超标率为15.43%，2 450个调查点位中有378个点位超标，地区分布差异不大，超标样点主要分布在安县、宝兴县、大邑县、峨眉山市、涪陵区、江津区、开县、梁平县、荣昌县、潼南县、万州区等县市（区），与Cd的污染分布区域重叠，说明山前区土壤重金属污染严重（表1-16）。

表1-16　四川盆地土壤重金属单项质量指数中位数统计

指标	As	Cd	Cr	Cu	Hg	Pb	Zn	Ni
安县	0.445	1.067	0.503	0.480	0.231	0.134	0.466	1.121
安岳县	0.926	0.385	0.667	0.647	0.193	0.161	0.438	1.302
巴南区	0.171	0.975	0.238	0.148	0.116	0.140	0.313	0.740
宝兴县	0.291	1.927	0.782	0.613	0.358	0.151	0.514	1.042

（续）

指标	As	Cd	Cr	Cu	Hg	Pb	Zn	Ni
苍溪县	0.368	0.533	0.334	0.231	0.080	0.078	—	—
成都市	0.451	0.400	0.275	0.344	0.217	0.107	0.327	0.612
大邑县	0.320	1.200	0.424	0.475	0.267	0.124	0.538	1.167
丹棱县	0.273	0.681	0.475	0.447	0.132	0.112	0.297	0.664
德阳市	0.365	0.502	0.256	0.260	0.110	0.082	0.259	0.555
垫江县	—	0.197	—	0.116	0.095	0.083	0.213	0.751
都江堰市	0.256	0.923	0.437	0.597	0.383	0.135	0.491	0.736
峨眉山市	0.343	1.499	0.633	0.794	0.453	0.171	0.463	1.105
丰都县	—	0.144	—	0.052	0.058	0.060	0.149	0.522
涪陵区	0.351	1.223	0.222	0.176	0.105	0.158	0.468	1.073
富顺县	—	—	—	—	—	—	—	—
高县	—	—	—	—	—	—	—	—
广汉市	0.296	0.554	0.273	0.267	0.212	0.092	0.291	0.623
合川区	0.316	0.997	0.167	0.217	0.146	0.086	0.331	0.741
合江县	0.284	0.476	0.499	0.544	0.198	0.117	0.357	1.011
洪雅县	0.337	1.284	0.539	0.611	0.397	0.160	0.457	0.915
夹江县	0.267	0.800	0.320	0.380	0.277	0.120	0.318	0.615
犍为县	0.202	0.756	0.378	0.394	0.122	0.111	0.330	0.634
剑阁县	0.388	0.533	0.326	0.260	0.120	0.068	—	—
江安县	0.151	1.378	0.420	0.571	0.061	0.142	0.466	0.880
江津区	0.231	0.527	0.229	0.115	0.179	0.116	0.293	1.162
江油市	0.375	0.826	0.330	0.370	0.171	0.100	0.357	0.757
金堂县	0.360	0.331	0.265	0.213	0.059	0.068	0.217	0.490
井研县	0.193	0.590	0.316	0.359	0.077	0.090	0.340	0.702
开县	—	0.295	—	0.742	0.374	0.267	0.291	1.763
乐山市	0.279	1.359	0.357	0.524	0.207	0.117	0.383	0.701
乐至县	0.338	0.482	0.324	0.281	0.065	0.092	—	—
梁平县	—	0.384	—	0.195	0.252	0.123	0.318	1.056
芦山县	0.290	1.310	0.570	0.560	0.250	0.120	0.420	0.860
泸县	0.107	0.927	0.391	0.388	0.237	0.118	0.374	0.693
泸州市	0.116	1.058	0.434	0.501	0.307	0.120	0.457	0.729
绵阳市	0.376	0.438	0.270	0.255	0.040	0.073	0.244	0.547

(续)

指标	As	Cd	Cr	Cu	Hg	Pb	Zn	Ni
沐川县	0.249	1.000	0.508	0.558	0.233	0.129	0.382	0.798
南部县	—	0.841	0.216	—	0.164	0.079	—	—
南川区	—	2.173	—	0.099	0.173	0.232	0.196	1.989
内江市	0.915	0.477	0.469	0.427	0.137	0.135	0.318	1.113
郫县	0.436	0.334	0.223	0.381	0.206	0.109	0.406	0.630
蒲江县	0.363	0.717	0.450	0.560	0.317	0.148	—	—
青神县	0.255	0.680	0.191	0.396	0.150	0.099	0.278	0.543
仁寿县	0.265	0.450	0.309	0.339	0.050	0.087	0.309	0.648
荣昌县	0.163	0.732	0.243	0.300	0.348	0.161	0.458	1.205
荣县	0.447	0.880	0.444	0.616	0.117	0.144	0.399	1.092
三台县	0.302	0.446	0.303	0.188	0.046	0.065	0.200	0.468
射洪县	—	—	—	—	—	—	—	—
双流县	0.400	0.667	0.355	0.500	0.333	0.124	0.306	0.636
遂宁市	—	—	—	—	—	—	—	—
天全县	0.335	1.127	0.496	0.523	0.304	0.128	0.401	0.810
潼南县	0.319	1.153	0.194	0.189	0.191	0.070	0.414	1.023
万州区	—	0.778	—	0.311	0.164	0.164	0.467	1.271
威远县	0.360	0.354	0.410	0.577	0.214	0.120	0.436	1.503
盐亭县	0.270	0.438	0.289	0.185	0.034	0.065	0.194	0.468
宜宾市	—	—	—	—	—	—	—	—
宜宾县	0.609	0.579	0.623	0.405	0.101	0.125	0.389	0.797
荥经县	0.269	1.102	0.564	0.577	0.425	0.169	0.451	0.917
永川区	0.126	0.667	0.267	0.112	0.094	0.113	0.283	0.680
长宁县	—	—	—	—	—	—	—	—
长寿区	0.153	1.107	0.232	0.167	0.074	0.130	0.358	0.714
中江县	0.305	0.412	0.306	0.215	0.052	0.067	0.212	0.479
忠县	—	0.354	—	0.091	0.181	0.097	0.246	0.811
资中县	0.708	0.381	0.558	0.972	0.209	0.159	0.492	0.984
梓潼县	0.361	0.425	0.254	0.243	0.031	0.069	0.233	0.532
点位总数	3 236	3 447	3 271	3 412	3 355	3 447	2 450	2 450
平均值	0.263	0.696	0.301	0.340	0.168	0.107	0.292	0.714

（四）长江中下游地区土壤环境质量

1. 土壤重金属污染综合评价

综合文献查阅等途径，共采集分析湖北、湖南、江西、安徽和江苏共90个县市（区）的统计数据，对表层土壤采用网格布点法均匀采样，个别区域随机采样。从长江中下游地区表层土壤重金属污染综合评价结果来看，重金属污染状况总体良好，不同行政区域之间污染差异较大，9 783个样点总体超标率为10.92%。超标区域集中在洞庭湖平原、鄱阳湖平原及安庆市、芜湖市为主的长江沿岸三大片区，长株潭地区不在本书研究范围内，但文献调研结果显示该区域污染非常严重，应引起足够重视。超标点位主要分布在新余市、沅江市、鄂州市、湘阴县、南昌县、岳阳县、枞阳县、南昌市、彭泽县、安庆市和铜陵市等部分区域，8种重金属中Cd为主要污染因子，区域内洞庭湖平原污染最为严重（表1–17）。

表1–17　长江中下游地区土壤重金属综合污染数据统计

单位：个，%

指标	样点数	最大值	中位数	最小值	算术平均值	几何平均值	标准离差	变异系数	点位超标率
安陆市	31	0.703	0.457	0.318	0.466	0.456	0.097	0.208	0
安庆市	18	1.528	0.593	0.443	0.655	0.618	0.263	0.401	11.10
安义县	42	0.921	0.421	0.243	0.422	0.405	0.129	0.305	0
蚌埠市	5	0.606	0.589	0.535	0.580	0.579	0.024	0.041	0
宝应县	221	1.270	0.398	0.214	0.407	0.397	0.101	0.247	0.50
常德市	153	1.418	0.525	0.280	0.566	0.548	0.161	0.285	2.00
巢湖市	177	2.639	0.530	0.342	0.549	0.531	0.204	0.371	1.70
滁州市	3	0.521	0.521	0.314	0.404	0.395	0.087	0.215	0
枞阳县	86	1.641	0.605	0.251	0.670	0.625	0.269	0.402	12.80
当阳市	74	0.766	0.412	0.221	0.411	0.391	0.130	0.316	0
德安县	51	1.780	0.591	0.284	0.636	0.598	0.251	0.395	5.90
定远县	3	0.407	0.407	0.324	0.352	0.350	0.039	0.109	0
东台市	18	0.291	0.162	0.151	0.181	0.177	0.043	0.239	0
东乡县	68	1.104	0.479	0.239	0.483	0.463	0.147	0.305	1.50
都昌县	77	0.726	0.462	0.283	0.448	0.438	0.097	0.217	0
鄂州市	9	3.846	1.098	0.467	1.291	1.015	1.009	0.781	55.60

（续）

指标	样点数	最大值	中位数	最小值	算术平均值	几何平均值	标准离差	变异系数	点位超标率
肥东县	113	0.727	0.381	0.267	0.408	0.400	0.087	0.212	0
肥西县	113	0.683	0.410	0.295	0.411	0.404	0.077	0.188	0
丰城市	278	3.198	0.483	0.202	0.538	0.490	0.291	0.542	5.00
公安县	100	1.188	0.574	0.270	0.604	0.583	0.169	0.280	4.00
海安县	58	1.329	0.305	0.184	0.383	0.336	0.254	0.663	6.90
含山县	54	2.069	0.460	0.337	0.534	0.498	0.267	0.500	3.70
汉寿县	1	—	—	—	—	—	—	—	—
合肥市	22	0.853	0.453	0.274	0.486	0.464	0.150	0.308	0
和县	205	1.148	0.499	0.271	0.515	0.503	0.115	0.223	0.50
洪湖市	101	1.086	0.614	0.234	0.684	0.662	0.177	0.259	8.90
洪泽县	1	—	—	—	—	—	—	—	—
湖口县	28	0.828	0.535	0.291	0.506	0.487	0.135	0.266	0
怀宁县	74	1.518	0.500	0.250	0.551	0.502	0.262	0.476	5.40
淮南市	47	0.801	0.455	0.302	0.472	0.458	0.119	0.252	0
黄梅县	2	0.392	0.390	0.389	0.390	0.390	0.002	0.005	0
嘉鱼县	46	1.153	0.606	0.336	0.629	0.607	0.178	0.283	6.50
监利县	239	1.269	0.593	0.332	0.629	0.611	0.163	0.260	2.90
建湖县	1	—	—	—	—	—	—	—	—
江陵县	219	2.735	0.552	0.335	0.608	0.578	0.245	0.403	2.70
金湖县	213	1.271	0.431	0.225	0.474	0.449	0.165	0.347	1.40
进贤县	84	1.525	0.505	0.304	0.498	0.480	0.154	0.309	1.20
京山县	39	0.736	0.455	0.332	0.476	0.465	0.108	0.227	0
荆门市	152	0.974	0.464	0.325	0.492	0.480	0.117	0.237	0
九江市	189	2.129	0.386	0.163	0.452	0.426	0.206	0.457	2.60
九江县	44	0.853	0.496	0.270	0.504	0.486	0.137	0.272	0
庐江县	117	2.001	0.384	0.251	0.491	0.432	0.317	0.646	9.40
汨罗市	226	21.410	0.610	0.277	0.802	0.640	1.495	1.864	9.70
南昌市	41	1.354	0.800	0.293	0.733	0.677	0.277	0.378	12.20
南昌县	354	1.973	0.702	0.227	0.783	0.711	0.345	0.441	28.20
彭泽县	82	2.106	0.557	0.303	0.643	0.584	0.336	0.522	9.80
鄱阳县	195	2.362	0.440	0.242	0.483	0.449	0.243	0.503	3.60
浦口区	2	0.440	0.431	0.422	0.431	0.431	0.009	0.021	0
启东市	97	0.805	0.289	0.137	0.337	0.296	0.169	0.502	0
潜江市	129	3.360	0.466	0.322	0.517	0.489	0.281	0.543	1.60

（续）

指标	样点数	最大值	中位数	最小值	算术平均值	几何平均值	标准离差	变异系数	点位超标率
潜山县	3	0.406	0.406	0.224	0.309	0.300	0.075	0.243	0
全椒县	1	—	—	—	—	—	—	—	—
如东县	112	0.469	0.232	0.045	0.245	0.214	0.118	0.481	0
石首市	59	1.066	0.569	0.337	0.572	0.562	0.114	0.199	1.70
寿县	144	0.594	0.366	0.246	0.391	0.384	0.078	0.199	0
舒城县	29	0.737	0.399	0.258	0.376	0.362	0.108	0.288	0
太湖县	5	0.624	0.484	0.335	0.466	0.456	0.094	0.202	0
桃源县	23	0.761	0.476	0.225	0.481	0.462	0.134	0.279	0
天门市	153	15.560	0.539	0.330	0.681	0.568	1.226	1.801	3.90
通州区	319	2.424	0.320	0.084	0.357	0.312	0.227	0.636	2.80
铜陵市	2	2.025	1.863	1.700	1.863	1.856	0.163	0.087	100.00
万年县	65	1.404	0.563	0.328	0.577	0.555	0.172	0.297	1.50
望江县	52	0.827	0.511	0.327	0.506	0.497	0.097	0.191	0
无为县	115	3.118	0.552	0.304	0.663	0.588	0.451	0.680	8.70
武汉市	68	1.322	0.590	0.375	0.650	0.629	0.175	0.270	5.90
武穴市	100	1.555	0.638	0.381	0.663	0.638	0.204	0.308	6.00
浠水县	96	0.866	0.588	0.338	0.611	0.600	0.110	0.180	0
仙桃市	126	1.075	0.527	0.374	0.58	0.559	0.171	0.296	4.80
湘阴县	1240	14.280	1.054	0.248	1.160	1.050	0.723	0.623	54.70
孝感市	157	16.650	0.583	0.275	0.725	0.590	1.310	1.806	5.10
新建县	199	2.147	0.426	0.261	0.465	0.446	0.187	0.402	2.00
新余市	100	2.258	1.055	0.212	1.174	1.089	0.457	0.389	58.00
星子县	31	1.050	0.456	0.142	0.455	0.431	0.149	0.327	3.20
兴化市	52	0.512	0.321	0.157	0.311	0.303	0.071	0.227	0
宿松县	73	1.528	0.518	0.281	0.523	0.498	0.186	0.356	1.40
盱眙县	299	0.896	0.319	0.164	0.359	0.339	0.132	0.366	0
盐城市	382	1.695	0.324	0.128	0.332	0.315	0.122	0.368	0.50
扬州市	2	0.416	0.416	0.416	0.416	0.416	0	0	0
仪征市	189	0.734	0.413	0.250	0.416	0.410	0.072	0.173	0
益阳市	6	0.887	0.835	0.445	0.687	0.663	0.176	0.256	0
应城市	342	1.066	0.449	0.254	0.490	0.475	0.134	0.273	1.20
永修县	142	3.221	0.468	0.200	0.513	0.470	0.309	0.602	3.50
余干县	102	1.801	0.550	0.308	0.564	0.537	0.200	0.355	2.90
余江县	47	0.719	0.416	0.169	0.405	0.377	0.148	0.366	0

（续）

指标	样点数	最大值	中位数	最小值	算术平均值	几何平均值	标准离差	变异系数	点位超标率
沅江市	7	2.487	2.178	0.791	1.645	1.457	0.734	0.446	57.10
岳阳县	29	1.879	0.773	0.373	0.796	0.714	0.393	0.494	20.70
云梦县	27	1.145	0.505	0.318	0.488	0.469	0.159	0.325	3.70
樟树市	68	1.198	0.517	0.241	0.521	0.505	0.139	0.268	1.50
长丰县	115	0.941	0.415	0.289	0.429	0.420	0.097	0.226	0
新建县	199	2.147	0.426	0.261	0.465	0.446	0.187	0.402	2.00

2. 单因子重金属污染评价

对长江中下游地区表层土壤中As、Cd、Cr、Cu、Hg、Pb、Zn、Ni 8种重金属进行单因子评价，结果表明：长江中下游地区表层土壤中重金属Cd、Ni和As为主要污染因子。Cd污染相对严重，Cd单项质量指数中位数平均值为0.489，所调查9 783个样点中有1 671个超标，点位超标率为17.08%。污染区域分布与重金属综合污染趋势一致，说明长江中下游地区土壤重金属污染以Cd为主。地区分布差异较大，超标样点主要分布在湘阴县、新余市、南昌县、南昌市、岳阳县、洪湖市、汨罗市、益阳市和安庆市等县市（区）。As污染状况良好，单项质量指数中位数平均值为0.366，7 420个调查点位中31个超标，样点间存在地区分布差异，总体超标率为0.42%，超标样点主要分布在海安县、德安县、怀宁县、星子县、永修县、樟树市、嘉鱼县、启东市、鄱阳县和嘉鱼县等县市（区）。长江中下游地区表层土壤中基本无Cr污染，且地区分布差异不大，9 770个调查点位中仅6个点位超标，超标样点主要分布在岳阳县、盱眙县和江陵县，Cr单项质量指数中位数平均值为0.269。Cu污染状况良好，6 814个调查点位中54个点位超标，地区间差异较大，总体点位超标率为0.79%，超标样点主要分布在枞阳县、庐江县、怀宁县、九江市、武穴市、永修县、万年县、东乡县、孝感市、进贤县和铜陵市等县市（区），Cu单项质量指数中位数平均值为0.311。Hg污染状况良好，9 753个调查点位中114个点位超标，地区间分布差异较大，总体点位超标率为1.17%，超标样点主要分布在丰城市、南昌市、江陵县、九江市、南昌县、通州区、武汉市、武穴市、孝感市、应城市和永修县等县市（区）。长江中下游地区表层土壤中基本无Pb含量超标样点，9 783个调查样本中仅汨罗市1个点位超标，各地区分布差异较小，说明该地区无Pb污染问题。Zn污染状况良好，所调查6 150个样本中仅3个点位超标，分别出现在永修县、孝感市和江陵县，表明该地区基本无Zn污染问题。长江中下游地区表层土壤中存在Ni污染，6 211个调查点位中155个点位超标，各地区分布差异不大，总体点位超标率为2.5%，超标样点主要分布在洪湖市、监利县、仙桃市、海安县、武穴市、浠水县、孝感市、沅江市和鄂州市等县市（区），Ni单项质量指数中位数平均值为0.460（表1-18）。

表1-18　长江中下游地区土壤重金属单项质量指数中位数统计

指标	As	Cd	Cr	Cu	Hg	Pb	Zn	Ni
安陆市	0.429	0.364	0.275	0.001	0.061	0.078	0.206	0.566
安庆市	0.491	0.745	0.117	0.427	0.097	0.117	0.368	0.558
安义县	0.274	0.277	0.292	0.397	0.213	0.100	0.290	0.479
蚌埠市	0.730	0.444	0.363	0.387	0.030	0.111	0.367	0.737
宝应县	0.333	0.216	0.166	0.450	0.118	0.080	0.199	0.477
常德市	0.353	0.333	0.303	0.410	0.380	0.137	0.366	0.615
巢湖市	0.280	0.383	0.281	0.448	0.354	0.094	0.280	0.650
滁州市	0.510	0.316	0.290	0.494	0.232	0.100	—	—
枞阳县	0.390	0.573	0.276	0.509	0.163	0.123	0.359	0.615
当阳市	0.434	0.323	0.291	0.001	0.100	0.079	0.249	0.559
德安县	0.297	0.529	0.425	0.463	0.250	0.101	0.330	0.649
定远县	0.415	0.295	0.256	0.463	0.095	0.095	0.258	0.504
东台市	0.182	0.096	0.207	0.131	0.046	0.040	—	—
东乡县	0.327	0.412	0.300	0.440	0.229	0.115	0.294	0.453
都昌县	0.310	0.422	0.369	0.430	0.186	0.096	0.309	0.541
鄂州市	0.475	1.462	0.211	0.630	0.328	0.119	0.342	0.690
肥东县	0.407	0.213	0.209	0.271	0.068	0.076	0.181	0.431
肥西县	0.427	0.170	0.206	0.267	0.053	0.077	0.173	0.433
丰城市	0.293	0.133	0.267	0.384	0.388	0.126	0.275	0.442
公安县	0.429	0.619	0.346	0.001	0.088	0.090	0.349	0.738
海安县	0.383	0.011	0.143	0.084	0.225	0.084	—	—
含山县	0.392	0.411	0.275	0.357	0.103	0.087	0.256	0.575
汉寿县	—	—	—	—	—	—	—	—
合肥市	0.430	0.324	0.276	0.345	0.103	0.104	0.260	0.556

（续）

指标	As	Cd	Cr	Cu	Hg	Pb	Zn	Ni
和县	0.269	0.390	0.285	0.434	0.228	0.090	0.294	0.615
洪湖市	0.505	0.653	0.338	0.001	0.078	0.092	0.371	0.782
洪泽县	—	—	—	—	—	—	—	—
湖口县	0.228	0.598	0.390	0.456	0.204	0.093	0.328	0.639
怀宁县	0.323	0.480	0.262	0.396	0.084	0.103	0.303	0.523
淮南市	0.315	0.335	0.314	0.327	0.072	0.091	0.260	0.542
黄梅县	—	0.535	0.260	0.106	0.171	0.106	—	—
嘉鱼县	0.422	0.690	0.338	0.001	0.105	0.104	0.359	0.742
监利县	0.470	0.573	0.296	0.293	0.092	0.089	0.349	0.718
建湖县	—	—	—	—	—	—	—	—
江陵县	0.370	0.591	0.267	0.252	0.167	0.090	0.241	0.650
金湖县	0.430	0.400	0.183	0.219	0.094	0.057	0.203	0.431
进贤县	0.327	0.390	0.359	0.450	0.285	0.109	—	0.573
京山县	0.441	0.372	0.278	0.001	0.068	0.085	0.206	0.568
荆门市	0.515	0.299	0.234	0.001	0.073	0.090	0.190	0.533
九江市	0.212	0.512	0.344	0.430	0.324	0.150	0.361	0.616
九江县	0.291	0.530	0.321	0.403	0.191	0.094	0.305	0.591
庐江县	0.351	0.313	0.205	0.269	0.073	0.091	0.214	0.375
汨罗市	0.218	0.833	0.341	—	0.387	0.174	—	—
南昌市	0.336	1.038	0.261	0.377	0.869	0.137	0.358	0.446
南昌县	0.247	0.854	0.310	0.378	0.565	0.127	0.333	0.454
彭泽县	0.301	0.633	0.398	0.464	0.222	0.097	0.321	0.618
鄱阳县	0.299	0.413	0.314	0.433	0.213	0.101	0.281	0.499
浦口区	0.569	0.211	0.193	0.230	0.080	0.069	—	—
启东市	0.314	0.079	0.183	0.241	0.136	0.057	0.368	0.463
潜江市	0.480	0.343	0.256	0.258	0.040	0.072	0.291	0.535
潜山县	0.295	0.518	0.165	0.234	0.055	0.082	0.287	0.373
全椒县	—	—	—	—	—	—	—	—
如东县	0.315	0.022	0.063	0.196	0.027	0.088	0.229	0.450
石首市	0.438	0.651	0.350	0.001	0.077	0.092	0.348	0.717
寿县	0.377	0.180	0.205	0.270	0.047	0.078	0.188	0.431

（续）

指标	As	Cd	Cr	Cu	Hg	Pb	Zn	Ni
舒城县	0.243	0.338	0.220	0.231	0.072	0.099	0.249	0.410
太湖县	0.341	0.459	0.330	0.387	0.236	0.105	0.267	0.575
桃源县	0.328	0.320	0.471	0.385	0.303	0.166	—	—
天门市	0.343	0.540	0.289	0.276	0.091	0.078	0.284	0.633
通州区	0.326	0.202	0.152	0.213	0.079	0.072	0.263	0.415
铜陵市	0.726	2.149	0.482	2.271	0.490	0.233	0.689	0.741
万年县	0.282	0.526	0.461	0.545	0.251	0.128	0.351	0.586
望江县	0.424	0.400	0.320	0.414	0.085	0.093	0.309	0.599
无为县	0.384	0.535	0.270	0.456	0.107	0.099	0.322	0.645
武汉市	0.524	0.576	0.334	0.001	0.131	0.114	0.371	0.709
武穴市	0.220	0.507	0.297	0.645	0.200	0.105	0.381	0.694
浠水县	0.094	0.467	0.303	0.626	0.267	0.110	0.340	0.710
仙桃市	0.497	0.579	0.313	0.001	0.057	0.074	0.334	0.667
湘阴县	—	1.467	0.281	—	0.297	0.181	—	—
孝感市	0.330	0.499	0.268	0.434	0.181	0.091	0.315	0.638
新建县	0.380	0.466	0.308	0.314	0.382	0.129	0.294	0.488
新余市	—	1.462	0.288	—	0.607	0.173	—	—
星子县	0.230	0.465	0.337	0.416	0.194	0.100	0.323	0.542
兴化市	0.216	0.219	0.161	0.183	0.268	0.079	0.120	0.443
宿松县	0.358	0.376	0.367	0.392	0.138	0.097	0.286	0.561
盱眙县	0.239	0.287	0.230	0.360	0.073	0.090	—	—
盐城市	0.245	0.260	0.173	0.197	0.144	0.082	0.196	0.493
扬州市	0.227	0.107	0.204	0.345	0.050	0.088	0.209	0.545
仪征市	0.323	0.159	0.166	0.318	0.183	0.090	0.242	0.512
益阳市	0.684	1.027	0.233	0.593	0.622	0.127	0.476	0.603
应城市	0.342	0.551	0.275	0.551	0.263	0.115	0.319	0.671
永修县	0.363	0.225	0.266	0.418	0.227	0.102	0.363	0.530
余干县	0.379	0.484	0.306	0.439	0.199	0.121	0.327	0.520
余江县	0.249	0.368	0.266	0.334	0.161	0.106	0.264	0.382
沅江市	3.033	3.033	0.549	—	0.480	0.243	—	—
岳阳县	0.293	1.044	0.460	—	0.350	0.122	—	—

（续）

指标	As	Cd	Cr	Cu	Hg	Pb	Zn	Ni
云梦县	0.416	0.458	0.191	0.460	0.220	0.065	0.249	0.553
樟树市	0.444	0.319	0.301	0.298	0.271	0.105	0.289	0.487
长丰县	0.424	0.177	0.220	0.276	0.047	0.079	0.188	0.441
新建县	0.429	0.364	0.275	0.001	0.061	0.078	0.206	0.566
点位总数	7 420	9 783	9 770	6 814	9 753	9 783	6 150	6 211
平均值	0.366	0.489	0.269	0.311	0.187	0.099	0.240	0.460

（五）广西蔗糖产区土壤环境质量

1．土壤重金属污染综合评价

共采集分析广西蔗糖产区28个县市（区）统计数据156个，存在样点数偏少的问题。对表层土壤采用网格布点法均匀采样，个别区域随机采样。从表层土壤重金属污染综合评价结果来看，广西蔗糖产区总体重金属污染状况堪忧，超过《食用农产品产地环境质量评价标准》（HJ 332—2006）的样点比例高达79.49%，且不同行政区域差异大。除横县，其他地区点位超标率均高于50%，存在较严重的污染区域。综合考虑样点数、点位代表性与超标率，超标样点主要分布在武宣县、大化瑶族自治县、河池市、武鸣县、隆安县、田阳县和大新县，8种重金属中Cd为广西蔗糖产区主要污染因子（表1–19）。广西地区土壤重金属背景值普遍高于相关标准，也是导致该地区点位超标率高的重要原因之一。

表1–19　广西蔗糖产区土壤重金属综合污染数据统计

单位：个，%

指标	样点数	最大值	中位数	最小值	算术平均值	几何平均值	标准离差	变异系数	点位超标率
大新县	15	29.160	5.066	0.763	7.413	4.012	7.790	1.051	86.70
扶绥县	9	1.656	1.083	0.208	0.896	0.707	0.512	0.572	55.60
横县	11	4.563	0.565	0.178	1.198	0.652	1.591	1.328	18.20
隆安县	14	3.425	1.891	0.902	1.887	1.709	0.845	0.448	85.70
田阳县	32	3.282	1.670	0.861	1.493	1.404	0.544	0.364	78.10
武鸣县	13	10.558	1.615	0.962	2.156	1.647	2.451	1.137	92.30

（续）

指标	样点数	最大值	中位数	最小值	算术平均值	几何平均值	标准离差	变异系数	点位超标率
武宣县	4	46.342	46.279	1.663	23.971	8.773	22.308	0.931	100.00
河池市	26	40.737	14.223	2.246	13.806	10.778	8.715	0.631	100.00
大化瑶族自治县	28	38.135	8.338	0.676	10.334	5.802	9.711	0.940	85.70
马山县	2	2.074	1.280	0.486	1.280	1.004	0.794	0.620	50.00

2. 单因子重金属污染评价

对广西蔗糖产区表层土壤中As、Cd、Cr、Cu、Hg、Pb、Zn、Ni 8种重金属进行单因子评价，结果表明：广西蔗糖产区表层土壤中重金属Cd为主要污染因子，与综合评价结果一致。As污染较为严重，所调查822个样点中有262个点位超标，总体点位超标率为31.87%。地区分布差异较大，超标样点主要分布在武宣县、大化瑶族自治县、隆安县、武鸣县和河池市等县市（区），与综合点位超标分布一致。广西蔗糖产区表层土壤中Cd污染严重，所调查846个样点中有567个点位超标，总体点位超标率为67.02%。Cd单项质量指数中位数平均值为3.06，高于农产品产地环境质量标准10倍之多。超标点位地区分布差异极大，超标样点主要分布在大新县、隆安县、武宣县、河池市、大化瑶族自治县和田阳县等县市（区），与综合点位超标区域及As污染超标区域一致，说明Cd和As是广西蔗糖产区土壤重金属污染的主要因子。Cr污染状况良好，Cr单项质量指数中位数平均值为0.315，所调查810个样点中有31个点位超标，总体点位超标率为3.83%。地区分布差异较大，超标样点主要分布在大化瑶族自治县、平果县和靖西县。广西蔗糖产区表层土壤中存在一定程度的Cu污染，Cu单项质量指数中位数平均值为1.402，156个调查点位中21个点位超标，地区差异较大，总体点位超标率为13.46%，超标样点主要分布在大化瑶族自治县、河池市和武宣县。广西蔗糖产区表层土壤中也存在一定程度的Hg污染，Hg单项质量指数中位数平均值为0.768，822个调查点位中173个点位超标，地区差异较大，总体点位超标率为21.05%，超标样点主要分布在武宣县、隆安县、大新县、大化瑶族自治县和忻城县等县市（区）。广西蔗糖产区表层土壤中存在一定程度的Pb污染，Pb单项质量指数中位数平均值为0.182，所调查846个样点中有63个点位超标，总体点位超标率为7.45%。地区分布差异极大，超标样点主要分布在武宣县、河池市和武鸣县，其中武宣县和河池市的超标点位占总超标点位的90.48%。广西蔗糖产区表层土壤中Zn污染相对严重，所调查124个样点中有43个点位超标，总体点位超标率为34.68%。地区分布差异大，超标样点主要分布在大化瑶族自治县、河池市、武鸣县和大新县。广西蔗糖产区表层土壤中存在一定程度的Ni污染，Ni单项质量指数中位数平均值为0.817，所调查110个样点中有33个点位超标，总体点位超标率为30%。地区分布差异极大，超标样点主要分布在大化瑶族自治县、河池市、武宣县和大新县（表1-20）。

表1-20　广西蔗糖产区土壤重金属单项质量指数中位数统计

单位：个

指标	As	Cd	Cr	Cu	Hg	Pb	Zn	Ni
百色市	0.207	1.005	0.278	—	0.492	0.085	—	—
大新县	0.501	6.977	0.380	0.637	0.920	0.171	0.760	1.030
德保县	1.021	3.762	0.375	—	0.582	0.154	—	—
扶绥县	0.194	1.365	0.363	0.378	0.523	0.084	0.403	0.565
横县	0.570	0.710	0.190	0.181	0.200	0.088	0.250	0.290
靖西县	0.940	6.555	0.694	—	1.167	0.153	—	—
隆安县	0.774	1.659	0.345	0.289	0.730	0.139	0.395	0.648
浦北县	0.443	1.992	0.292	—	0.823	0.347	—	—
田东县	0.386	0.809	0.256	—	0.288	0.091	—	—
田阳县	0.233	1.317	0.065	0.421	0.136	0.038	—	—
武鸣县	1.829	0.696	—	0.691	0.625	0.296	0.357	—
武宣县	1.450	2.389	0.359	0.827	0.887	0.530	0.778	0.877
象州县	0.519	0.654	0.345	—	0.475	0.115	—	—
河池市	1.116	19.290	0.475	0.862	0.423	0.637	1.715	0.774
宜州市	0.496	1.372	0.228	—	0.329	0.089	—	—
鹿寨县	0.367	0.992	0.295	—	0.323	0.107	—	—
陆川县	0.240	1.068	0.132	—	0.544	0.183	—	—
上林县	—	—	—	—	—	—	—	—
平果县	5.477	3.512	0.596	—	6.157	0.234	—	—
大化瑶族自治县	0.853	8.633	0.733	0.714	0.690	0.218	1.068	1.538
马山县	—	1.513	—	0.366	—	0.160	0.170	—
忻城县	0.525	1.158	0.528	—	0.582	0.089	—	—
样点数量	822	846	810	154	822	846	122	107
平均值	0.825	3.06	0.315	1.402	0.768	0.182	0.655	0.817

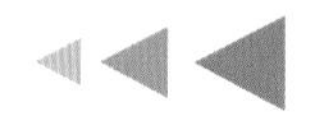

五、南方主要农产品产地环境污染源解析

20世纪80年代以来，随着我国城市化进程的不断加快，工业“三废”、农业自身污染等对农产品产地的污染已由局部向整体蔓延，并不断加剧，农产品产地土壤重金属污染问题日益突出，风险持续增加，成为全社会关注的焦点。强烈的人为活动以及高强度外源物质的输入扰乱了土壤系统原有的物质循环过程，致使土壤化学性质改变、污染物增加。污染物排放或来源清单是环境污染模式重要的起始输入数据，是研究污染物在环境中物理化学过程和迁移转化规律的先决条件，也是了解某一区域污染物污染状况、模拟污染物分布和制定污染物减排的基础。本部分就影响南方农产品产地土壤重金属污染的主要因素进行讨论。

（一）自然因素影响

1．土壤重金属背景值

成土母质是影响农产品产地土壤重金属含量的内在因素，南方主要农产品产地土壤重金属背景值普遍高于全国平均值。广西壮族自治区8种重金属背景值均超过全国平均值，特别是重金属Cd的背景值（0.267mg/kg）已超过全国平均值3.8倍，成为广西土壤重金属Cd点位超标率普遍偏高的重要原因之一。湖南省Cd、Hg、Ni、Cr背景值均高于全国平均值，其中Cd（0.126mg/kg）为全国平均值的1.8倍。江西省Pb、Cd、Hg、As背景值高于全国平均值，Cr和Ni背景值低于全国平均值，Cd（0.108mg/kg）背景值为全国平均值的1.8倍。四川省8种重金属背景值均高于全国平均值，超标倍数均不高于2倍（表1-21）。

表1-21　研究区域土壤重金属参考背景值

单位：mg/kg

区域	Cu	Pb	Zn	Cd	Hg	As	Ni	Cr
四川	31.1	30.9	86.5	0.079	0.061	10.4	32.6	79.0
湖南	27.3	29.7	94.4	0.126	0.116	15.7	31.9	71.4
湖北	30.7	26.7	83.6	0.172	0.080	12.3	37.3	86.0

（续）

区域	Cu	Pb	Zn	Cd	Hg	As	Ni	Cr
江西	20.8	32.1	69.4	0.108	0.084	14.9	18.9	45.9
安徽	20.4	26.6	62.0	0.097	0.033	9.0	29.8	66.5
广西	27.8	24.0	75.6	0.267	0.150	20.5	26.6	82.1
平均值	20.0	23.6	67.7	0.070	0.040	9.2	23.4	53.9

注：平均值为全国背景值的平均值。

2. 土壤重金属形态

评价土壤重金属污染不仅要考虑其含量，更有必要研究其在土壤中的化学形态和生物有效性。弓晓峰（2006）等采用Tessier法研究鄱阳湖湿地土壤重金属的化学形态，结果表明，鄱阳湖湿地土壤中Cu、Pb、Zn、Cd主要是有机态和残渣态，分别占总量的92.88%、89.88%、91.15%和30.8%；水溶态和交换态等生物有效性含量很少，只占1.82%、1.32%、1.13%和3.7%。但胡宁静（2003）等通过对贵溪冶炼厂周边农田的调查分析得出，贵溪市污灌水田土壤中Cu以有机态为主，Zn、Pb主要是残渣态，Cd的水溶态占86.06%；Cu、Zn、Cd、Pb元素的水溶态和离子交换态相对正常土壤高出许多，土壤中的可利用态和潜在可利用态的比例较大，不可利用态较低，其中Cd＞Cu＞Zn＞Pb。说明冶炼厂废水排放是周边农田土壤重金属主要来源，尤其是土壤中的Cd和Cu。如何将土壤重金属的总量、有效态和生物效应相结合，是土壤环境质量评价的发展方向。

（二）人类活动影响

1. 涉重工矿企业

我国农产品产地土壤重金属重度污染区基本都集中在矿区周边，如广东大宝山矿区、广西刁江流域、广西环江流域、湖南湘江流域、湖南湘西、湖北大冶、江西德兴、云南个旧、浙江富阳、四川攀枝花等。对矿区周边土壤和农田的调查监测结果显示，广东大宝山矿区大部分区域土壤中重金属Cu、Zn、Pb、Cr等重金属含量高于国家三级标准，广西刁江沿岸农田受到了严重的As、Pb、Cd、Zn的复合污染，已不适合农田利用，湖南湘西花垣矿区土壤Pb、Zn、Cd含量均超过污染警戒值。基于此，重点分析了研究区域涉重工矿企业的数量、分布与类型。

（1）四川盆地

四川盆地土壤重金属污染主要集中于成都、德阳、眉山、乐山、绵阳、雅安和重庆等城市范围，Cd超标点位连片分布在四川盆地西北部，具有明显的城市带特征，对所涉及城市进行重金属来源解析，矿业开采及加工是该区域重金属污染主要来源。

①主要省市。2010年以来，四川省和重庆市国家重点监控污水处理厂数量逐年增多，废水废气相关国家重点监控企业数量逐年减少，危险废物和规模化畜禽养殖场的总体数量较少。重庆市重金属国家重点监控企业数量相对稳定，而四川省重金属的国家重点监控企业数量呈升高趋势，成为2015年国家重点监控企业数量最多的类型，四川省重金属污染问题，由此可见一斑（图1-23）。

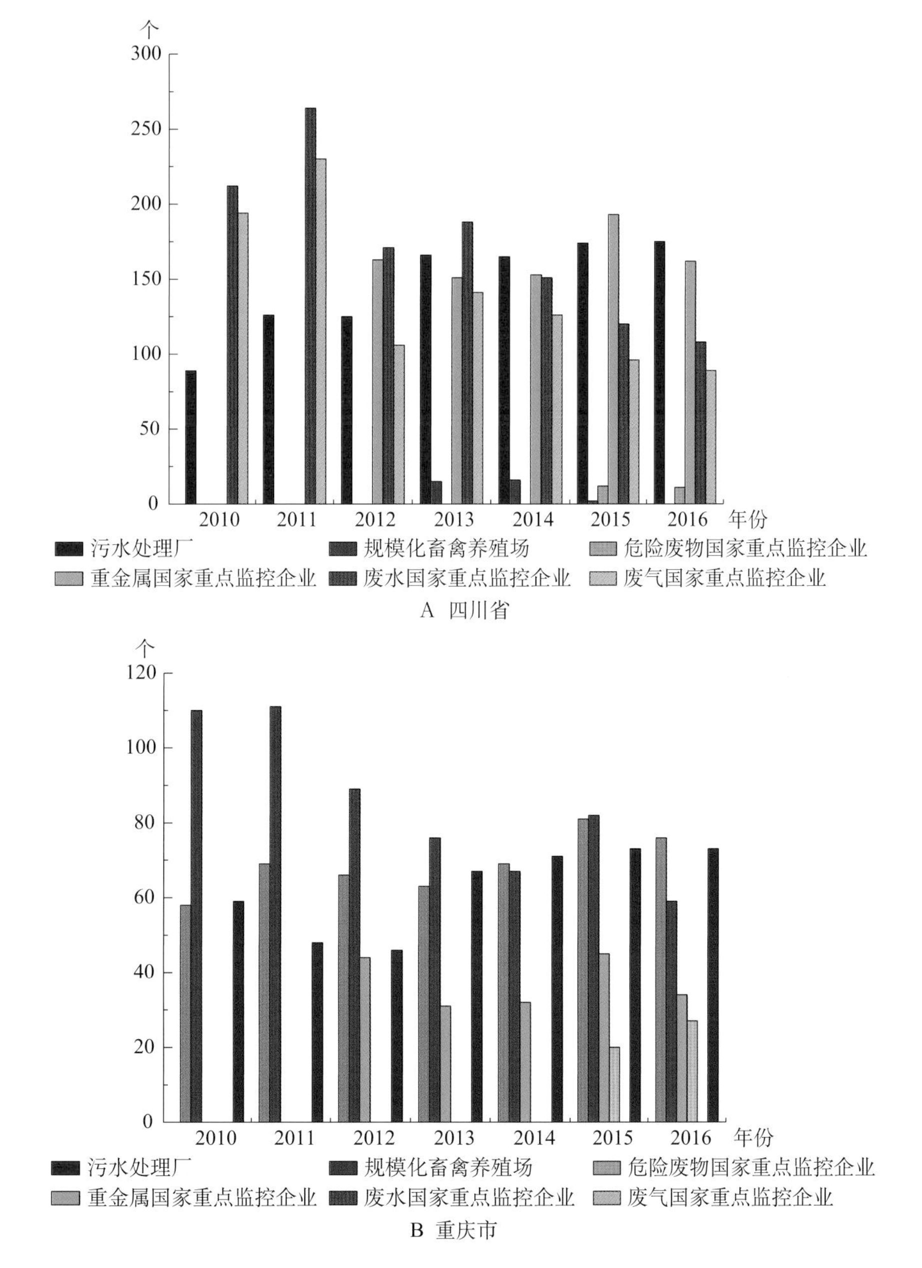

图1-23　2010—2016年四川省和重庆市国家重点监控企业类型

重金属国家重点监控企业区域分布集中，凉山彝族自治州（51个）、成都市（32个）、德阳市（32个）、绵阳市（12个）、攀枝花市（14个）、雅安市（14个）是国家重点监控企业数量较多的地区，前3个地区涵盖了四川省60%以上的重金属国家重点监控企业数量（图1-24）。

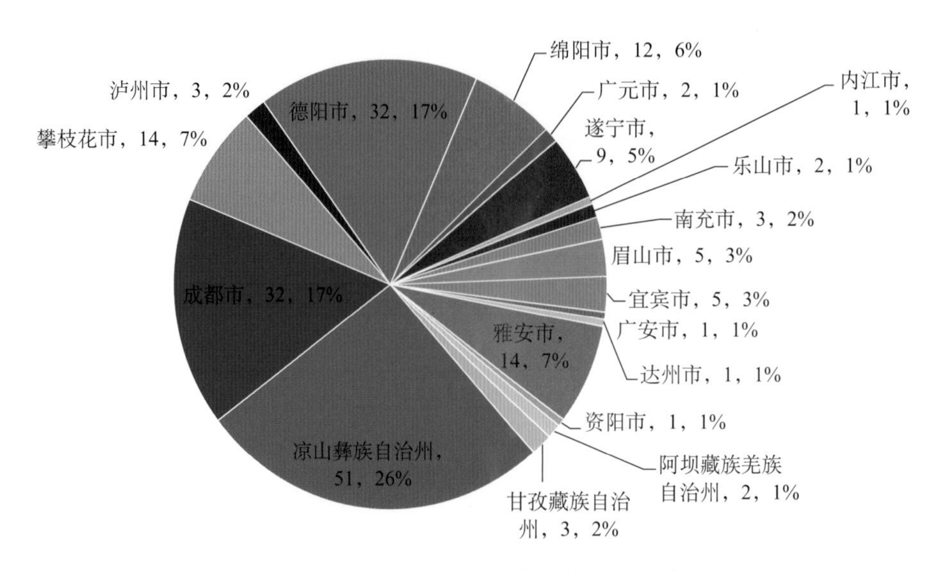

图1-24　四川省重金属国家重点监控企业区域分布

从行业分布来看，四川省重金属国家重点监控企业主要集中有色金属冶炼及矿山采选等行业，其中有色金属冶炼及压延业（60个），有色金属矿采选业（41个），电气机械及器材制造业（31个），化工及产品加工（28个），皮革、毛皮、羽毛（绒）及其制造品业（19个），其他（14个）（图1-25）。

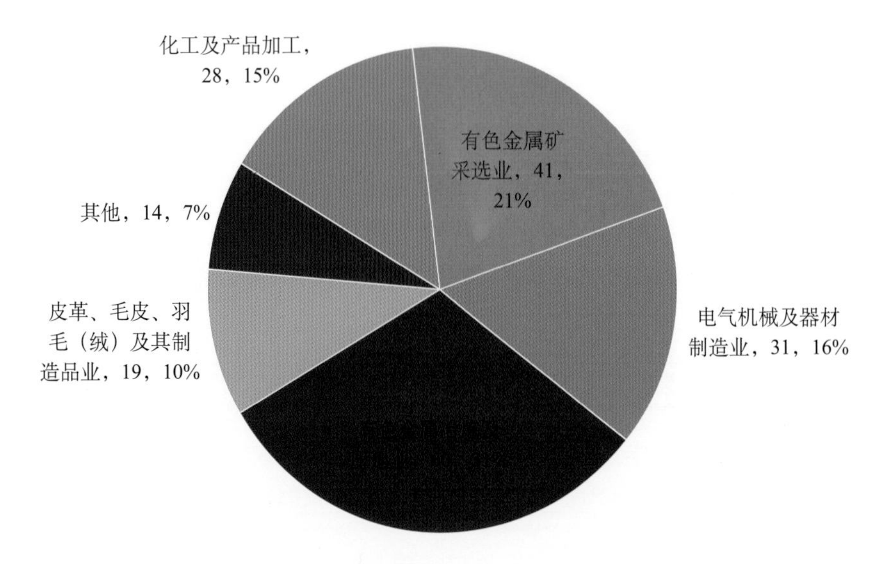

图1-25　四川省重金属国家重点监控企业行业分布

重庆市重金属国家重点监控企业主要分布在有色金属冶炼及压延业和电气机械及器材制造业，其中有色金属冶炼及压延业17个，占比为38%，电气机械及器材制造有10个，占比为22%（图1-26）。

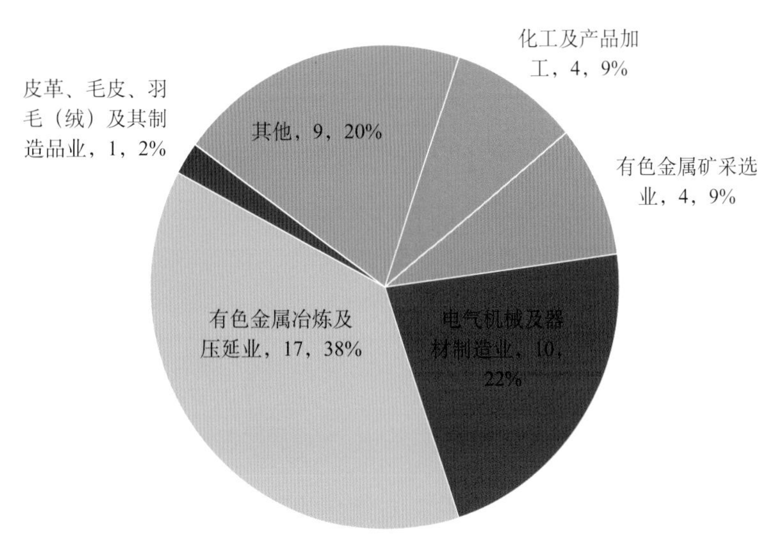

图1-26　重庆市重金属国家重点监控企业行业分布

②重点城市。

成都市。重金属国家重点监控企业数量共32个，主要分布在电气机械及器材制造行业（17个，占53%），皮革、毛皮、羽毛（绒）及其制造品业（6个，占19%），有色金属冶炼及压延业（3个，占39%），化工及产品加工（1个，占3%），其他（5个，占16%）（图1-27）。成都市地处四川盆地西部的成都平原腹地，人口密集，城市生活源污染对该区域农田污染贡献更大。

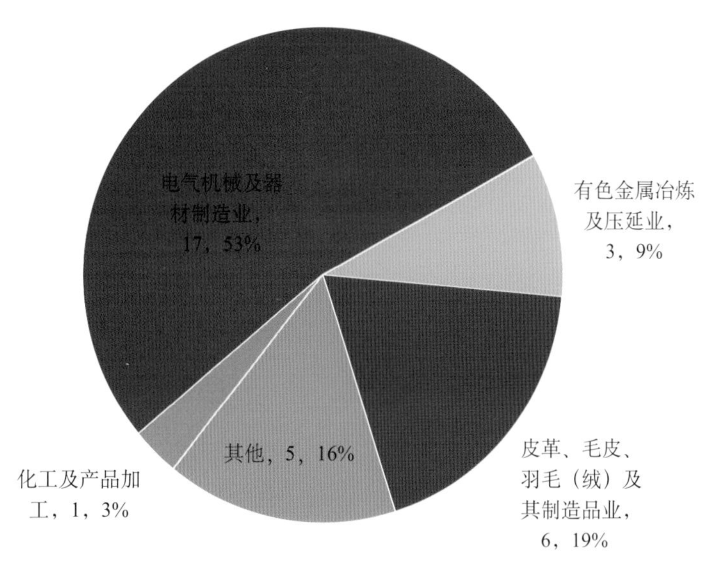

图1-27　成都市重金属国家重点监控行业分布

德阳市。位于四川省中部、成都平原东北部，以重型机械与磷矿工业为核心产业。德阳市的重金属国家重点监控企业共11个，主要分布在化工及产品加工业（17个，占53%），有色金属冶炼及压延业（6个，占19%），皮革、毛皮、羽毛（绒）及其制造品业（4个，占12%），其他（5个，占16%），所涉及企业对重金属Cd污染贡献较大（图1-28）。

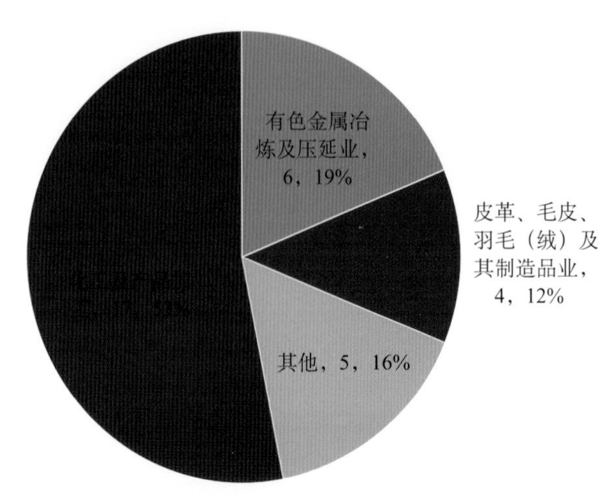

图1-28　德阳市重金属国家重点监控行业分布

雅安市。地处四川盆地西南边缘大相岭区，青衣江横贯中部并流经城区，大渡河流经南部。2015年，重金属国家重点监控企业共14个，其中有色金属冶炼及压延业12个，占86%；电气机械及器材制造业1个，占7%；其他1个，占7%（图1-29）。

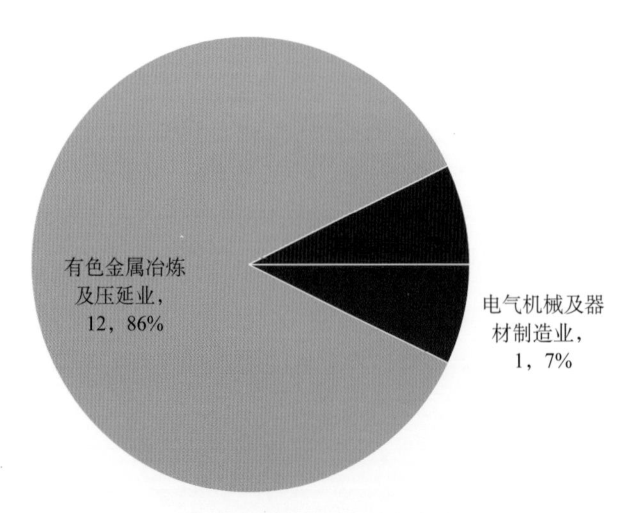

图1-29　雅安市重金属国家重点监控行业分布

眉山市。东部为成都平原，西部为低山丘陵区，岷江纵贯市境。眉山市共有重金属国家重点监控企业5个，其中，有色金属冶炼及压延业3个，占60%；化工及产品加工行业1个，占20%；其他1个，占20%（图1-30）。

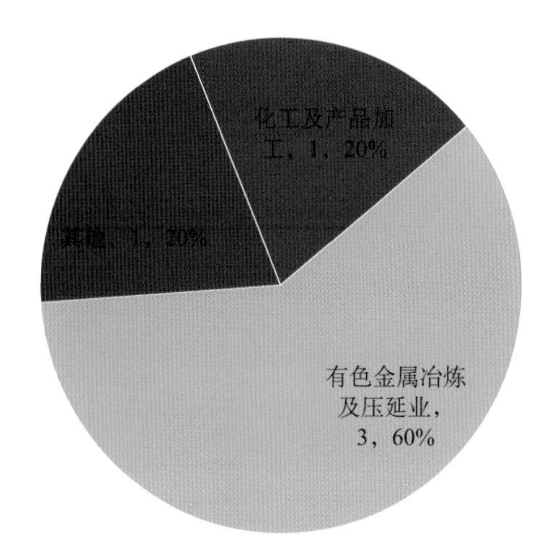

图1-30　眉山市重金属国家重点监控行业分布

宜宾市。重金属国家重点监控企业共5个，其中电气机械及器材制造业2个，皮革、毛皮、羽毛（绒）及其制造品业1个，其他1个。

乐山市。地处四川盆地西南部，北部为成都平原，岷江自北往南纵贯而入，于市区与大渡河、青衣江汇合，再往东南流出市境。乐山市2个重金属国家重点监控企业均为其他类型，存在农业源或生活源等其他潜在污染源。

（2）长江中下游地区

长江中下游地区土壤重金属污染主要集中于新余市、沅江市、湘阴县、南昌县、岳阳县、枞阳县、南昌市、彭泽县等部分地区，8种重金属中Cd为主要污染因子，区域内洞庭湖平原污染最为严重。工矿企业对区域内重金属污染贡献显著，基于此对长江中下游地区所涉及省份与城市涉重企业[①]进行分析。

①主要省份。

湖南省。东、南、西三面山地环绕，中部和北部地势低平，呈马蹄形的丘陵型盆地，湘中地区大多为丘陵、盆地和河谷冲积平原，湘北为洞庭湖与湘、资、沅、澧四水尾闾的河湖冲积平原，地势很低。湖南的水系呈扇形状汇入洞庭湖，使得洞庭湖成为湖南省各类污染物的汇，进一步又作为源释放到长江。

湖南省重金属国家重点监控企业数量始终位居全国前列，国家重点监控规模化畜禽养殖场数量也处于较高水平。2015年，国家重点监控涉重企业数量约为规模化畜禽养殖

① 参照环境保护部2015年发布的国家重点监控企业名单（环办〔2014〕116号）。

场数量的4倍，远高于废水废气、污水处理厂等监控类别（图1-31）。

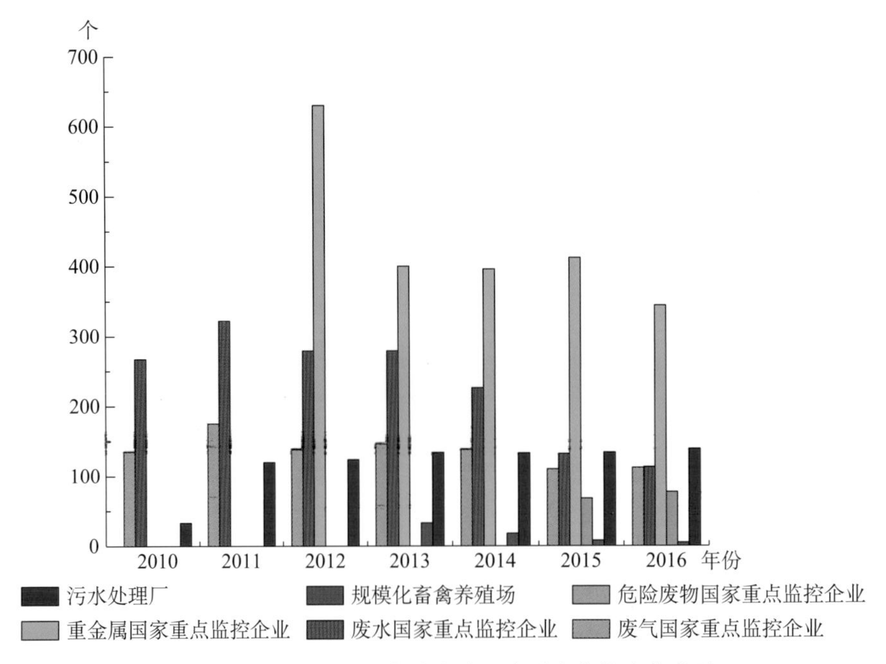

图1-31 2010—2016年湖南省国家重点监控企业类型

从区域分布来看，郴州市数量最多（108个，占26%），湘西土家族苗族自治州（81个，占20%），衡阳市、益阳市和怀化市（105个，占26%），长株潭地区（42个，占10%）（图1-32）。

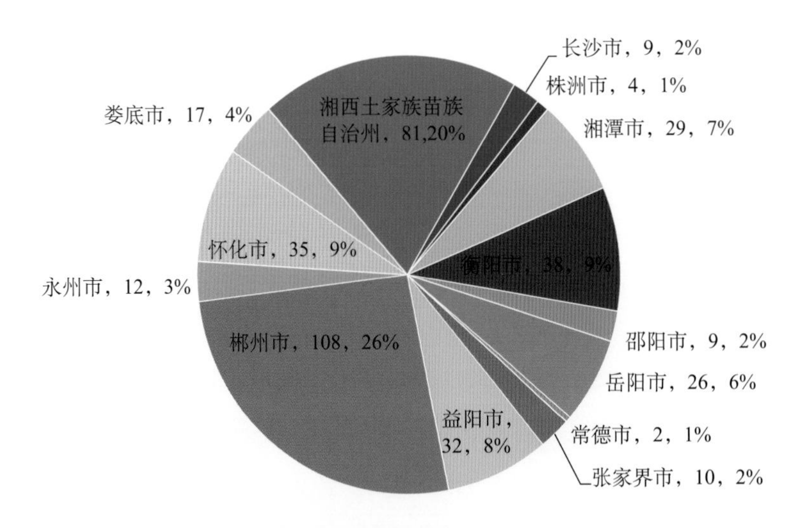

图1-32 湖南省重金属国家重点监控企业区域分布

湖南重金属污染与地方产业结构直接相关。从行业分布来看，有色金属冶炼及压延业（172个，占42%）与有色金属矿采选业（154，占37%）两个行业数量占到湖南省国家重点监控涉重企业的79%，成为湖南重金属污染主要来源（图1-33）。有色金属采选冶炼行业粗放发展是造成湖南重金属污染的最主要原因。此外，环境重金属累积也引起历史污染，如湘江底泥中重金属累积造成的历史性污染严重，成为饮用水安全的最大隐患。

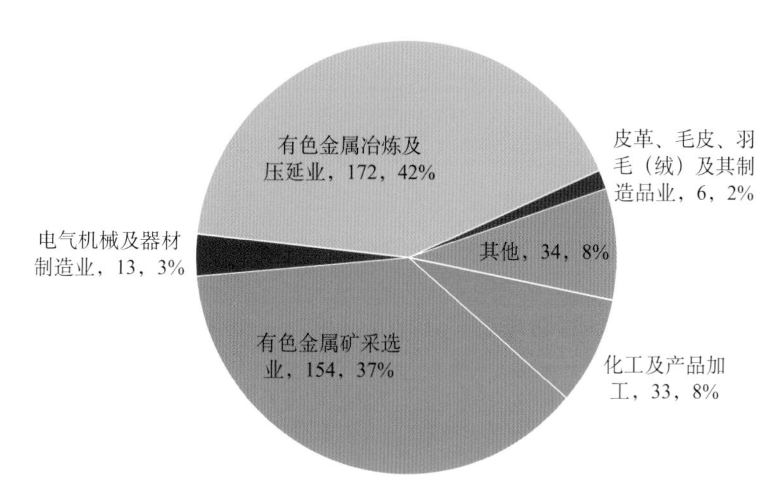

图1-33　湖南省重金属国家重点监控企业行业分布

江西省。三面环山，北面紧邻鄱阳湖和长江，鄱阳湖是长江流域最大的通江湖泊，水质受上游五河与下游长江双重影响。江西省矿产丰富，辖区内朱溪钨铜矿三氧化钨资源量286万t，是世界上最大的钨铜矿。2012年以来，国家重点监控涉重企业数量始终维持较高水平，污水处理厂监控数量逐年增加（图1-34）。

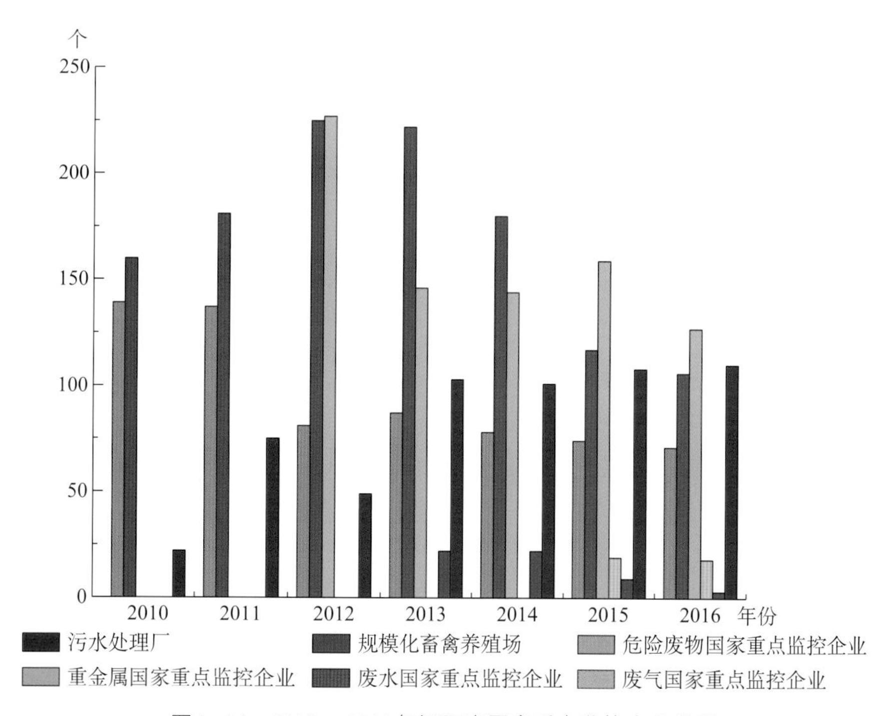

图1-34　2010—2016年江西省国家重点监控企业类型

从区域分布来看，江西省国家重点监控涉重企业主要集中在赣州市（72个，占45%）、上饶市（29个，占18%）和宜春市（15个，占9%），3个城市国家重点监控涉重企业数量占总数的72%（图1-35）。

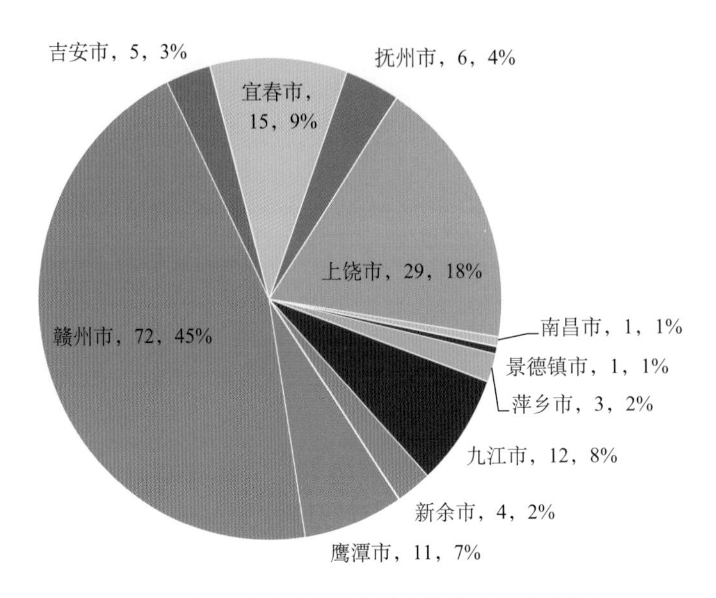

图1-35 江西省重金属国家重点监控企业区域分布

从行业分布来看，江西省重金属国家重点监控企业中有色冶炼及压延业（53个）和有色金属矿采选业（48个）占总数的63%，电气机械及器材制造业34个，化工及产品加工5个（图1-36）。赣州、吉安、萍乡、宜春、新余均处于赣江流域，上饶为信河上游，该地区矿产资源开发利用过程中引发的环境问题，对下游鄱阳湖及鄱阳湖平原影响显著。

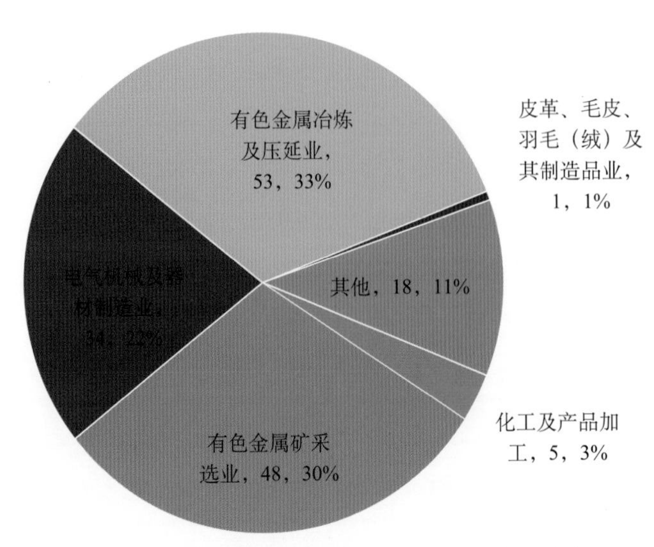

图1-36 江西省重金属国家重点监控企业行业分布

湖北省。三面环山、中间低平，平原占20%。土壤重金属Cd背景值为0.172 mg/kg，高于全国平均值约2.5倍，是造成部分地区土壤Cd超标的原因之一。湖北省废水废气国家重点监控企业数量较多，2012年以来逐年减少，污水处理厂国家重点监控企业数量逐年增多，废气与重金属国家重点监控企业数量变化不显著（图1-37）。

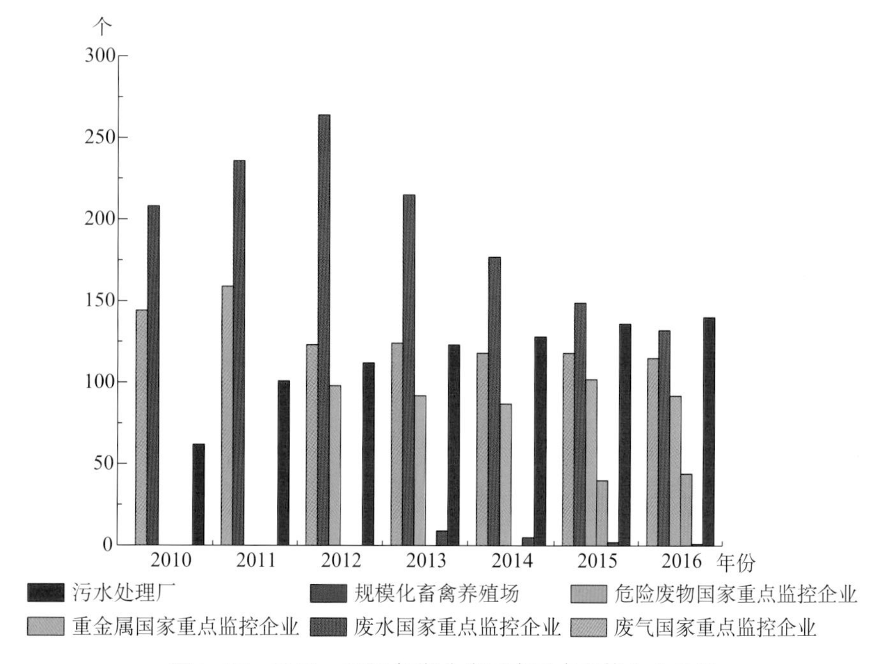

图1-37 2010—2016年湖北省国家重点监控企业类型

从区域分布来看，湖北省国家重点监控涉重企业主要集中在黄石市（34个，占33%）、荆门市（15个，占14%）、襄阳市（12个，占12%）、宜昌市（11个，占11%）、孝感市（7个，占7%）和荆州市（6个，占6%）（图1-38）。

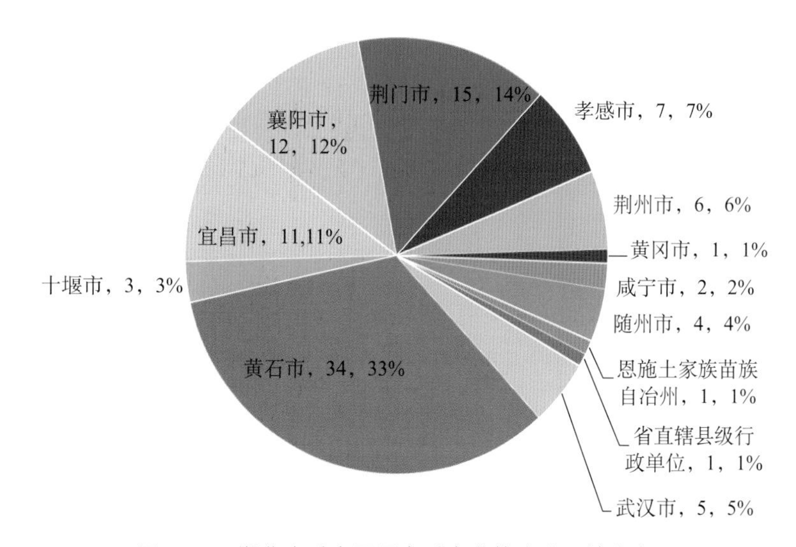

图1-38 湖北省重金属国家重点监控企业区域分布

从行业分布来看，湖北省重金属国家重点监控企业主要集中且均匀分布于有色金属矿采选业、有色金属冶炼及压延业、电气机械及器材制造业和化工及产品加工4个行业，该区域重金属污染源类型多样（图1-39）。

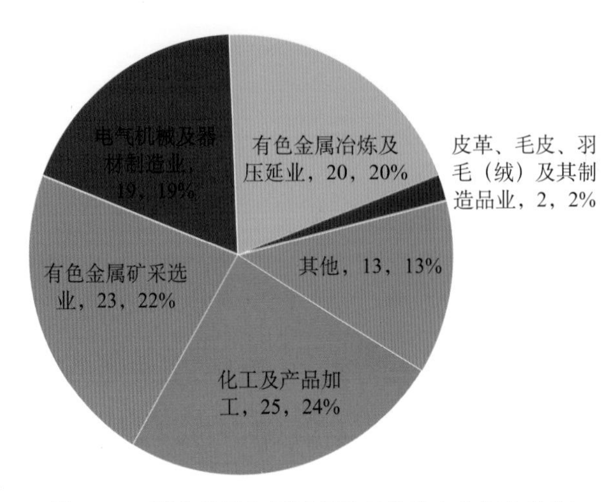

图1-39　湖北省重金属国家重点监控企业行业分布

安徽省。平原面积占全省总面积的31.3%（包括5.8%的圩区），与丘陵、低山相间排列，地形地貌呈现多样性，长江与淮河自西向东横贯全境。2010年以来，安徽省废气国家重点监控企业数量变化不大，污水处理厂国家重点监控企业数量逐年增加，废水国家重点监控企业数量自2013年持续减少，2015年重金属国家重点监控企业数量较2014年增加1倍以上（图1-40）。

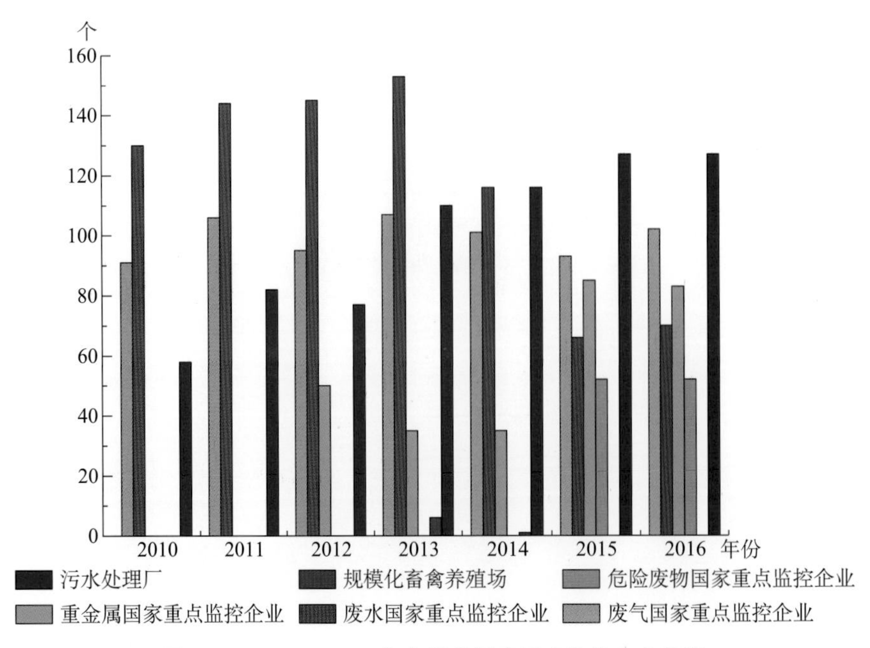

图1-40　2010—2016年安徽省国家重点监控企业类型

从区域分布来看，安徽省国家重点监控涉重企业主要集中在皖南铜陵市（31个，占36%）、皖北阜阳市（20个，占24%）、滁州市（9个，占11%）和合肥市（8个，占9%）（图1-41）。

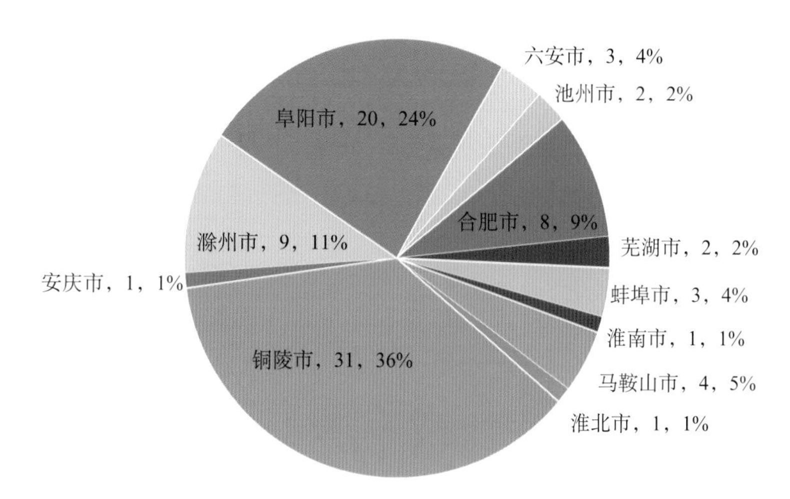

图1-41　安徽省重金属国家重点监控企业区域分布

从行业分布来看，安徽省重金属国家重点监控企业中有色冶炼及压延业（17个）和有色金属矿采选业（21个）占总数的45%，电气机械及器材制造业35个（占41%）（图1-42）。安徽省境内土壤重金属点位超标率较高地区（如枞阳县、无为县等）均涉及较多国家重点监控企业，电子工业、矿业开采与利用是该地区重金属潜在污染源。

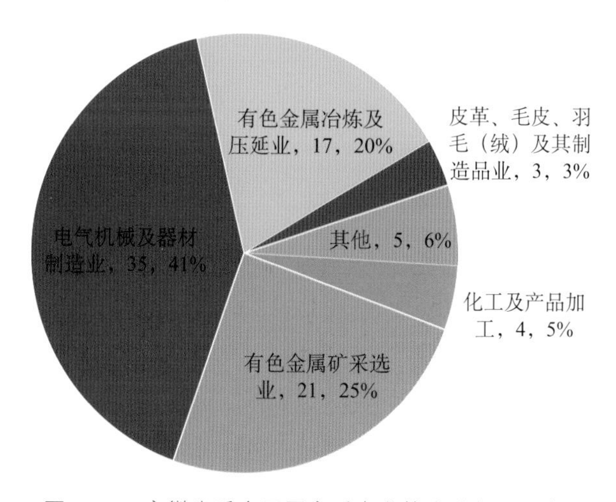

图1-42　安徽省重金属国家重点监控企业行业分布

江苏省。由长江和淮河下游的大片冲积平原组成，面积7万km^2左右，占全省面积的69%，是中国地势最为低平的一个省份。2010年以来，江苏省废水废气国家重点监控企业数量逐年减少，污水处理厂国家重点监控企业数量逐年增加，重金属国家重点监控企业数量始终处于较低水平。然而，2015年起，危险废物国家重点监控企业数量迅猛增长，处于全国较高水平（图1-43）。危废处理不当或者跑冒滴漏会造成严重的土壤污染，如常州市新北区400亩“毒地”事件，修复难度极大，应引起足够重视。

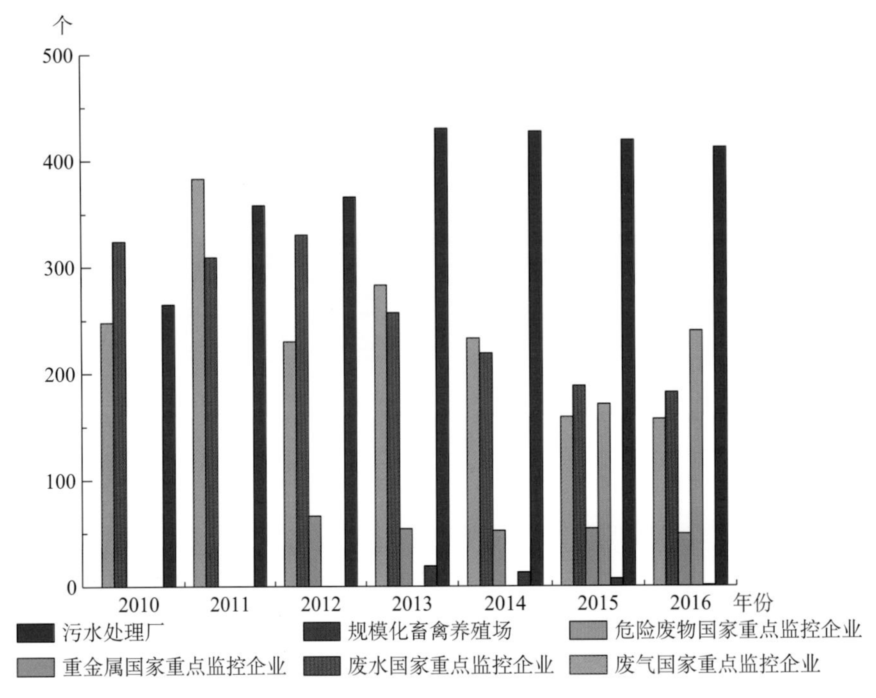

图1-43　2010—2016年江苏省国家重点监控企业类型

从区域分布来看，江苏省国家重点监控涉重企业数量较少，主要集中在无锡市（30个，占56%）和宿迁市（6个，占11%），徐州市、苏州市、泰州市、淮安市等地区也有零散分布（图1-44）。

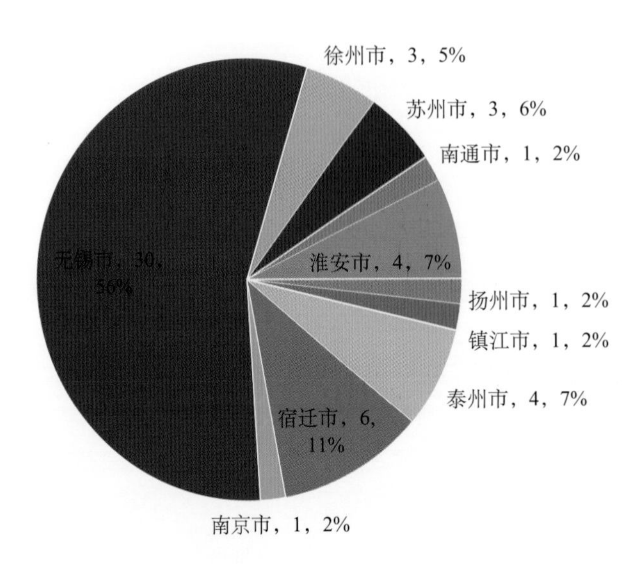

图1-44　江苏省重金属国家重点监控企业区域分布

从行业分布来看，江苏省重金属国家重点监控企业主要集中于有色冶炼及压延业（25个，占46%）和电气机械及器材制造业（20个，占37%）（图1−45）。矿产资源开发与利用是可能导致重金属污染的原因之一。

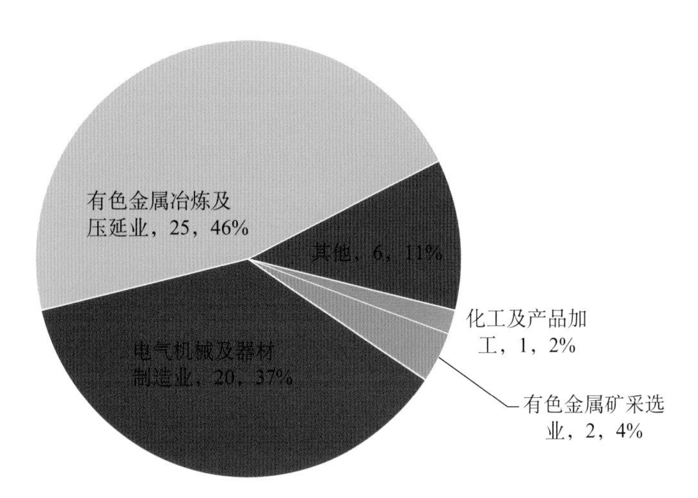

图1−45 江苏省重金属国家重点监控企业行业分布

②重点城市。

益阳市。位于湖南省北部，矿藏资源丰富，是“小有色金属之乡”，主要矿藏40多种，锑、钨、钒、石煤的储量为湖南省第一，已知的矿床、矿点有140多处。从重金属国家重点监控企业行业分布来看，主要集中于有色金属冶炼及压延业（20个，占62%）和有色金属矿业采选业（6个，占19%）（图1−46）。矿采资源开发与利用是益阳市主要重金属污染来源。

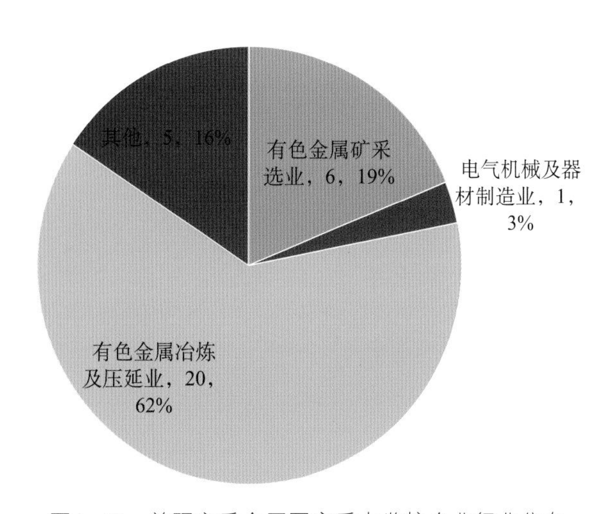

图1−46 益阳市重金属国家重点监控企业行业分布

岳阳市。位于湖南省东北部，东倚幕阜山，西临洞庭湖，长江从北蜿蜒而过。岳阳矿产资源丰富，矿藏矿点200多处，其中钒矿蓄量居亚洲之冠。2015年，岳阳市重金属国家重点监控企业主要集中于有色金属矿业采选业（19个，占73%）和有色金属冶炼及压延业（3个，占11%），矿采资源开发利用对长江湖南段水质和该地区土壤重金属污染具有重要影响（图1–47）。

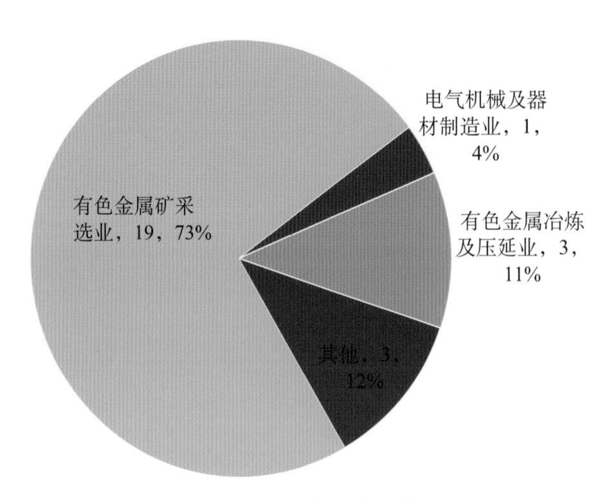

图1–47　岳阳市重金属国家重点监控企业行业分布

铜陵市。位于安徽省南部，有“中国古铜都”之誉，是长江下游重要的港口之一。铜陵市重金属国家重点监控企业主要集中于有色金属矿业采选业（16个，52%）和有色金属冶炼及压延业（7个，占23%）（图1–48）。铜陵市采矿活动排放的废水量占全国工矿业排放废水总量十分之一以上，排放的固体废弃物占全国工矿业排放总量的一半以上，矿业活动是区域非常重要的重金属污染源，水系、土壤和植物中的重金属污染都较严重。矿山附近的河流沉积物是重金属迁移的主要途径，并直接影响水体的生态风险，重金属成为铜陵等矿业城市生态环境中的主要破坏因子之一。

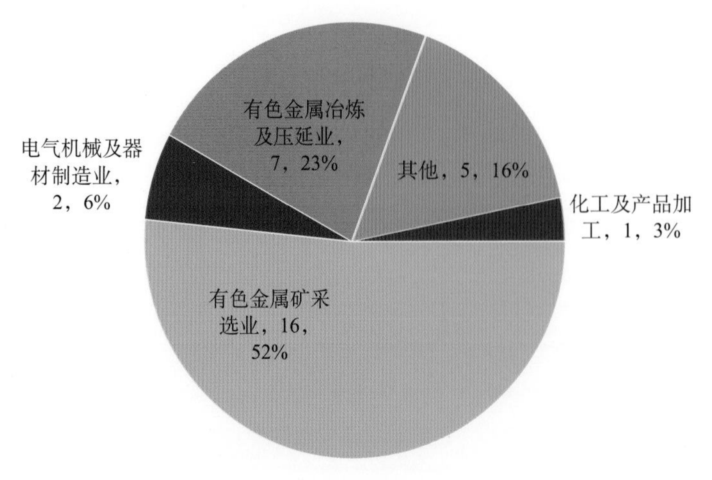

图1–48　铜陵市重金属国家重点监控企业行业分布

九江市。位于江西省北部，地处鄱阳湖入长江之口，有江西“北大门”之称，境内柘林水库为江西省最大水库，中部为鄱阳湖平原和鄱阳湖区。矿业是九江的新型支柱产业之一，全市现有有色金属、建材、化工、冶金四大矿产工业体系。九江市重金属国家重点监控企业中有色金属冶炼及压延业5个，占42%；有色金属矿采选业4个，占33%（图1-49）。

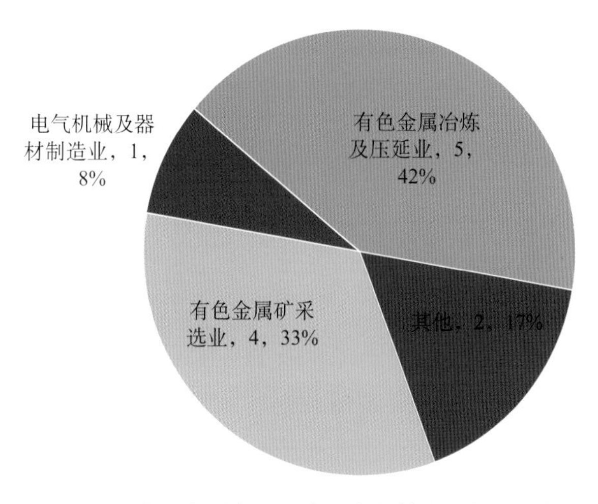

图1-49　九江市重金属国家重点监控企业行业分布

南昌市。位于江西中部偏北，赣江之畔，平原占35.8%。南昌市重金属国家重点监控企业均为有色金属冶炼及压延业，矿业活动对辖区内水质与土壤重金属污染具有重要影响，矿山废石堆的硫化矿物是造成严重酸雨的主要致酸物质来源。

新余市。位于江西省中西部，地处南昌、长沙两座省会城市之间，是江西经济最发达、城市化水平最高的城市。新余市重金属国家重点监控企业类型为化工及产品加工和其他类别，总数为4个，且规模不大。表明该地区除涉重企业，仍存在生活源或农业源等多种类型。

（3）广西蔗糖产区

广西壮族自治区属于山地丘陵性盆地地貌，矿产资源丰富，种类繁多，储量较大，是中国10个重点有色金属产区之一。2015年广西国家重点监控企业中，废水废气数量骤减，污水处理厂数量基本持平，重金属企业数量增加一倍，存在危险废物重点监控企业（图1-50）。

从区域分布来看，国家重点监控涉重企业主要集中在河池市（60个，占35%）、来宾市（17个，占10%）、桂林市（14个，占8%）和南宁市（13个，占8%），柳州市、玉林市、百色市、贺州市等地区也有零散分布（图1-51）。

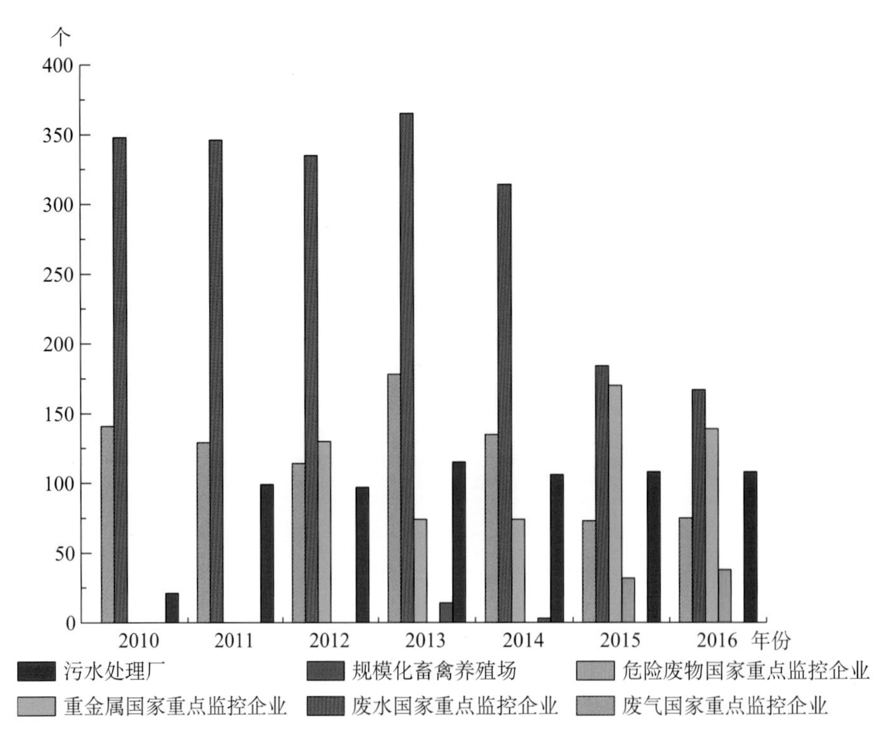

图1-50　2010—2016年广西国家重点监控企业类型

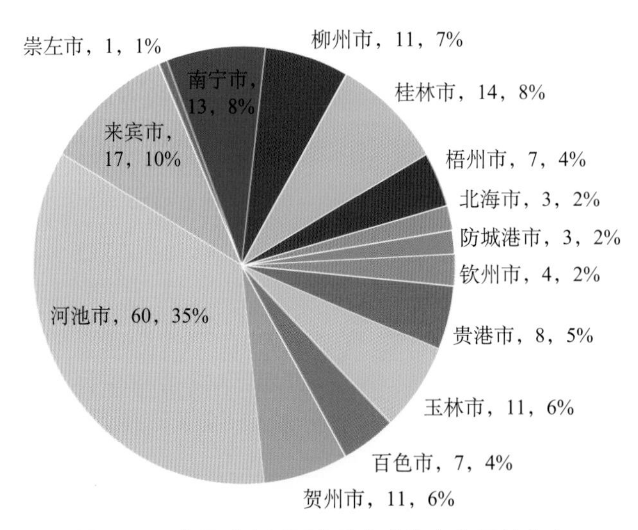

图1-51　广西重金属国家重点监控企业区域分布

从行业分布来看，广西重金属国家重点监控企业主要集中于有色金属矿业采选业（85个，占50%）和有色金属冶炼及压延业（46个，占27%）（图1-52）。

河池市。位于广西北部，地处刁江上游，境内主要为喀斯特山区，有色金属工业是河池市支柱产业，集中了广西地区四分之三的有色金属资源，是全国重要的有色金属富集区之一。从行业分布来看，2015年，河池市重金属国家重点监控企业主要集中于有色金属矿业采选业（38个，占63%）和有色金属冶炼及压延业（15个，占25%）（图1-53）。

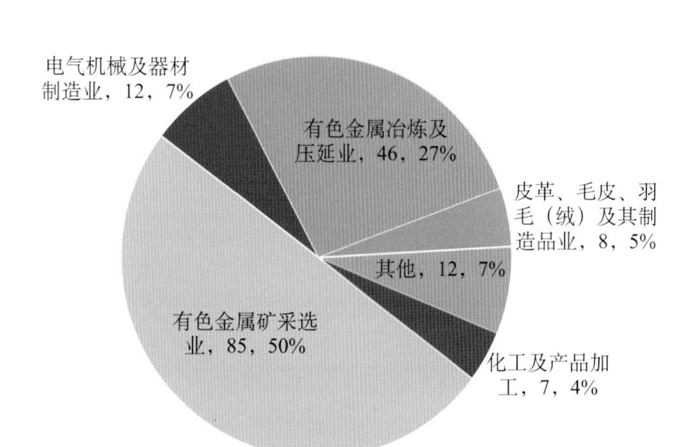

图1-52　广西重金属国家重点监控企业行业分布

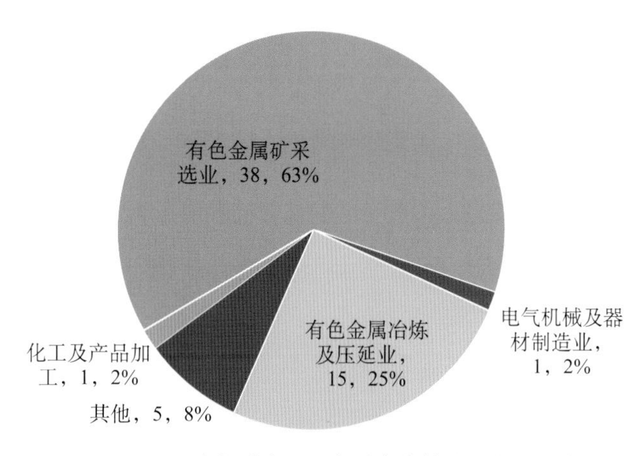

图1-53　河池市重金属国家重点监控企业行业分布

来宾市。位于广西中部桂中盆地，红水河沿岸，湘桂铁路穿过境内，是广西氧化锰矿重要产地之一，已探明的氧化锰矿石储量达1 294万t，大部分已开发利用。2015年重金属国家重点监控企业主要集中于有色金属矿采选业（9个，占53%）和电气机械及器材制造业（4个，占23%）（图1-54）。

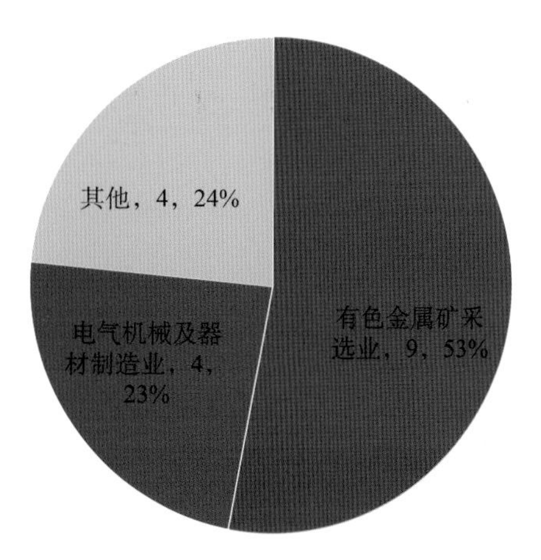

图1-54　来宾市重金属国家重点监控企业行业分布

2. 农业生产生活

2010年发布的《第一次全国污染源普查公报》数据显示，农业面源排放的COD、总氮、总磷分别占这三类污染物排放总量的43.7%、57.2%和67.4%。就巢湖、滇池和太湖流域而言，进入并滞留于巢湖中的污染物，69.5%的总氮和51.7%的总磷来自面源污染；滇池外海的总氮和总磷负荷中，农业面源污染分别占53%和42%；太湖流域来自农业农村面源的COD、总氮、氨氮、总磷分别占各自排放总量的45.2%、51.3%、43.4%、67.5%。这些污染物进入水体后，会提高水体富营养化水平，并进一步污染周边土壤。

农业源污染中比较突出的是畜禽养殖业污染问题，畜禽养殖业的化学需氧量、总氮和总磷分别占农业源的96%、38%和56%。畜禽养殖业源污染物（COD）排放量（1 268.26万t）超过工业源（715.1万t）和城镇生活源（1 108.05万t），已经成为我国三大污染源之首（图1-55）。

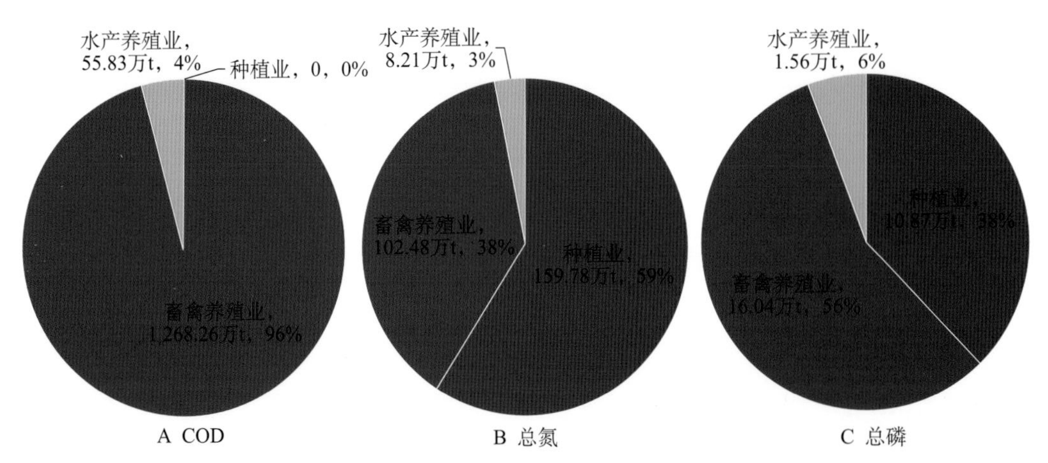

图1-55　第一次全国污染源普查农业源污染物排放来源

据2015年《中国畜牧兽医年鉴》数据显示，年出栏100头以上生猪饲养规模场（户）数107.79万个，全国规模化畜禽养殖场（小区）和专业户生猪（出栏量）、肉牛（出栏量）、奶牛（存栏量）、家禽（存栏量）饲养量折算为猪的量约为7亿头，粪便产生量高达38亿t，COD、TN、TP排放量预计将达到2 310万t、308万t、31万t。即使只有10%畜禽粪便进入水体，也将大幅提升我国的水体富营养化水平，对区域或流域内环境产生重要影响。然而，我国规模化养殖场（户）数量占全国总量的比例不足5%，意味着规模化以下养殖场占有绝对比例。规模化以下养殖场经营粗放、随意，污染物处置方式难以控制统计，无害化处理率低，与规模化畜禽养殖场污染相互叠加，使得养殖污染问题更加难以解决。

 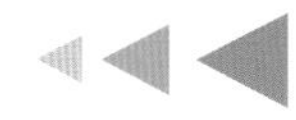

农业面源污染的排放总量和排放强度，呈现显著的区域异质性，南方地区安徽、江苏、湖北等省份化肥施用量较高，湖南、湖北、安徽、广东等省份农药使用量大，四川省肉蛋奶总产量居于全国较高水平，畜禽养殖污染风险高，福建、广东、江苏、浙江等省份水产品产量大，水产养殖污染风险高。农用塑料薄膜和水产养殖业成为农业面源污染新来源。

举例来讲，江西省畜牧业发展迅猛，而收集及处理环节十分薄弱，畜禽粪便处理处置不当，饲料添加剂中大量使用As、Cu、Zn、Mn、Co等重金属元素，引发周边土壤的环境污染问题。根据对南昌、九江、宜春和抚州20多个规模化养殖场的调查，没有符合标准的储粪房及三级无害化粪池，基本是未经处理就任意流向周边的水源和农田，对水体、环境空气、农田造成不同程度的污染。据江西省农业科学院绿色食品环境检测中心检测，未经处理的养猪场污水总砷0.07mg/L，超过灌溉水质标准。远离城市的农区耕地土壤重金属的来源主要是肥料、农药和农膜。城郊耕地土壤重金属来源主要是受大气沉降、城市污水灌溉、化肥和农药的综合影响。农用化肥中磷酸盐含有较多的重金属Hg、Cd、As、Zn和Pb，磷肥中Cd含量往往较高，而氮肥中Pb含量较高，商品有机肥中，由于饲料中添加了一定量的重金属盐类，也会增加土壤Zn、Mn等重金属元素的含量。苏德纯等对1998—2010年耕地施用的有机肥重金属含量文献进行总结得出，有机肥中Cd的中值达到了0.9mg/kg，而相关统计结果表明我国农产品产地土壤重金属中55%的Cd、69%的Cu和51%的Zn是由有机肥输入土壤的。

3. 其他污染来源

（1）污水灌溉

据统计，1999年我国污水灌溉面积约330万hm^2，约占全国总农田灌溉面积的7.3%，主要分布在北方水资源短缺的海、辽、黄、淮四大流域。近年来，我国大力发展节水农业，污水灌溉的比例下降较快。2015年中国农业有效灌溉面积为6 587.3万hm^2，新增节水灌溉面积254万hm^2。南方地区污水灌溉主要由工业排污造成的水污染引起，污水灌溉面积占全国污灌面积的10%左右，主要分布在武汉、成都、长沙、上海、广州等地。由于污水中有毒有害物质尤其是重金属污染物的严重超标，污水灌溉引起的农产品产地土壤重金属污染已经成为我国污灌区的最严重问题。我国20世纪90年代初期因污灌而造成重金属农田污染面积近亿亩。广州市郊污灌区土壤中Cd、Pb、Hg等重金属的浓度

为清灌区的1.8～4.5倍，重金属积累已有明显异常。

（2）大气颗粒物降尘

大气颗粒物已成为我国的主要环境污染源，颗粒物污染不但对城市环境、城区人体健康造成了严重威胁，而且颗粒物降尘特别是能源、运输、冶金和建筑材料生产产生的大气颗粒物降尘越来越成为农产品产地土壤污染的罪魁祸首之一。大气颗粒物降尘可载带多种重金属污染物，如Hg、As、Cd、Pb、Cr、Ni等，这些污染物长期尘降累积效应必然导致土壤重金属含量增加甚至污染。相关研究结果表明，大气降尘对耕地积累总As、Cr、Hg、Ni和Pb的贡献达43%～85%。我国科研人员对长江三角洲地区大气颗粒物降尘地分析结果表明，除Fe、Mn，研究区大气颗粒物降尘中重金属含量普遍高于当地土壤重金属含量，尤其是Cd、Cr、Cu、Pb和Zn。可以看出，大气颗粒物对耕地的污染具有典型的点、线、面特性，而点、线区域的污染比较严重，就广大农区而言，农区大气颗粒物载带重金属的污染还是比较轻的，但随着我国工业的转移、农村交通事业的发展及农村能源结构的变化，农区面源污染有不断加重的趋势。有研究表明，中国的大气沉降一年对农田的重金属Zn、Pb、Cu、Cr、Ni、As、Cd、Hg的贡献率可达78 973t、24 658t、13 145t、7 392t、7 092t、3 451t、493t、174t（师荣光等，2017），大气沉降重金属对农区的影响应引起足够重视。

（3）固体废弃物堆放

固体废弃物堆放也是直接影响我国农产品产地环境的重要因素。污染农田的固体废弃物来源广泛，除矿产开采冶炼产生的固体废物，电子垃圾固废、工业固废、市政固废、污泥及垃圾渗滤液等是我国耕地固废污染的主要来源。据统计，因固体废弃物堆存而被占用和毁损的农田面积已达到600万亩，造成周边地区的污染农田面积超过5 000万亩。广西南丹矿区每年向刁江排放含砷尾矿1 770t，自建矿以来，大约总共排放了800万～1 000万t尾矿砂，除了被江水冲走的尾矿砂，大约还有200万～300万t尾矿砂堆积在河道中，从而直接导致了流域范围内的耕地土壤As严重超标。我国浙江、广东、湖南等区域是电子垃圾处置的主要区域，这些区域因电子垃圾造成的农田污染在局部区域非常严重，其主要污染物包括重金属Cd、Cr、Cu、Ni、Pb、Zn及持久性有机污染物等。对武汉市垃圾堆放场和杭州铬渣堆放区附近土壤中重金属的研究发现，这些区域土壤中Cd、Hg、Cr等重金属含量均高于当地土壤背景值，且重金属的含量随距离的加大而降低。

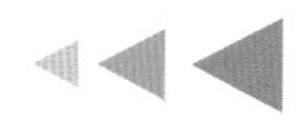

六、南方主要农产品产地污染综合防治战略

（一）农业环境面临的挑战

1．农产品产地环境质量受重视不够

“三农”问题连续多年成为中央1号文件的重要推进内容，但实践中对于农产品产地环境质量综合治理的重视程度仍显不足，特别是对轻度或无污染区域（流域）的保护力度不够。政府主导地位作用不显著，国家层面的制度、政策和法律保证不够，环境违法成本低，引发了诸多农产品质量问题。重金属超标已成为南方稻米国际贸易重要屏障，亟须国家层面完善相关政策、制度及监管文件，加大农产品产地环境保护力度，特别是对长江中游地区的轻度污染区的保护力度。与此同时，对中度和重度污染区实施全面治理与修复，增加良田数量与比例。

2．环境污染综合状况底数不清

我国尚未系统开展农产品产地大气、水、土壤、农作物污染状况联合调查，主要污染物类型、分布及风险水平等基础信息不清，直接制约了环境污染防治工作的开展。土壤重金属污染前期开展过局部的调查工作，由于调查样点数少，不能反映土壤总体状况。2017年国务院批准《全国土壤污染状况详查总体方案》，土壤污染状况详查已全面启动，要求2018年年底前查明农用地土壤污染的面积、分布及其对农产品质量的影响。大气污染监测点位少，且目前尚不具备重金属等污染物监测能力；重点流域均已开展地表水质检测，监测指标已包括了常见的重金属污染物，部分断面已发现存在重金属超标问题，但农田灌溉水（包括地表水和地下水）尚缺乏系统监测，且对主要河流底泥重金属污染状况缺乏系统调查，底泥重金属污染也会对河流水质安全产生重要影响。

3．污染源调查与监控不力

污染源对农产品产地环境质量影响显著。目前，我国尚未形成工矿业企业、工业园区、固体废物集中处置场地、畜禽养殖基地等重点污染源清单，对周边农田环境污染风险不明，且仍未形成规范、实时监测能力，源头治理难度大。2016年国务院发布《关于开展第二次全国污染源普查的通知》（国发〔2016〕59号），2018年启动全面普查，

2019年总结发布。南方农产品产地重金属污染点位超标率较高地区大多分布在工矿企业周边，不同类型工业企业对污染物种类贡献不一。特别是矿产资源的长期、过度、无序开发带来了生态破坏、水土流失和流域污染等诸多环境问题。废弃矿体和尾砂中含有大量的重金属和有毒有害元素，随着降雨淋溶不断扩散至周围土壤、地下水和地表水环境中，造成严重的重金属污染问题。

4. 环境污染修复难度大

与国外相比，我国尚未形成完善的、针对性强的大气、水、土壤与农作物污染联合防治技术支撑体系与配套设备，特别是相对于水和大气，国家对土壤重金属污染问题重视程度还不够，前期工作基础较薄弱，成熟修复技术较少。农产品产地环境污染修复须因地制宜，综合考虑不同区域（流域）的土壤和气候等自然条件，主要污染物类型、来源与迁移转化途径，同时还要兼顾政策、资金等社会经济条件。我国在农田土壤修复方面前期积累较少，亟须开展农田土壤修复技术研究和修复工程试点工作，以及配套的政策、资金、技术文件等方面的研究工作，为顺利开展环境污染综合治理提供多方面支撑。

5. 环境质量监管能力滞后

"十二五"期间，我国南方农产品产地环境质量监测能力取得了明显进步，但与日益提高的环境保护监管需求仍存在较大差距。农产品重金属超标率较高直接导致了国际贸易壁垒，也对农产品产地环境质量提出了更高要求。因此，亟须建立完善的环境监测网络与数据共享平台，以土壤圈为核心，开展"水—气—土—生—人"多环境要素系统监测工作，着力研发无人机等智能监测设备，关注重金属、有机污染及其他新型污染物的协同监测。

（二）思路与对策

1. 总体原则与思路

预防为主、保护优先；

分区管控、精准施策；

分类治理、突出重点；

分期实施、分步推进。

面对现阶段和未来相当长一段时期显现的或潜在的农产品产地环境污染问题，继续强化"只搞大保护、不搞大开发"的发展理念，升级保护力度，着力发展绿色、精

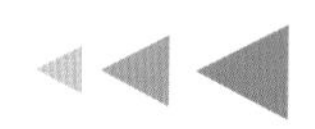

准农业，“以容定农”“以质养农”。全面贯彻科学发展观，基本思路为“四个统筹”与“四个坚持”。统筹环境保护与社会经济建设，统筹环境质量提升与农业可持续发展，统筹环境污染治理与人体健康保障，统筹服务农产品产地环境保护的中央、地方政府和社会各方资源投入。坚持环境保护优先，粮食产量与质量并重；坚持预防为主、综合治理；坚持底线思维，实施风险管控；坚持科技创新，强化农产品产地环境保护精细化管理，提高社会公众的环境保护意识，长期不懈地努力建设农产品产地保护体系。

2. 基本对策

(1) 区域发展以环境为制约

强调南方农产品产地的区域发展规划，经济发展必须以环境为约束，要遵循自然规律、区域资源特点，以区域（流域）环境容量为准绳，严格控制超承载力、超负荷生产，明确区域农业布局，进而调整区域发展战略格局。

(2) 环境保护以综合为导向

农产品产地环境涉及多介质、多因素协同作用，在国家“大气专项”“水十条”“水专项”“土十条”等专项治理的基础上，继续强化综合、系统治理的环境保护理念，分类分区、因地制宜，形成区域联合、各要素综合的系统防控策略。

(3) 土壤环境以预防为重点

就污染程度而言，南方农产品产地土壤重金属中度、重度污染比例较低，特别是长江中游地区，轻度污染或无污染比例在85%以上，污染物一旦进入土壤环境修复难度极大，因此升级保护力度，防止污染物进入土壤环境成为重中之重。

(4) 污染治理以文件为指导

以完善产地环境标准体系为核心，实现不同控制单元融“预防—修复—监管”为一体的差异化、精细化技术支撑体系，形成系列地方科学性、可操作性强的管理文件与集成模式。此外，着力提高科技成果转化率，加大技术推广力度，保障政策、措施执行及技术推广的链条畅通。

(5) 监测监控以科技为根本

农产品产地环境污染范围不断扩大，污染程度加剧，新型污染物不断涌现，污染来源日趋多样。须以土壤圈为核心，开展“天地一体化”多环境要素系统监测工作，着力研发无人机等智能监测设备。

(6) 生态环境以可持续为目标

南方农产品产地污染严重地区，往往也是生态环境破坏较重的地区。特别是矿产资源的长期、过度、无序开发带来了生态破坏、水土流失和流域污染等诸多环境问题。要重视区域或流域生态涵养，加强生物多样性保护，并控制城市有序扩张。

(7) 大气环境以中三角为核心

继长三角、珠三角之后，以湖南、湖北、江西为主的中三角地区大气污染严重，酸雨污染集中，对地区生态环境影响显著。要建立中三角地区区域联防机制，排查大气污染源，着力减排控污，减少颗粒物干湿沉降对空气质量和土壤环境质量的不良影响。

(8) 水环境以各流域支流为抓手

要重点保护支流，避免过度开发；与“河长制”政策呼应，系统联防联控。加大对各流域内支流的污染源监控力度及土壤与农产品协同监测力度，特别是长江流域的湘江、赣江等支流的监测力量。

(9) 土壤环境以两湖一江为重点

升级强化长江流域、洞庭湖与鄱阳湖区域等南方水稻主产地的系统保护力度。稳定流域和区域内大气、水环境质量，着力改善土壤环境质量。优化沿江产业布局，涉重工矿企业严格管控，不达标企业坚决取缔。

(10) 农产品质量安全以制度保障

开展绿色生产示范试点工作，建立农产品质量追踪体系，研究并执行环保农业生产和有机认证制度。重点加快农产品市场化进程，以市场倒逼农产品质量提升，进而推进农产品产地环境质量提高，用制度保障农产品质量安全应成为未来阶段的国家重大举措。

3. 分区对策

(1) 四川盆地

控制污染源，以小流域为单元，实施专项治理。四川盆地地形闭塞、人口密集、工业发达、矿产资源丰富，城市型污染源为主要类型。成都平原是四川盆地污染较重地区，Cd点位超标率达33.29%，主要分布在乐山市、德阳市等县（市）区，呈现出城市带特征。建议重点控制污染源，以小流域为单元，走综合保护道路，强化治理与修复工程监管，实施分级管理，逐步改善水、土、气综合环境质量。严格监管高风险区工矿企业，危及农产品质量安全的要坚决取缔，不得新建有污染风险的工业企业，严格环境准入标准；开展农田污染土壤种植业结构调整与农艺调控，开展居民、商业用地污染土壤

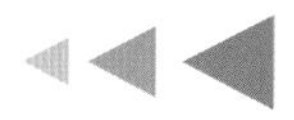

周边隔离带建设以及园林用地污染土壤苗木和超积累植物套种；采用固化/稳定、植物修复、低温热解、农艺调控等组合技术，实现对污染物的削减和风险控制。

（2）长江中下游地区

升级保护力度，以两湖一江为重点，强化源头控制。长江流域化工企业数量6 136家，湘江、赣江、岷江等支流化工企业数量较多，加之湖南湘西、湖北大冶、江西德兴等矿业密集，导致长江沿岸部分地区土壤重金属污染严重。数据分析结果显示，长江中下游地区低等风险区域占比达94.38%，建议重点加大保育力度，重点是两湖一江，保护水稻主产地是重中之重。加大流域内湖泊、河流和大型水利工程辐射区农产品产地环境污染的系统、综合防治力度；强化农产品产地环境污染源头控制工程、矿区影响区土壤修复治理工程及配套辅助工程，优化沿江工矿企业布局，强制采用全过程清洁生产，对威胁农田土壤安全的尾矿渣进行综合治理与资源化利用；对中轻度污染耕地进行修复或种植结构调整，采用植物萃取+化学活化、植物阻隔+化学钝化、植物萃取+低积累作物阻隔、植物稳定等技术修复不同污染程度土壤；管理上强化农产品质量同步检测，实施农产品产地面积减少或质量下降将受到预警提醒或环评限批等惩戒措施。

（3）广西蔗糖产区

重点控制矿区污染，监控糖业生产，实施风险管控。广西土壤重金属高背景值、刁江和环江流域密集分布的工矿企业是导致超标率高的主要原因。因此，建议重点控制矿区污染。加固尾矿库堤坝，开展尾矿库周边抛荒场生态恢复和选矿厂废弃地治理工程；通过植物萃取、间作、阻隔和物化强化等开展污染土壤修复工程；建设修复植物育苗、废弃物处置和资源化利用等辅助工程；甘蔗中As含量较高，应重视来宾市等蔗糖主产区的土壤重金属污染问题。

（三）重点工程

1．鄱阳湖流域升级保护工程

强化鄱阳湖流域重点工程，升级保护力度，带动南方农产品产地环境质量“反降级”。鄱阳湖流域与江西省行政区范围高度吻合，为农业供给侧结构改革责任主体——政府提供了统一规划管理空间。鄱阳湖平原是长江中下游地区的重要组成部分，是我国重要的商品粮生产基地，鄱阳湖是我国第一大淡水湖泊，作为仅存的3个通江湖泊之一，保障鄱阳湖流域环境质量对于我国农产品质量安全和长江流域生态安全意义重大。

农产品主产地鄱阳湖平原土壤环境污染以重金属为主，且污染呈加重趋势。中度污染样本比例为13.81%，重度和严重污染比例为0.35%，超标区域主要分布在上饶市、南昌市、乐平市、高安市、樟树市、彭泽县及九江县等地区，主要污染物是Cd、Hg、Ni，特别是Cd污染势头迅猛，与20世纪80年代进行土壤背景值调查时相比，近30年上升率高达34.6%～165%。鄱阳湖流域总体水环境质量较好，赣江等五河Ⅰ～Ⅲ类水质断面比例均在80%以上，鄱阳湖水质轻度污染，Ⅰ～Ⅲ类水质断面比例为17.6%，富营养化程度为中营养，主要污染物均为总磷。江西省降水pH均值为5.26，酸雨污染仍较严重，景德镇市、鹰潭市和抚州市酸雨频率大于80%，南昌市酸雨频率为100%。

从污染源分布看，鄱阳湖流域点源与面源污染并存。“五河一湖”区域产业发展规模过大、集约化程度过高、环境压力大，赣江为主要污染来源。2015年，江西省化学需氧量工业、农业、城镇生活排放量分别占总排放量的12.86%、30.67%和55.41%，氨氮工业、农业、城镇生活排放量分别占总排放量的10.64%、32.62%和55.91%。生活源污染已超越农业源和工业源，成为最大污染来源，必须引起足够重视。此外，土壤重金属超标区域主要集中在工业城市周边及环湖区，工矿企业、养殖业和种植业均有不同程度贡献，COD、总磷的产生量与排放量主要来源于畜禽养殖业，总氮、氨氮的产生量和排放量主要来源于种植业。

建议继续升级保护力度，高度重视未污染、轻污染区域，明确江西省农业局为主导责任部门，加强鄱阳湖流域基础设施建设及产地环境与农产品协同监测力度，强化流域、区域联防联控，提升管理的法制化、精细化和信息化水平，大力开展增容减排工作，用绿色发展理念引领环境质量底线管控，保障农产品产地环境质量“反降级”。

针对不同污染源，实施精准防治工程，重点控制生活源辐射污染。重点治理赣江流域污染，强化南昌市、上饶市、新余市、景德镇市、鹰潭市、赣州市、九江市等地区的精准防治工程，大力推广绿色生产和生态治理模式，继续推进农村环境综合整治，加大生活污染源精准防治力度，开展煤炭洗选加工和燃煤小锅炉整治工程，推行生活垃圾分类投放、收集、综合循环利用，整治非正规垃圾填埋场；将双垄集雨保墒、膜下滴灌、水肥一体化等节水保水灌溉技术与化肥农药等农业投入品施用量有机结合，建立废弃农膜、农药包装废弃物回收和综合利用网络，加强规范规模以下畜禽粪便处理利用设施建设，削减农业面源污染。

针对不同污染程度，实施风险管控工程，建立系统的农产品产地环境科技创新、

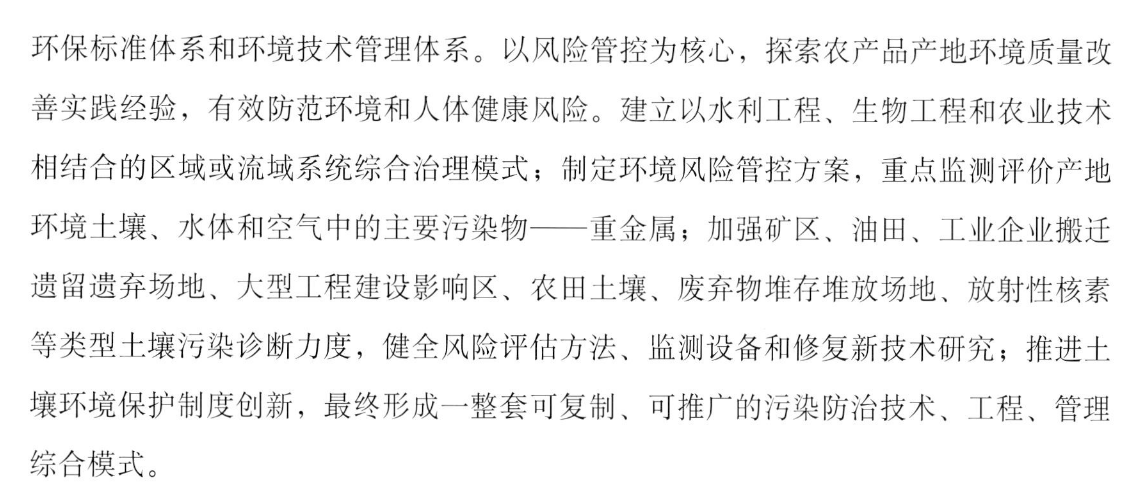

环保标准体系和环境技术管理体系。以风险管控为核心，探索农产品产地环境质量改善实践经验，有效防范环境和人体健康风险。建立以水利工程、生物工程和农业技术相结合的区域或流域系统综合治理模式；制定环境风险管控方案，重点监测评价产地环境土壤、水体和空气中的主要污染物——重金属；加强矿区、油田、工业企业搬迁遗留遗弃场地、大型工程建设影响区、农田土壤、废弃物堆存堆放场地、放射性核素等类型土壤污染诊断力度，健全风险评估方法、监测设备和修复新技术研究；推进土壤环境保护制度创新，最终形成一整套可复制、可推广的污染防治技术、工程、管理综合模式。

2．洞庭湖平原综合防治工程

洞庭湖平原位于湖南省北部，主要由长江通过松滋、太平、藕池、调弦四口输入的泥沙和洞庭湖水系湘江、资水、沅江、澧水等带来的泥沙冲积而成，覆盖长株潭、常德、益阳、湘阴及岳阳等地（市）区。2015年，湖南省空气质量平均达标天数比例为77.9%，$PM_{2.5}$年均浓度值为60μg/m^3，主要来源于机动车、燃煤、扬尘，且秋冬季浓度较高，夏季较低；降水pH均值为4.84，酸雨发生频率为62.6%，长沙市、株洲市酸雨酸度最强、频率最高，能源结构和工业污染物等社会因素在酸雨的形成中起决定性的作用。洞庭湖水质总体为中度污染，营养状态为中营养。11个省控断面中，3个断面为Ⅳ类水质（27.3%），8个断面为Ⅴ类水质（72.7%），主要污染物为总磷。污染成因主要是水资源总量减少导致水环境容量变小，湖区与环湖周边畜禽水产养殖业和农业面源污染，城镇工商业及居民生活垃圾、废水不断累积以及湘、资、沅、澧四水及长江污染物输入等。

洞庭湖平原土壤表层重金属污染以Cd最为突出，点位超标率高达65.03%，地区分布差异大，超标样点主要分布在湘潭市、株洲市、岳阳市、长沙市和益阳市等涉重工矿企业周边，且与酸雨污染问题叠加。湖南省重金属国家重点监控企业数量始终位居全国前列，国家重点监控规模化畜禽养殖场数量也处于较高水平，主要集中在郴州市、衡阳市、益阳市和长株潭等地区，有色金属冶炼及压延业与有色金属矿采选业两个行业数量占总数的79%，成为湖南重金属污染主要来源。

建议坚持“以容定农”“以质养农”的总体原则，基于洞庭湖的承载力优化洞庭湖流域农业发展布局，以洞庭湖水质基准为核心，精准指导周边工农业生产与生活，完善综合治理管控方案。首先，要出台相关技术文件严控新污染源进入。加强湘江、沅江水质管理，重视污水、废水处理技术，降低其对江河湖的污染风险；系统排查、整治、监管涉重工矿企业；规范环湖区畜禽水产养殖业；规范有机肥生产与施用。其次，要采取相应阻遏技术控制污染源的增加、迁移和转化。加快“煤改气”等能源结构调整，减少酸雨对重金属有效态的激活；水分管理上保持水稻全生育期淹水状态，使土壤pH保持较高范围，降低重金属有效性；肥料管理上避免施用NH_4Cl和过量的尿素，而选用适量的尿素和含S的肥料配合施用石灰等碱性物质，科学规范地逐步消除污染源，减少对土壤环境的压力。最后，坚持“边修复边保护”的原则，分区分级治理，轻度、中度污染区大力推行土壤生物—植物联合修复技术，隔离修复中度、重度污染区，修复后严格保护，彻底移除风险源，持续增加洞庭湖平原优良土壤比例。

建议基于污染物生物有效性制定与修订农田土壤环境基准标准，鼓励出台地方性土壤环境保护基准与标准。如明确重金属Cd在特定条件下的环境效应与响应机制，最终可通过过程调控减少土壤中有效态部分含量。如何将土壤重金属的总量、有效态和生物效应相结合，是土壤环境质量评价的发展方向，目前我国尚缺乏相关指导文件。此外，除考虑石油烃、多环芳烃和邻苯二甲酸酯，应加强多氯联苯等有毒、有害有机污染物和抗生素等新型污染物的参考限值。

3. 成都平原专项治理工程

成都平原地处四川盆地西部，由岷江、沱江、青衣江、大渡河冲积平原组成，地表水和地下水之间极易发生物质迁移与能量交换。2015年，长江支流岷江流域Ⅴ类和劣Ⅴ类水占39.5%，沱江流域Ⅳ类水占52.6%、Ⅴ类和劣Ⅴ类水占31.6%，存在较严重的水环境污染问题，与流经成都市等人口密集、工业集中的城市群密切相关。2015年，四川省21个省控城市中，达到二级标准以上城市占80.50%，除雅安市主要污染物为PM_{10}，其他城市主要污染物均为$PM_{2.5}$，浓度范围为47～64μg/m^3，区域差异不大，成都市污染较重。城市降水pH均值范围为4.60（广元）～7.60（乐山），降水pH均值为5.42，酸雨发生频率为16.5%，酸雨分布同样集中于成都经济区的成都市、川南经济区的泸州市和重庆市等地区。受汽车尾气、工业燃煤等多种因素影响，同时，不利于污染物扩散的气候条件和地理位置也是酸雨成因之一。

成都平原表层土壤重金属综合点位超标率为21.63%，其中重金属Cd超标严重，3 842个样点中有1 279个点位超标，点位超标率为33.29%。污染区域主要分布在成都市、乐山市、德阳市等县（市）区，呈现城市带特征。中国地质调查局数据表明，成都市主城区重金属明显富集，以汞、镉污染为主。土壤汞污染表现为由城郊向市中心愈来愈严重；镉污染主要表现为具有高生物有效性的可交换态镉，易被植物直接吸收进入食物链，对动物和人体危害较大。

成都平原污染来源多样，综合治理过程复杂。西北沿线为人口密集、工业发达、矿产资源丰富的城市带，水、土、气各环境要素均受到不同程度的污染，人类活动影响显著。此外，四川省重金属国家重点监控企业数量较多，集中分布在成都市、德阳市、绵阳市、雅安市等区域的有色金属冶炼及压延业、有色金属矿采选业、电气机械及器材制造业和化工及产品加工等行业。如德阳市以重型机械与磷矿工业为核心产业，所涉及企业对重金属Cd污染贡献较大；眉山市、乐山市均被岷江纵贯全境，有色金属冶炼及压延涉重企业对岷江水环境及周边农田土壤污染影响显著。

山江湖系统防治。以“天—地—土—生—人”“山水林田湖是一个生命共同体”为基本理念，以西北部山前区为重点，系统考虑山区矿业、岷江和沱江等水体、土壤等环境介质，开展系统防治，逐步改善成都平原水、土、气综合环境质量。控制污染源贯彻始终，监控重点工矿企业和城市各行业企业，取缔不达标企业；重视尾矿渣等危险废物处理处置，严格防范次生污染。

建议专项治理城市问题。以水环境容量为准绳，系统规划、顶层设计，控制成都平原城市无序扩张、盲目发展；调整产业结构，淘汰落后污染产业；提高城市质量，使用煤气或天然气等清洁能源，推动城市各行业清洁生产；治理修复土壤重金属污染较重地区，严格保护轻污染区。此外，汽车尾气排放、汽车轮胎磨损等途径是汞、铅、镍等重金属的主要来源，要加强机动车等移动源管理。

七、典型案例研究

基于“预防为主、保护优先”等基本原则，将鄱阳湖平原作为典型案例进行系统分析，以期由点带面，引领南方地区主要农产品产地环境质量“反降级”。鄱阳湖流域与江西省行政区范围高度吻合，为农业供给侧结构改革责任主体——政府提供了统一规划管理空间。鄱阳湖平原是长江中下游地区的重要组成部分，是我国重要的商品粮生产基地，鄱阳湖是我国第一大淡水湖泊，作为仅存的3个通江湖泊之一，保障鄱阳湖流域环境质量对于我国农产品质量安全和长江流域生态安全意义重大。

（一）环境概述

江西省位于长江中下游南岸，全省总面积16.69万km^2。山、江、湖之间密切关联，构成了一个完整的、相对独立的水陆相农业生态系统，是典型的农业省。土壤资源主要有红壤、水稻土等8个类型，地带性规律和地域性规律比较明显。红壤是江西分布面积最大的地带性土壤，总面积931万hm^2，约占全省总面积的56%。水稻土为全省主要的耕作土壤，广泛分布于山地、丘陵、谷地及河湖平原阶地，占全省耕地总面积的80%以上。

江西省是我国生态文明建设先行示范区之一，全省工业污染相对较轻，森林覆盖率高（63.5%，位居全国第二），生态环境质量总体优良，农业环境总体情况较好。通过近年来对江西省部分地区的农田及山地土壤环境质量的监测调查可知，江西省不仅土壤资源丰富，而且土壤环境质量总体良好，大都可以达到《土壤环境质量标准》Ⅱ类区的要求，适于绿色食品及无公害农产品的生产。江西省部分地区的农田及山地土壤环境质量的监测调查结果如表1－22所示（魏林根等，2008）。

表1－22　江西省部分地区的农田及山地土壤环境质量监测调查结果

单位：个，mg/kg

指标	监测点数	pH	Hg	Cd	Pb	As	Cr	Cu
都昌县	4	4.62～5.14	0.03～0.09	0.22～0.24	14.1～27.0	5.3～18.3	55.5～60.5	22.7～26.3
吉水县	3	4.86～6.14	0.06～0.08	0.16～0.22	24.0～27.9	5.5～7.5	36.8～50.8	10.1～15.1
上犹县	4	4.01～4.88	0.06～0.71	0.11～0.16	7.6～24.6	1.4～4.8	15.8～54.1	4.5～20.5
弋阳县	3	4.84～5.86	0.09～0.13	0.19～0.29	4.2～4.9	2.5～13.6	36.5～67.2	25.2～45.8
上饶县	3	4.22～4.24	0.04～0.06	0.18～0.20	18.7～21.1	2.6～12.4	40.4～65.4	11.4～19.9
临川县	3	4.57～4.86	0.04～0.09	0.12～0.14	10.4～12.8	3.0～5.8	32.6～41.4	10.4～20.2
大余县	4	5.28～5.48	0.12～0.16	0.08～0.11	8.14～19.7	7.5～11.6	44.4～59.4	22.1～28.1
广丰县	6	5.00～5.76	0.03～0.06	0.23～0.29	12.2～19.1	4.1～6.3	62.8～101.0	26.9～49.4
贵溪市	4	4.94～5.04	0.06～0.11	0.28～0.29	31.2～44.6	17.1～19.2	35.1～39.4	15.4～25.0
德安县	3	4.48～5.00	0.09～0.12	0.10～0.11	28.2～30.3	14.7～16.3	56.8～62.8	16.4～28.3
共青城	3	4.96～5.18	0.08～0.10	0.20～0.22	35.3～36.0	9.8～11.8	61.5～68.2	24.0～24.5
南丰县	5	4.24～5.04	0.09～0.12	0.19～0.21	34.5～38.0	8.5～15.9	6.0～25.7	26.6～45.9

（续）

指标	监测点数	pH	Hg	Cd	Pb	As	Cr	Cu
九江县	3	7.18 ~ 7.78	0.10 ~ 0.13	0.27 ~ 0.28	33.2 ~ 36.2	3.4 ~ 5.0	50.0 ~ 68.0	32.3 ~ 49.8
永修县	4	4.20 ~ 4.82	0.04 ~ 0.15	0.28 ~ 0.29	40.2 ~ 47.9	16.5 ~ 18.9	65.1 ~ 101.8	15.4 ~ 30.7
会昌县	5	4.81 ~ 5.08	0.06 ~ 0.09	0.18 ~ 0.19	27.3 ~ 28.5	6.4 ~ 8.5	28.9 ~ 39.4	19.3 ~ 22.4
玉山县	3	4.87 ~ 5.09	0.02 ~ 0.03	0.11 ~ 0.20	23.4 ~ 25.5	4.0 ~ 4.8	62.2 ~ 80.2	26.4 ~ 30.1
乐平市	3	4.86 ~ 5.54	0.08 ~ 0.11	0.22 ~ 0.27	20.5 ~ 32.1	11.5 ~ 12.4	33.0 ~ 52.5	18.3 ~ 31.7
万安县	4	4.40 ~ 4.96	0.06 ~ 0.08	0.14 ~ 0.18	37.6 ~ 49.3	14.0 ~ 15.5	27.2 ~ 39.2	15.0 ~ 38.0
余干县	3	4.82 ~ 5.21	0.09 ~ 0.12	0.27 ~ 0.29	32.2 ~ 35.8	8.0 ~ 9.4	25.5 ~ 31.8	23.6 ~ 31.2
南昌县	3	4.83 ~ 5.06	0.08 ~ 0.10	0.12 ~ 0.16	42.9 ~ 43.7	2.9 ~ 4.5	49.6 ~ 80.7	10.1 ~ 22.5
永新县	3	5.34 ~ 5.66	0.07 ~ 0.14	0.11 ~ 0.21	23.7 ~ 39.7	8.4 ~ 19.6	61.3 ~ 101.0	23.4 ~ 25.8
奉新县	6	5.14 ~ 5.46	0.11 ~ 0.13	0.10 ~ 0.24	6.1 ~ 19.7	14.0 ~ 17.1	80.1 ~ 117.0	24.3 ~ 31.4
靖安县	3	4.91 ~ 5.30	0.04 ~ 0.06	0.14 ~ 0.29	21.3 ~ 27.2	15.2 ~ 24.3	31.8 ~ 37.5	22.9 ~ 27.3
宜丰县	3	5.31 ~ 5.64	0.10 ~ 0.14	0.25 ~ 0.28	9.5 ~ 36.9	0.12 ~ 4.8	61.2 ~ 92.0	25.7 ~ 44.8
樟树市	3	4.28 ~ 4.61	0.05 ~ 0.06	0.13 ~ 0.27	0.4 ~ 5.9	8.6 ~ 18.2	42.0 ~ 62.6	—
吉安县	4	5.13 ~ 5.51	0.04 ~ 0.07	0.09 ~ 0.12	11.9 ~ 17.3	11.4 ~ 15.0	42.0 ~ 55.0	15.7 ~ 28.4
广昌县	15	5.05 ~ 5.67	0.02 ~ 0.15	0.09 ~ 0.27	8.52 ~ 46.1	0.7 ~ 13.9	26.7 ~ 108.0	12.2 ~ 40.8
鄱阳县	14	4.81 ~ 4.74	0.03 ~ 0.14	0.17 ~ 0.28	4.2 ~ 44.5	0.2 ~ 10.9	31.9 ~ 92.7	23.1 ~ 46.7
德兴市	12	4.53 ~ 5.02	0.04 ~ 0.12	0.24 ~ 0.29	14.5 ~ 38.8	6.6 ~ 17.6	26.7 ~ 65.1	15.4 ~ 43.3
进贤县	10	5.07 ~ 6.67	0.03 ~ 0.06	0.10 ~ 0.14	10.9 ~ 15.3	3.0 ~ 7.4	48.0 ~ 86.2	13.4 ~ 30.5
铅山县	19	4.55 ~ 5.27	0.03 ~ 0.12	0.16 ~ 0.29	3.3 ~ 42.4	7.4 ~ 16.2	19.9 ~ 90.6	15.7 ~ 40.1
遂川县	15	4.75 ~ 5.65	0.06 ~ 0.13	0.11 ~ 0.28	13.6 ~ 49.3	8.4 ~ 19.6	27.2 ~ 112.0	15.0 ~ 38.0
泰和县	5	5.22 ~ 5.64	0.04 ~ 0.06	0.15 ~ 0.28	17.1 ~ 20.5	9.3 ~ 11.5	34.3 ~ 43.2	21.4 ~ 28.5
南城县	3	5.05 ~ 5.24	0.05 ~ 0.06	0.26 ~ 0.27	19.5 ~ 21.2	3.3 ~ 3.9	35.8 ~ 43.3	17.9 ~ 40.8
万载县	13	4.32 ~ 5.16	0.08 ~ 0.12	0.19 ~ 0.25	13.3 ~ 40.8	3.2 ~ 16.4	48.9 ~ 95.7	25.1 ~ 41.8
婺源县	16	4.01 ~ 5.34	0.05 ~ 0.11	0.13 ~ 0.23	7.7 ~ 36.9	1.4 ~ 15.9	21.0 ~ 89.5	4.5 ~ 24.8
新建县	12	5.11 ~ 5.92	0.04 ~ 0.13	0.11 ~ 0.28	9.5 ~ 41.0	0.3 ~ 10.5	33.3 ~ 70.5	22.0 ~ 42.5
信丰县	12	4.34 ~ 6.16	0.03 ~ 0.18	0.02 ~ 0.29	21.4 ~ 40.6	0.4 ~ 8.5	26.7 ~ 106.0	13.9 ~ 34.3
修水县	14	4.19 ~ 5.88	0.04 ~ 0.12	0.14 ~ 0.28	15.6 ~ 42.7	5.3 ~ 18.3	49.6 ~ 101.0	21.7 ~ 48.5
袁州区	16	4.22 ~ 6.05	0.05 ~ 0.14	0.05 ~ 0.29	3.1 ~ 40.3	0.5 ~ 15.9	4.1 ~ 97.1	18.6 ~ 37.5
兴国县	3	4.84 ~ 4.88	0.03 ~ 0.04	0.13 ~ 0.20	20.9 ~ 25.9	11.2 ~ 13.1	59.0 ~ 64.9	22.0 ~ 29.3

（续）

指标	监测点数	pH	Hg	Cd	Pb	As	Cr	Cu
峡江县	5	4.08 ~ 4.84	0.03 ~ 0.04	0.10 ~ 0.20	17.3 ~ 22.2	10.7 ~ 13.0	65.8 ~ 88.6	30.3 ~ 41.8
上高县	3	5.08 ~ 6.14	0.05 ~ 0.07	0.18 ~ 0.23	31.3 ~ 34.8	13.2 ~ 13.9	56.7 ~ 60.4	26.4 ~ 33.2
宁都县	29	5.00 ~ 5.43	0.05 ~ 0.08	0.10 ~ 0.20	18.2 ~ 31.2	2.0 ~ 4.5	47.7 ~ 66.2	22.2 ~ 34.8
新余市	5	5.08 ~ 5.36	0.05 ~ 0.06	0.19 ~ 0.22	21.8 ~ 30.9	15.6 ~ 18.7	49.4 ~ 57.0	23.7 ~ 34.4
莲花县	19	5.18 ~ 5.49	0.06 ~ 0.09	0.13 ~ 0.18	4.7 ~ 9.3	7.0 ~ 9.2	38.3 ~ 78.9	21.9 ~ 28.1
铜鼓县	38	5.08 ~ 5.60	0.05 ~ 0.13	0.10 ~ 0.22	7.0 ~ 25.7	9.1 ~ 15.1	30.0 ~ 115.0	13.7 ~ 33.6
靖安县	56	5.00 ~ 5.68	0.04 ~ 0.06	0.09 ~ 0.15	6.3 ~ 17.9	2.9 ~ 4.8	38.7 ~ 77.4	10.4 ~ 24.8
乐安县	24	5.21 ~ 6.27	0.05 ~ 0.08	0.03 ~ 0.14	10.6 ~ 16.5	1.0 ~ 6.5	13.0 ~ 20.4	20.9 ~ 31.6

然而，随着国民经济的发展，及农业生产集约化程度提高，“三废”排放量和化肥、农药、农膜用量逐年增加，工农业废弃物无害化处理程度较低，农业环境污染有加剧之势。此外，江西是全国十大有色金属重点省份之一，矿山开发给农业生态环境带来的破坏日趋明显。

鄱阳湖流域的生态健康维系着流域内及长江中下游的生态安全，是我国经济、社会、生态可持续发展的重要保障。2010年12月12日国务院正式批复《鄱阳湖生态经济区规划》，标志着鄱阳湖流域内的生态建设已上升到国家战略。根据规划，鄱阳湖生态经济区的战略定位是：建设全国大湖流域综合开发示范区、长江中下游水生态安全保障区、加快中部崛起重要带动区和国际生态经济合作重要平台。鄱阳湖平原是长江中下游地区的重要组成部分，是我国重要的商品粮生产基地，保障其环境质量状况对于农产品质量安全和长江流域生态安全具有重要意义。

1．鄱阳湖平原地理位置

鄱阳湖平原，又称豫章平原、鄱湖盆地。是长江和鄱阳湖支流水系赣江、抚河、信江、修河、饶河等水冲积而成的湖滨平原，为长江中下游平原的一部分。鄱阳湖平原位于江西省北部及安徽省西南边境，东经115°01′～117°34′，北纬27°32′～30°06′之间，总面积约38 760.6km^2。地势平缓，海拔多在50m以下。鄱阳湖平原土地面积占江西省的23.2%，其中耕地87.67万hm^2，占全省37.3%，2004年人口约1 510.3万人，人口密度389人/km^2。鄱阳湖区现有森林面积27.6hm^2，活立木蓄积量1 289万m^3，占全省活立木蓄积量的4.4%，森林覆盖率达31.8%。

2．鄱阳湖与长江的关系

鄱阳湖是我国第一大淡水湖泊，也是长江流域最大的通江湖泊、重要的调蓄湖泊，位于我国江西省北部，在涵养水源、调蓄长江洪水、调节气候、为生物提供栖息地等方面发挥着重要作用。其流域地理环境特殊，三面环山，北邻长江，赣江、抚河、信江、饶河、修水从南、东、西三面汇入鄱阳湖，构成山、江、湖为一体的完整的水系单元。湖体以松门山为界，南部宽广，为主湖区，水位较浅；北部狭长，为入江水道，水位较深，年内洪、枯水期间的湖泊形态指标差异悬殊，呈现“洪水一片、枯水一线”的景观。

长江与鄱阳湖的相互作用强度是此消彼长的关系。如20世纪80年代是长江（对鄱阳湖的）作用最强的时期，也是鄱阳湖（对长江的）作用最弱的时期，而90年代是长江作用最弱的时期，也是鄱阳湖作用最强的时期。造成如此变化的主要原因是长江中上游与鄱阳湖流域降水量的相反的分布格局。从年代际尺度上来看，鄱阳湖流域的“五河”入湖流量是鄱阳湖水位和水量变化的主要因素，同时也在很大程度上决定了长江与鄱阳湖相互作用关系及其强弱。从季节来看，长江作用主要发生在7—9月，而鄱阳湖作用集中在4—6月。长江中游通江湖泊江湖关系的核心是长江和湖泊之间的水量交换，而江水倒灌是江湖关系相互作用中强烈的长江顶拖作用的最直接表现。受差异性的湖泊流域和长江中上游来水的影响，江水倒灌主要发生在长江主汛期的7月、8月和9月，其中，7月中下旬、8月底至9月中下旬是江水倒灌最为频繁的时期。鄱阳湖汛期（4—9月）长达半年之久。其中，4—6月为“五河”主汛期，进入10月，长江水位下降，湖口河段比降增大，出湖流量加大，水位锐减，此时洲滩裸露，湖区面积萎缩，湖泊形态大幅转变。

3．鄱阳湖平原气候背景

鄱阳湖平原属于亚热带湿润气候，年均气温16～20℃，年降水量约1 500mm。平均无霜期长达246～284d。鄱阳湖流域多年平均径流总量为1 457亿m^3，平均海拔只有40.3m，自然环境条件十分优越，不仅适合农业、林业和水产业发展，也十分有利于各种珍稀动物、鱼类、植物的生长繁衍，是我国重要的商品粮生产基地。

4．鄱阳湖平原土壤类型分布

鄱阳湖平原土壤主要为红壤和水稻土，红壤约占50%，主要分布于岗地、丘陵和低山区；水稻土主要分布于鄱阳湖滨及大小河谷平原，约占40%。此外还有黄壤、黄棕壤、山地草甸土、紫色土、黄褐土、石灰土、新积土、潮土等土类。土地主要用为耕地、林地、草地、水域、园地、建设用地等，其中耕地约占21.3%，水域约占10%。地形坡度小于5°，相对高度一般在10m以下，耕地分布较集中，土层厚度一般在70cm左右。农作物以水稻为主，占粮食播种面积的85%以上。

5．鄱阳湖平原农业经济资料

根据江西省《2015国民经济和社会发展统计公报》，全年粮食种植面积370.56万hm^2，比2014年增长0.2%，其中，谷物种植面积339.32万hm^2，增长0.1%；油料种植面积73.99万hm^2，下降0.2%；蔬菜种植面积58.54万hm^2，增长2.3%；棉花种植面积8.11万hm^2，下降4.5%；糖料种植面积1.45万hm^2，增长1.1%。

全年粮食总产量2 148.7万t，比2014年增长0.2%，再创历史新高。其中，早稻811.9万t，下降1.0%；中稻及一季晚稻279.1万t，增长2.4%；二季晚稻936.2万t，增长0.4%。

全年油料产量124.0万t，比2014年增长1.9%，其中，油菜籽73.9万t，增长2.2%。棉花产量11.5万t，下降13.8%。烟叶产量5.5万t，下降7.3%。茶叶产量5.2万t，增长10.0%。园林水果产量450.3万t，增长8.6%。蔬菜产量1 359.1万t，增长3.6%。

6．鄱阳湖平原社会经济概况

根据江西省《2015国民经济和社会发展统计公报》，全年实现地区生产总值（GDP）16 723.8亿元，比2014年增长9.1%。其中，第一产业增加值1 773.0亿元，增长3.9%；第二产业增加值8 487.3亿元，增长9.4%；第三产业增加值6 463.5亿元，增长10.0%。三次产业结构由上年的10.7∶52.5∶36.8调整为10.6∶50.8∶38.6，三次产业对GDP增长的贡献率分别为4.2%、60.7%和35.1%。人均生产总值36 724元，增长8.5%，按年均汇率折算为5 898美元。

2015年年末常住人口4 565.6万人，比2014年末增加23.4万人。其中，城镇人口2 356.8万人，占总人口的比重为51.6%，比2014年末提高1.4个百分点。全年出生人口60.1万人，出生率13.20‰，比2014年下降0.04个千分点；死亡人口28.4万人，死亡率6.24‰，下降0.02个千分点；自然增长率6.96‰，下降0.02个千分点。年末全社会就业人数2 615.8万人，比2014年末增加12.5万人。全年城镇新增就业55.3万人，城镇登记失业人数30.0万人，城镇登记失业率3.35%。年末农民外出从业人员842万人，

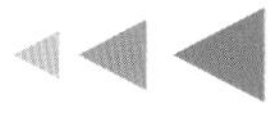

其中，省外务工561万人。

（二）农业布局

江西省农业产业布局，与江西省地形和水系分布具有密切关系。在种植业中，基本形成山区以园地为主、丘陵平原区以耕地为主的格局。在丘陵地区，旱地占耕地的比重较大，而在平原区，水田占耕地的比重很高（80%以上）。对于畜禽养殖业，基本上分布在低丘平原区。对于水产养殖业，主要分布在鄱阳湖滨湖地区以及各水系下游入湖区。这一农业产业分布特征在一定程度上决定了江西省农业面源污染高风险区的空间分布和不同区域不同农业产业营养盐流域尺度输出系数的时空变异，影响鄱阳湖水环境状况。

1．种植业布局

江西省种植业呈现“南果、北旱、东茶、中水田”的总体分布格局。全省耕地主要分布在宜春市、抚州市和上饶市，保护地面积以南昌市最多，园地面积以赣州市最多，其次是抚州市。在园地中，赣州和抚州的果园面积分别占全省果园面积的43.2%和25.7%，茶园以上饶为主，其面积占全省茶园面积的30%，桑园主要分布在九江市，其桑园面积占全省桑园面积的40.2%。

在江西省各流域中（全省可按汇水区划分为赣江流域、抚河流域、信江流域、饶河流域、修河流域、鄱阳湖区及外河流域[①]），以鄱阳湖区耕地面积占种植业面积的比重最大，其园地面积占种植业面积的比重最小。在园地面积中，以外河流域和抚河流域果园面积占种植业面积的比重最大。

由于赣江流域范围大，其耕地面积、旱地面积、水田面积均占全省的50%以上。全省的保护地面积，以鄱阳湖区最大；茶园面积以饶河流域最多，桑园面积以赣江流域最大，其次是修河流域。

2．畜禽养殖业布局

江西省畜禽养殖业中，生猪养殖呈现“一线带一片”（即赣江沿线和赣中宜春地区）的分布格局，主要分布在宜春市、南昌市和赣州市；奶牛养殖呈“一点两线”（以南昌市为中心，沿赣江、抚河为线向上延伸）的分布格局，主要分布在南昌市、赣州市和抚

① 外河流域是指江西省境内水流向外省的所有汇区。

州市；肉牛养殖呈“一湖两岸”（环鄱阳湖的东、北两岸）的分布格局，主要分布在上饶市和九江市；家禽养殖呈“以地方品种原产地为核心区域向周边辐射”的分布格局，蛋鸡养殖主要分布在九江市、南昌市及宜春市，肉鸡养殖主要分布在赣州市、抚州市和宜春市。

从各流域来看，猪养殖主要分布在赣江流域，奶牛养殖主要分布在赣江流域和抚河流域，肉牛养殖主要分布在赣江流域和鄱阳湖区，蛋鸡养殖主要分布在鄱阳湖区、赣江流域及抚河流域，肉鸡养殖主要分布在赣江流域。

通过计算单位国土面积畜禽养殖量（养殖强度）可知，在11个设区市中，对于猪养殖，南昌市养殖强度最大，养殖强度最小的是九江市，仅为南昌市猪养殖强度的1/9；奶牛、肉牛养殖比较少，养殖强度比较低；对于蛋鸡养殖，养殖强度最高的是南昌市，其次是九江市，最低的是赣州市（不到南昌市养殖强度的1/12）；肉鸡养殖强度最高的是抚州市和赣州市，最低的是景德镇市。

在各流域中，对于猪养殖，赣江流域养殖强度最大，抚河流域养殖强度最小，仅为赣江流域猪养殖强度的1/22；全省奶牛、肉牛养殖比较少，养殖强度比较低；对于蛋鸡养殖，养殖强度最高的是鄱阳湖区，其次是赣江流域，最低的是外河；肉鸡养殖强度最高的是赣江流域，最低的是鄱阳湖区。

畜禽养殖业清粪方式的不同，对污染物的排放以及污染治理都有不同的影响。江西省的畜禽养殖，总体上以干清为主。

3. 水产养殖业布局

江西省水产养殖模式主要有池塘养殖、工厂化养殖、网箱养殖、围栏养殖以及其他养殖等养殖模式，皆为淡水养殖。其中，池塘养殖是江西省水产养殖主要养殖模式，其规模化养殖场数、养殖专业户数、养殖面积、养殖产量等均占江西省水产养殖业的80%以上。

江西省水产养殖以鄱阳湖为中心，以“五河”（赣、抚、信、饶、修）为线，呈“一点五线”辐射状分布格局，全省水产养殖主要分布于环鄱阳湖的南昌、九江、上饶、宜春、抚州5大设区市。其中南昌市水产养殖强度最大，抚州市的水产养殖强度最小。

在各种养殖模式中，工厂化养殖及网箱养殖的养殖强度较大，其单位面积养殖种苗投放量是池塘养殖的3倍左右，单位面积养殖总产量和增产量均为池塘养殖的4～5倍。

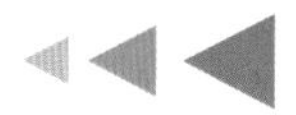

（三）土壤重金属污染分析

1. 土壤重金属元素背景

土壤背景值是土壤质量评价、质量等级划分、确立土壤环境容量、判定土壤污染程度的基础参数和标准，在耕地土壤质量培育、农产品质量安全、环境质量管理方面有着重要意义。江西表层土壤重金属背景值总体上高于全国平均值（Mn、Cr除外）（表1–23）。

表1–23　江西土壤重金属元素背景值

单位：mg/kg

区域	Cu	Pb	Zn	Cd	Hg	As	Mn	Cr
江西表土	20.8	32.1	69.0	0.10	0.08	10.4	258	48.0
全国平均	20.0	23.6	67.7	0.07	0.04	9.2	540	53.9

2. 土壤重金属污染特征

江西是全国十大有色金属重点省份之一。矿山开发给农业生态环境带来的破坏日趋明显。在矿产资源开发中，累计堆积废石量1.285亿t，尾砂11.53亿t，以铜矿产生的弃土泥沙量最大，其次是铁、钨、煤、稀土矿等。全省因矿山弃土泥沙造成为害农田面积260.83km^2，农作物减产30%～50%。江西省是《重金属污染综合防治“十二五”规划》重点治理省区之一，其被重金属污染农田已达总耕地面积的14.2%，部分地方的农田重金属含量甚至超过了背景值的几倍甚至几十倍（徐昌旭等，2006；黄国勤，2011；夏文建、徐昌旭、刘增兵，2015），在我国中部地区具有一定的代表性。

江西全省土壤重金属污染具有以下四方面特征：一是含量高。江西省土壤重金属含量总体偏高，往往超过土壤背景值几倍甚至几十倍。二是污染面广。根据有关资料，江西省受到工业污染的耕地面积达32.7万hm^2，占总耕地面积的1.42%。三是区域性强。江西省不同区域土壤重金属污染程度由大至小的排列顺序大致为矿区（矿山开发引起）＞厂区（包括工厂、企业等）＞郊区＞农区（包括旱作农业区和稻作农业区）。四是危害性大。由土壤重金属污染造成的危害和不利影响是非常之大的，概括起来主要包括造成生态破坏，环境质量下降；影响作物生长，造成产量下降；污染产品品质，影响食品安全；威胁人类健康，容易诱发多种疾病（如癌症等不治之症或疑难杂症）；造成经济损失，甚至阻碍地方经济发展等。

3. 典型有色金属开采区重金属污染

江西矿产资源丰富，居全国储量前十位的矿产有51种，已建有各类大中小型矿山6 790个，但矿山生态环境状况令人担忧。铜矿和钨矿是江西的主要矿产，在全国有重要的地位。铜矿的工业废水、粉尘、堆积的尾矿，通过沉降、雨淋、水洗等方式造成附近的农田、河流污染。

（1）铜矿区重金属污染现状

①矿区重金属污染。铜矿工业废水、粉尘、堆积的尾矿，通过沉降、雨淋、水洗等方式造成附近农田土壤受重金属污染。铜在环境中的浓度一般较低，非污染区土壤中为10～30mg/kg，而德兴铜矿区土壤中铜平均含量为186.5mg/kg，是正常值的10倍；尾矿中铜平均含量为450.46mg/kg，是正常值的25倍（黄长干等，2004）；周边农田土壤铜含量平均值为195.52mg/kg，超过国家Ⅱ级土壤标准（Cu50mg/kg），是江西土壤元素背景值（Cu20.3mg/kg）的9.63倍，属严重污染（谢学辉，2010）。从铜矿排污口出发，沿大坞河顺流而下，隔5km设点取样（水，底泥）分析，最后在大坞河和乐安河交汇处取样。分析结果表明，大坞河河水铜离子含量高达15～30mg/L，底泥达500～10 000mg/L，乐安河底泥达500mg/L；大坞河和乐安河水严重偏酸，pH2.5～4.5，主要是由含硫酸的废水造成；离矿区愈近，水体和底泥铜含量愈高，pH愈低（朱英美等，2005）。

德兴地区土壤中重金属含量的总体特征是重金属含量较大区域主要集中于德兴铜矿所在区域以及乐安河上中游区域，其余地区含量分布较为均匀。多数元素在德兴铜矿以及零散小矿及其周围区域含量较高，充分说明了矿业开采释放了大量重金属，这些污染源已经造成其周围区域重金属含量的提升甚至污染（李宏艳等，2008）。例如，砷元素含量主要在15mg/kg以下，分布范围较广，60mg/kg以上的地区较少，主要集中在德兴铜矿矿区。镉元素含量主要在0.4mg/kg以下，1mg/kg以上主要分布在德兴铜矿以及钟家山和董家山煤矿周围区域。铬元素含量主要介于60～80mg/kg，100mg/kg以上的地区分布范围较小，整个区域分布较为均匀。铜元素含量主要在40mg/kg以下，含量在200mg/kg以上的地区主要集中于德兴铜矿地区以及零星小矿周围。汞元素含量主要在0.2mg/kg以下，0.2mg/kg以上的地区分布较少。土壤中铜的含量分布最为典型，表现为德兴铜矿所在区域以及乐安河上中游地区浓度较高，这是由于德兴铜矿的采矿活动引起重金属的释放，重金属随着大坞河水进入乐安河，随水疏运到下游地区造成累积所致。大坞河源头（采矿区）以及尾矿库所在区域为铜浓度相对较高区域。同时在乐安河中游地区钟家山煤矿的开采以及引用乐安河河水进行灌溉，致使铜逐渐沉积，形成富集地带。其他重金属含量分布特征形成原因与此类同，充分说明了德兴铜矿以及零星的矿业开采致使德兴地区部分地区重金属含量有增高的趋势。

②铜冶炼区重金属污染。江铜集团贵溪冶炼厂是世界上三大铜冶炼厂之一。贵溪冶炼厂每年生产水碎渣18万～20万t，尾渣6～8t，中和渣0.8～1.0t，废渣主要堆放在苏门村、水泉村和竹山村。废渣中含有Cu、Pb、As、Cd等重金属，其中水碎渣、尾渣、中和渣中铜含量分别为0.55%～0.713%、0.35%～0.54%和0.10%～0.50%。污灌区稻田土壤中铜含量最高为209.92mg/kg，是背景值的172倍，其中苏门村稻田土壤铜含量最高为548.30mg/kg，最低为139.80mg/kg（胡宁静，2003）；水泉村和竹山村土壤重金属铜含量则是当地背景值的6.17～11.7倍，其中水泉村农田土壤铜含量是《土壤环境质量标准》（GB 15618—1995）中规定的二级标准值的3倍（龙安华等，2006）；周边蔬菜地土壤重金属铜含量也远远超过了《土壤环境质量标准》（GB 15618—1995）中规定的蔬菜地土壤最高允许含铜量（50mg/kg），最高为365.9mg/kg，最低为235.3mg/kg（孙华、孙波、张桃林，2003）。

铜在非污染自然水体中含量低于2μg/L。贵溪冶炼厂随废水排放的重金属污染物总量相当高，1986—1999年随废水排出的铜总量为14 107t，砷为221.56t，镉为23.06t（胡宁静，2003）。重金属在水体中检出率、超标率越来越高，仅2002年度德兴铜矿工业用水量就高达11 659万t，造成下游大坞河、乐安河甚至鄱阳湖水严重偏酸，河水中铜离子浓度最高达30mg/L，是正常水域的15 000倍，特别是河流底泥受含铜废水长年累月的沉积作用，铜含量高达500～10 000mg/kg，超过了矿石中平均含量1 106.38mg/kg。调查研究表明，随着水环境重金属污染加剧，水生态遭受严重破坏，排入大坞河的废水流量占河水流量10%以上，河水pH仅2.77，水质污染导致大型经济鱼类大量减少甚至灭绝，受污染的鱼类基本不能食用，对渔业经济造成严重损害（颜春、余广文，2003）。

(2) 钨矿区重金属污染现状

江西省大余县素有“世界钨都”之称，境内拥有西华山钨矿、荡坪钨矿、漂塘钨矿和下垄钨矿四大国有钨矿，近几十年的开采曾为国家国防事业和社会经济发展做出巨大贡献。但开采带来的“三废”污染，对当地环境与社会经济发展造成了严重危害。据调查，赣州市大余县“三废”直接污染的农田面积达到5 498.73hm^2，占该县耕地面积的49.1%，每年减产稻谷591万kg。据测定，大余县稻田土壤中Cd含量平均达到1.49mg/kg，并由此形成了约70km^{2}的“镉米区”，该县也因此成为全国Cd污染最严重的县之一。戴文清等（1993）曾在江西8个主要钨、铜矿附近采集了139份农田土壤样品分析其Cu、Zn、Mo、Cd的含量。结果表明，各钨矿附近的Mo含量远超过背景值，存在严重的Mo污染；铜矿和冶炼厂附近的土壤中的Cu、Zn、Mo、Cd含量均较高；一些典型地区的调查表明，农田土壤中含Cu量最高可达3 755mg/kg（徐昌旭等，2006）。

钨矿区重金属含量随着恢复年限增加而减少，盘古山钨矿区淤泥及恢复年限较少的尾矿区重金属含量较高、污染严重，而恢复了20年左右的尾矿山重金属污染程度较轻（刘足根等，2008）。西华山、荡坪、漂塘和下垄钨矿区尾矿土壤pH分别为6.29、6.95、5.73和6.44，呈弱酸性；重金属Cd、Cu、Zn含量分别为5.20～52.95mg/kg、35.40～2 135.50mg/kg、49.10～1 915.80mg/kg（王兆菇、宋秋华，2005），超出《土壤环境质量标准》（GB 15618—1995）三级标准；而Mo和W含量分别是背景值的75.00～369.08倍和8.07～153.53倍。研究表明，钨矿尾砂废水中钼、镉对人畜有较大的危害，即便是达标排放亦是如此。1981—1986年大余县8个乡5 500hm^{2}土地受到污染，土壤中钼含量25mg/kg，稻草中钼含量达182mg/kg，受害耕牛近万头，其中水牛死亡率33%，黄牛死亡率10%；当时废水中钼含量仅为0.43～0.44mg/L；污染区稻谷中镉含量为一般稻谷的54倍，蔬菜为15倍，动物内脏为8.7～20.3倍（何纪力等，2006）。

植物对重金属的吸收与土壤中重金属含量呈正相关。江西大余四大钨矿尾砂库区优势植物体内Cu、Pb、Zn、Cd、Mo和W重金属含量最高分别达到642.60mg/kg、556.20mg/kg、1 208.40mg/kg、35.00mg/kg、947.50mg/kg、59.80mg/kg，植物对重金属富集的高低为Zn > Cd > Mo > Cu > Pb > W（刘足根等，2008）。不同矿区同种植物对重金属富集存在显著差异，荡坪矿区植物对Mo、Zn和Cu富集较高，西华山矿区植物对Pb和W吸收较高，而Cd以漂塘矿区最高（刘足根等，2010）；盘古山钨矿区松树不仅对Mn吸收性很好，还对Cr有很好的耐受性；梧桐对Mn、Cr、Pb吸收性都很高，被认为是重金属污染土壤修复的潜力树种（王兆茹、宋秋华，2005）。

（3）稀土矿区重金属污染现状

赣州地区拥有丰富的离子型稀土资源，经过40多年的发展，先后经历了池浸、堆浸和原地浸矿3种采矿工艺的变迁，但由于稀土矿山开采一直存在“小、散、乱、差、

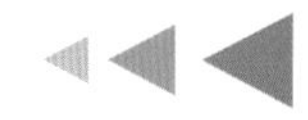

低”等问题，以致稀土开采污染遍布赣州18个县（市、区），涉及废弃稀土矿山302个，遗留尾矿1.91亿t（蔡奇英等，2013）。稀土开发累计破坏土地面积74.87km^2，造成水土流失面积81.02km^2，在卫星图片中呈斑块状散布。

池浸和堆浸采矿要求完全剥离地表土壤，造成植被和生态环境毁灭性破坏，每生产1t稀土，需破坏地表植被160～200m^2，剥离地表土300m^3，形成尾砂1 000～1 600m^3（李永绣等，2000），产生浸矿废液1 000～1 200m^3（彭冬水，2005）。原位浸矿的发展在很大程度上缓解了稀土开采对生态环境的破坏，但也存在以下问题：约1/3的植被因为开挖注液洞浅槽、集液沟和工人来往践踏而被破坏（李天煜、熊治廷，2003；王瑜玲等，2006）；硫铵液浓度大、浸泡时间长，浸矿液侧渗和毛细管作用导致植物根系逐渐受损，生长停滞或枯死，丧失了水土保持作用（汤洵忠、李茂楠、杨殿，2000）；每生产1t稀土产品产出尾矿仅比池浸工艺减少约220t，因此坡沟谷底仍然会淤积大量泥沙（彭冬水，2005）；在气候条件恶劣的情况下，因注液不当、集液沟渗液不畅、穿井等引起山体滑坡、崩塌，如龙南地区2006年原位浸析开采区共有滑坡401个，占地28.830万m^2（孙亚平，2006）。三种工艺产生的废液未经处理就直接排放，一方面残余硫铵与金属离子交换导致水体中金属离子超标；另一方面废液中铵态氮浓度过高，严重抑制作物的生殖生长，导致水稻大幅减产或绝收。

4．典型农业区重金属污染

（1）优势水稻产区

江西是我国重要的商品粮生产基地，水稻产量占粮食总产量的93%～96%。江西省农业环境监测站在7个优势水稻县（市）对水稻土重金属进行监测，共采集土壤样品1 000个，分析和评价结果表明，水稻产区土壤环境质量总体较好，少量土壤样品重金属超标（刘娅菲，2005）。其中Cu超标样本数38个、最大超标10.1倍，Cd超标样本数37个、最大超标64.6倍，As超标样本数37个、最大超标3.8倍，Hg超标样本数18个、最大超标2.1倍，Cr、Ni均未超标；土壤污染综合评价指数为0.57。其中永修、南昌、丰城、泰和4地土壤污染综合评价指数平均值为0.42，存在Hg 轻度、零散超标，并不造成污染；乐平受德兴铜矿开采的影响，贵溪受铜冶炼的影响，其土壤污染综合评价指数平均值为0.5，局部地区存在一定程度的Cu、Cd、As污染和潜在污染；土壤Cu最大超标倍数分别为5.7倍、3.5倍，Cd分别超标2.8倍、6.6倍。于都县受钨矿开采的影响，土壤污染综合评价指数为0.85，属轻度污染，土壤Cu、Cd分别超标10倍、64倍，局部地区存在Cu、Cd、As污染。土壤重金属重要污染源为铜矿、钨矿、钒矿和铅锌矿，主要污染物为Cd、Cu、As、Hg。监测区的7个县（市）污染源涉及14个乡镇，覆盖30个乡镇，污水灌溉面积达1 574.5hm^2，占监测区总面积的1.2%。

（2）赣南茶园

赣南有悠久的产茶历史，种植分布广。廖万琪等（2001）在全市13个主要茶园选择典型地段布点采样，共采取土壤样本36个、岩石样本12个，分析茶园土壤剖面的地球化学元素特性，从而建立了茶园土壤25种元素的背景值。结果表明，赣南茶园土壤中，Cu、Mn等含量丰富，Zn含量较低；土壤Hg、Cr、Pb均明显偏高，已达到污染标准。Hg、Pb在土体中显著积累，可能主要与农药和化学除草剂的使用有关。在母岩中，Cu、Cr、As等元素的丰度值较高。研究发现，元素Hg在土体中富集，且与母岩相关性小；Pb、Mn也在土体中富集，但与母岩有显著的相关性。元素Zn在成土过程中淋失，与母岩的相关性小；As、Cd、Cu、Cr在成土过程中也发生淋失，但与母岩存在显著相关。

（3）城市近郊蔬菜地

城市近郊作为城市居民蔬菜供应基地，其质量安全直接影响居民身体健康。据2000年有关部门对10个省会城市城郊蔬菜调查，有7个城市重金属超标率达到监测总量的30%以上。朱英美等（2005）在南昌市近郊的蒋巷镇和杨子洲镇采集蔬菜地土壤，分析其重金属含量并进行污染评价，结果表明蒋巷镇蔬菜地土壤综合污染指数为0.40，属于安全等级；而杨子洲镇综合污染指数为0.79，已到警戒程度。

（4）果园土壤重金属评价

果园立地的原则是不与粮食占耕地，一般是处于丘陵岗地，工业污染相对较轻。果园施肥主要是套种绿肥，施用有机肥以及化肥。有相当部分果园采用猪—沼—果生态模式。江西农业科学院土壤肥料与资源环境所在全省9个不同水果产区，涉及果园38个，对土壤重金属的监测结果表明，土壤重金属的含量均未超过无公害农产品的土壤环境要求，需要指出的是个别重金属元素含量已涉及轻度污染的边缘，有的果园Cd、As的评价指数达到0.9，达到预警状态。

（5）典型林业山区

宜丰县位于江西省西北部，九岭山脉东南缘。山多且林木茂密，空气清新，生物种类繁多。1999年末全县森林覆盖率达64.5%，是典型的山区县，受点源污染很少。江西

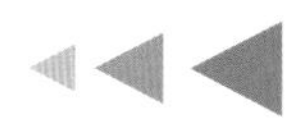

农业科学院土壤肥料与资源环境所在全县各乡镇水田布置土壤监测点39个、旱地及林草地土壤9个、园地土壤8个，共计56个监测点，根据《绿色食品产地环境技术条件》（NY/T 391—2000）标准要求，选择Hg、Pb、Cd、As、Cr、Cu六项，采用《绿色食品产地环境技术条件》（NY/T 391—2000）的标准值进行评价。监测和评价结果表明，水田土壤2个点超标（1个点Cu：54.8mg/kg，1个点Cd：0.48mg/kg）；旱地土壤1个点超标（Cd：0.36mg/kg）；园地土壤2个点超标（1个点Cd：0.79mg/kg、Pb：75.1mg/kg，1个点Cd：0.37mg/kg）；土壤中各参数的单项污染指数和综合污染指数均小于1.0，土壤清洁。

（6）鄱阳湖湿地重金属污染现状

鄱阳湖是中国第一大淡水湖，其流域是赣江、抚河、信江、饶河和修水5大河流集水范围的总称，流域面积为162 225km^2。随着鄱阳湖流域有色矿产资源的开发，尤其是铜矿的开发利用，重金属酸性废水不断汇入鄱阳湖，流域内重金属污染负荷日益增加，对流域生态环境和人体健康已构成潜在危害。国内外学者对鄱阳湖及其流域中Cu、Pb、Zn、Cd、Cr、Ni等重金属污染的污染状况开展了大量的研究工作。

鄱阳湖水质总体较好，各采样口水体中的重金属含量相对都较低，均小于0.005mg/L，达到了地表水评价标准中的Ⅳ类标准，也能适于渔业用水的要求（简敏菲等，2004）。万金保等（2007）调查发现，除洁口处Cu含量超出地表水环境质量标准Ⅲ类标准，其他各项监测指标及pH均能达到地表水环境质量Ⅱ类标准，且多数样点中检出Pb、Zn含量甚至达到了地表水环境质量Ⅰ类标准，但也存在一定的重金属污染，主要由As、Hg、Pb、Cu、Cd、Zn等引起。鄱阳湖流域重金属污染具有区域性，如在乐安河和昌江交汇后的饶河入湖口区域Cu、Zn浓较度较高，Cu超标率达20%～30%，Zn超标率高达90%以上（雷艳虹、严平、曹小华，2013）。

鄱阳湖流域土壤中重金属污染相对较严重，尤其是重金属Cu，在乐安河—鄱阳湖段湿地土壤中，最高含量达到774.79mg/kg；Pb和Cd污染程度相对较弱，最高含量分别为35.76mg/kg和3.79mg/kg。简敏菲等（2013）采用4种评价方法对乐安河—鄱阳湖段各典型湿地区域土壤重金属污染风险评价结果表明，大坞河沿程以及大坞河汇入乐安河后下游邻近区域为重度污染，而乐安河中下游其余区域随水流方向重金属污染逐渐减弱，表现为中度至轻度污染。而重金属在鄱阳湖表层沉积物中污染程度最高，Cu、Zn、Pb和Cd重金属含量平均值分别为61.53mg/kg、194.11mg/kg、48.17mg/kg、

1.54mg/kg，分别是鄱阳湖土壤背景值的12.95倍、3.85倍、4.24倍、2.05倍，是中国土壤背景值的2.72倍、1.85倍、2.62倍、15.88倍，其中Cu是主要污染因子（胡春华、李鸣、夏颖，2011）。

（四）农田重金属污染现状

1. 农田重金属污染状况

当前，江西省农田重金属污染状况如下：一是土壤重金属背景值较高，部分区域铅、镉、汞的背景值接近农业用地二级标准（徐昌旭等，2006；黄国勤，2011）；二是水稻主产区基本安全，但部分地区受矿山开发、污水灌溉等影响，土壤镉、铜、砷、汞等出现累积，水稻重金属超标危险逐年加大（余进祥、刘娅菲、尧娟，2008）；三是蔬菜产地重金属存在累积，部分基地土壤的镉、铜、铅等重金属含量接近临界值（徐昌旭等，2006）；四是部分区域工矿业排污和尾矿堆放造成了土壤重金属含量超标严重，甚至因水土流失影响到江河湖中的泥沙，并造成地表水重金属超标；五是随着江西省畜牧业的集约化和规模化生产不断扩大，畜牧业造成农田重金属污染的潜在风险日趋凸显（李祖章等，2010）。根据调查，江西省农田重金属污染主要来源为工矿业“三废”排放、污水灌溉、污泥农用，近年养殖业规模化发展产生的畜禽粪便也成为不可忽视的重金属污染源（夏文建、徐昌旭、刘增兵，2015）。

江西省农业科学院绿色食品环境检测中心对江西主要农作物产区的土壤环境质量抽样检测结果表明，耕地土壤重金属含量范围为Hg：0.012～0.245mg/kg（平均0.09mg/kg），Cd：0.06～0.42mg/kg（平均0.192mg/kg），Pb：1.2～75.1mg/kg（平均24.67mg/kg），As：0.31～44.9mg/kg（平均11.9mg/kg），Cr：18～147mg/kg（平均52.27mg/kg），Cu：3.11～49.9mg/kg（平均23.3mg/kg）。比照江西土壤重金属元素背景值，除Pb含量有所降低，其余土壤重金属均有所积累，但在土壤环境质量标准允许范围内。

2. 农田重金属污染区域特征

（1）重度污染区

江西有各类大中小型矿山6 790座，矿山开采产生的废水、粉尘以及堆积的尾矿，通过沉降、雨淋、水洗等方式造成附近的农田、河流污染。金属矿山每生产1t有色金属会产生超过100t的固体废物，尾矿占到采出矿石的60%～90%。矿产开采、冶炼造成的重金属污染具有区域分布明显、污染强度大、污染范围广、重金属含量高、类型多、危害大

 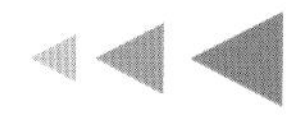

等特点，以贵溪、德兴、崇义、新余等矿山采选、尾矿和冶炼厂周边地区尤为突出。

（2）污染风险区

2011年江西省畜禽养殖总排污量约11 576万t，达城镇居民生活排污的11%和全省废污水排放总量的2.6%（国家统计局、环境保护部，2011），其中以赣州、宜春、吉安、南昌、抚州等市区的排放量较大。江西省畜禽粪尿排放量和耕地承载量均呈现逐年上升趋势，至2011年，江西省耕地畜禽粪尿承载量为26.70～83.36t/hm^2，平均为54.43t/hm^2，已远远超过农田畜禽粪尿安全施用范围（20t/hm^{2}以内）（李祖章等，2010），尤其以赣州、萍乡、吉安等地区最为严重。规模化养殖带来的农田重金属污染风险逐年加大。例如，余江县39个大型养猪场饲料中的铜、锌含量超标率分别达81.6%和89.5%，猪粪中的铜、锌含量也严重超标。分别有7.8%和5.2%土壤样品的总锌和总镉含量超过三级标准。重金属含量高的畜禽粪便直接被施用于农田或被制作成商品有机肥施于农田，其重金属活性高，极易转移到农产品中，通过食物链对人体健康造成危害。

（3）污染敏感区

据调查，江西省城镇周边蔬菜基地土壤重金属存在一定程度的累积，其中镉、铜、铬、砷积累较明显，仅30%左右的土壤样品重金属含量范围在背景值附近（徐昌旭等，2006）。根据江西省农业科学院2012年对江西省26个县区蔬菜基地土壤重金属调研资料的统计分析（未公开发表），江西省蔬菜基地基本安全，但仍有少数地区土壤存在不同程度的汞、砷、铅污染，根据《食用农产品产地环境质量评价标准》（HJ/T 332—2006，pH≤6.5），汞、砷、铅的超标率分别为3.36%、5.93%、2.52%，污水灌溉是其主要原因。据统计，2011年江西省废污水排放量达37.7亿t，废水治理设备日总处理能力为746.51万t，满负荷运行每年处理废水为27.2亿t，即每年有超过10亿t的废水未经处理而直接排放（国家统计局、环境保护部，2011）。由于蔬菜对重金属吸收量较大，重金属极易累积于蔬菜中，因此需要引起特别重视。

3. 农田土壤重金属来源

（1）耕地土壤重金属形态

评价土壤重金属的污染不仅是对其浓度，更主要的是对其在土壤中的化学形态和生物有效性进行评价。如何将土壤重金属的总量、有效态和生物效应相结合，是土壤环境质量评价的发展方向。弓晓峰等（2006）采用Tessier法研究鄱阳湖湿地土壤重金属的化学形态，结果表明，鄱阳湖湿地土壤中Cu、Pb、Zn、Cd主要是有机态和残渣态，分别占总量的92.88%、89.88%、91.15%和30.8%；水溶态和交换态等生物有效性含量很少，只占1.82%、1.32%、1.13%和3.7%。但胡宁静等（2004）通过对贵溪冶炼厂周边农田的调查分析，贵溪市污灌水田土壤中Cu以有机态为主，Zn、Pb主要是残渣态，Cd的水溶态占86.06%；Cu、Zn、Cd、Pb元素的水溶态和离子交换态相对正常土壤高出许多，土壤中的可利用态和潜在可利用态的比例较大，不可利用态较低，其中Cd＞Cu＞Zn＞Pb。说明冶炼厂废水排放是周边农田土壤重金属主要来源，尤其是土壤中的Cd和Cu。

（2）耕地土壤重金属来源

①城市郊区耕地。城郊耕地土壤重金属来源主要是受大气沉降、城市污水灌溉、污泥施用、化肥和农药的综合影响。能源、运输、冶金和建筑材料生产产生的气体和粉尘，经过自然沉降和降水进入土壤。经自然沉降和雨淋沉降进入土壤的重金属污染，与重工业发达程度、城市的人口密度、土地利用率、交通发达程度有直接关系，距城市越近污染的程度就越重。对于城郊蔬菜地，污水灌溉和施用污泥是土壤重金属污染的重要来源，尤其是施用污泥。

②果园、茶园土壤。由于果园、茶园立地大多远离工矿企业，其污染类型多为农业自身引起的非点源污染，主要是肥料和农药的使用。随着水果产业的发展，肥料和农药被大量使用。长期不合理施用，也可以导致土壤重金属污染。磷肥中含有较多的有害重金属，过磷酸钙中的Cd含量高于钙镁磷肥。Cd是土壤环境中重要的污染元素，随磷肥进入土壤的Cd一直受到人们的关注。

许多研究表明，随着磷肥及复合肥的大量施用，土壤有效Cd的含量不断增加，作物吸收Cd量也相应增加。商品有机肥中，由于饲料中添加了一定量的重金属盐类，也会增加土壤Zn、Mn等重金属元素的含量。

③集约化养殖周边的耕地。近年江西畜牧业迅猛发展，规模养殖逐渐扩大，而收集及处理环节十分薄弱，畜禽废弃物数量迅速增加，对环境的污染日趋严重。饲料添加剂中大量使用Cu、Zn、Mn、Co等重金属元素，对周边土壤的污染应引起足够的重视。根据对南昌、九江、宜春和抚州20多个规模化养殖场的调查，没有一个符合标准的储粪房及三级无害化粪池，有的甚至任何处理设施都没有，基本是未经处理就任意流向周边的水源和农田。2004年全省畜禽废弃物排放达10 191万t，对水体、环境空气、农田造成不同程度的污染。据江西省农业科学院绿色食品环境检测中心检测，未经处理的养

猪场污水总砷0.07mg/L，超过灌溉用水质标准。

④远离城市的农区耕地。土壤重金属的来源主要是肥料、农药和农膜。农田在非污灌条件下，灌溉水中重金属污染物总体上没有超标，灌溉水质符合国家标准。据江西省农业科学院绿色食品环境检测中心检测，全省非污灌条件下的灌溉水中总汞含量$0.32\times10^{-4}\sim8.54\times10^{-4}$mg/L，镉$1.12\times10^{-4}\sim8.91\times10^{-4}$mg/L，铅$2.25\times10^{-4}\sim8.62\times10^{-3}$mg/L，总砷$2.45\times10^{-3}\sim14.00\times10^{-3}$mg/L，铬$1.41\times10^{-3}\sim5.67\times10^{-3}$mg/L。

⑤矿区流域耕地。土壤重金属来源主要是采矿和冶炼废水，粉尘和堆积的尾矿。矿山种类繁多，成分复杂，其危害方式和污染程度不同。这类废弃物在堆放或处理过程中，由于沉降、雨淋、水洗，重金属极易移动，以辐射状、漏斗状向周围土壤、水体扩散。

（五）环鄱阳湖区表层土壤污染特征元素分布

1．特征因子分析

（1）土壤酸碱度（pH）

pH是生态环境酸碱度的指标值，也是环境的重要化学性质，影响着植物生长、微生物活动、土壤肥力及土壤各种物理性质。土壤的酸碱性对养分有效性的影响显著。在中性条件下，有机态氮供应多，而磷在中性（pH＝6.5～7.5）时有效性最高；在酸性条件下，土壤中铁、铝、锰、铜、硼、锌的有效性高；对土壤物理性质的影响，酸性或碱性过强的土壤，易破坏土壤结构；对植物生长的影响，植物本身由于生理特点不同，对土壤酸碱度亦有不同的要求和适应范围，超出这一要求范围，就会影响植物的正常生长。环鄱阳湖区域表层土壤中pH平均5.09，低于深层土壤，变化范围4.20～8.88，标准离差0.212（胡宁静等，2004）（表1–24）。

表1–24　江西省各地市土壤酸碱度地球化学参数

地区	样品数	最大值	最小值	算术平均值	几何平均值	标准离差	变异系数
全区	9 829	8.88	4.20	5.405	5.366	0.698	0.129
南昌市	1 807	8.53	4.38	5.454	5.427	0.578	0.106
九江市	2 391	8.88	4.23	5.771	5.697	0.975	0.169
宜春市	2 051	7.90	4.20	5.236	5.217	0.469	0.089

（续）

地区	样品数	最大值	最小值	算术平均值	几何平均值	标准离差	变异系数
上饶市	1915	8.38	4.24	5.269	5.242	0.570	0.108
抚州市	852	7.69	4.29	5.110	5.101	0.301	0.059
鹰潭市	233	6.46	4.72	5.181	5.177	0.209	0.040
景德镇市	495	7.79	4.31	5.315	5.284	0.604	0.114

注：南昌市：南昌县、新建县、安义县、进贤县、西湖区、东湖区、青云谱区、青山湖区、湾里区；九江市：九江县、湖口县、彭泽县、星子县、都昌县、永修县、德安县、浔阳区、庐山区；宜春市：丰城市、樟树市、高安市、奉新县；上饶市：余干县、万年县、波阳县；抚州市：东乡县、临川区；鹰潭市：余江县；景德镇市：乐平市。

区域表层土壤总体为酸性壤土（pH = 4.5～5.5），局部出现点式展布的强酸性土（pH < 4.5）。九江坳陷和萍乐坳陷古生代地层区土壤偏弱酸性（pH = 5.5～6.5），局部为中性壤土（pH = 6.5～7.5）。这与区内碳酸盐岩和钙质岩发育以及水泥工业的发展（如万年地区）密切相关，并与土壤中总碳的区域分布相一致。湖区淤泥为中性（pH = 6.5～7.5），局部地段呈弱碱性（pH = 7.5～8.5），而长江南岸黏土为弱碱性。这可能与中性地表水有关，由于汇入湖区的铁、锰氢氧化物易发生分解，铁和锰形成螯合物，而大量OH^-离子存在于淤泥溶液中，使淤泥表现出偏碱性特征。南昌市区土壤为弱碱性，而樟树、丰城、抚州等城市区土壤呈中性。这与城市基础设施建设中碱性材料（如水泥等）的大量使用有关。

（2）有机碳（Corg）

在自然界中，碳除了形成无机化合物（如碳酸盐），通过各种生物作用及有机物质的反应，碳还可以和其他重要元素（如氢、氧、氮和硫等）结合形成许多重要的有机化合物。土壤中的碳主要以有机碳为主，无机碳化物较少。有机碳化物的形成是通过各种生物作用及有机物质反应，碳和其他元素（如氧、氢、氮和硫等）形成大量的有机化合物。自然界中有机碳主要还来源于动植物遗体及其生物代谢的分泌物和排泄物，多为富里酸、腐殖酸和腐殖类物质。土壤中有机碳含量一般小于2×10^{-2}。在总碳中有机碳的比例相当高，大于90%。

区域表层土壤中有机碳平均含量1.321×10^{-6}，为深层土壤的5.44倍。深层至表层土壤中有机碳呈现急速升高趋势，含量变化范围为0.02×10^{-6}～5.59×10^{-6}，标准离差0.316（江西省地质调查研究院，2008）（表1–25）。

表1-25 江西省各地市有机碳地球化学参数

地区	样品数	最大值	最小值	算术平均值	几何平均值	标准离差	变异系数
全区	9 829	5.59	0.02	1.369	1.256	0.516	0.377
南昌市	1 807	4.55	0.11	1.276	1.182	0.461	0.361
九江市	2 391	4.76	0.02	1.190	1.048	0.539	0.453
宜春市	2 051	5.59	0.16	1.525	1.437	0.520	0.341
上饶市	1 915	3.54	0.09	1.369	1.268	0.481	0.351
抚州市	852	2.45	0.31	1.457	1.416	0.320	0.220
鹰潭市	233	2.15	0.23	1.194	1.128	0.372	0.311
景德镇市	495	4.02	0.43	1.818	1.744	0.504	0.277

注：南昌市：南昌县、新建县、安义县、进贤县、西湖区、东湖区、青云谱区、青山湖区、湾里区；九江市：九江县、湖口县、彭泽县、星子县、都昌县、永修县、德安县、浔阳区、庐山区；宜春市：丰城市、樟树市、高安市、奉新县；上饶市：余干县、万年县、波阳县；抚州市：东乡县、临川区；鹰潭市：余江县；景德镇市：乐平市。

土壤中有机碳的区域分布主要受地貌类型和植被的发育程度控制。

山地和丘陵区土壤中有机碳含量普遍较高，为区域有机碳的高背景域，而低丘和岗地趋于背景水平（1.36×10^{-6}）。庐山山地区出现了有机碳的高度聚集，这与该区具有丰富的生物遗体和生物分泌物及排泄物有关。

早古生代炭质岩发育区（早寒武世地层区）和晚古生代煤系地层区土壤中有机碳也存在明显偏高现象（$>1.20\times10^{-6}$）。这与在炭质岩中含有较高的有机碳化合物有关，促使局部出现有机碳聚集现象（如丰城洛市、高安南部、乐平涌山等地区）。

中生代红层区由于表土层薄，植被覆盖率低，土壤中有机碳贫乏（$<1.20\times10^{-6}$），母岩为形成于炎热干旱的氧化环境的粗碎屑岩，岩石中有机碳含量极其有限。

河谷区土壤和湖区土壤及淤泥中有机碳含量小于1.20×10^{-6}，为区域有机碳的低背景域，这可能与该区介质的水解作用强，促使部分有机碳形成可溶性化合物流失有关。

2. 重金属元素分布

(1) 镉（Cd）

镉属毒性重金属元素，对动植物和人体都有毒害作用。植物对镉的吸收和富集取决于环境介质中镉的含量、形态及活性和植物的种属类型，植物体内镉含量与介质中镉含量呈线性关系。镉对植物的毒性除干扰一些微量养分的正常新陈代谢，对光合作用有抑制影响，妨碍二氧化碳固定及改变细胞膜的渗透性，使作物的产量和品质下降，特别是谷物、稻米和蔬菜等。

镉对人体和动物的毒性，除干扰铜、钴和锌的代谢，还直接抑制某些酶系统，特别是锌等元素来激活的酶系统，镉的化合物较同等含量锌化物具有更大的毒性。进入体内的镉主要累积于肝、肾、胰腺和甲状腺中，对肾脏、骨骼、肺部、心血管和睾丸有损害作用，并有致癌、致畸作用和引发贫血等症状，甚至导致肝肾综合征死亡。区域表层土壤中镉的平均含量0.134×10^{-6}，高于深层土壤，含量变化范围为0.024×10^{-6}～4.619×10^{-6}，标准离差0.034（表1–26）。

表1–26　江西省各地市镉地球化学参数

地区	样品数	最大值	最小值	算术平均值	几何平均值	标准离差	变异系数
全区	9 829	4.619	0.024	0.184	0.157	0.148	0.804
南昌市	1 807	2.740	0.030	0.192	0.158	0.174	0.907
九江市	2 391	4.619	0.024	0.204	0.178	0.170	0.833
宜春市	2 051	2.301	0.040	0.143	0.128	0.104	0.723
上饶市	1 915	2.244	0.034	0.205	0.175	0.152	0.740
抚州市	852	0.810	0.030	0.137	0.129	0.055	0.400
鹰潭市	233	0.986	0.037	0.152	0.136	0.098	0.645
景德镇市	495	1.940	0.049	0.230	0.212	0.130	0.563

注：南昌市：南昌县、新建县、安义县、进贤县、西湖区、东湖区、青云谱区、青山湖区、湾里区；九江市：九江县、湖口县、彭泽县、星子县、都昌县、永修县、德安县、浔阳区、庐山区；宜春市：丰城市、樟树市、高安市、奉新县；上饶市：余干县、万年县、波阳县；抚州市：东乡县、临川区；鹰潭市：余江县；景德镇市：乐平市。

区域表层土壤中镉含量明显偏高，属省区镉的高背景域，各地层岩石镉的平均含量为1.69×10^{-6}，高于区域地层岩石镉平均含量值（1.13×10^{-6}）。可见，镉的地球化学背景特征与母岩的含镉水平相一致。

赣江、信江、饶河、抚河河谷区和湖区滨湖平原区、冲积平原区、长江南岸洪泛平原区以及乐平涌山、万年石镇至乐平礼林地区的土壤中镉含量大于0.219×10^{-6}，出现了镉的高度聚集，形成了四带、三区镉的高值域（带）。镉的含量值接近于生态环境镉的最大允许值（0.3×10^{-6}），特别是湖区淤泥。由于区内汇水域是省区铜多金属矿产资源重要的产地，矿石中闪锌矿含镉高，汇水区镉的物质来源十分丰富。另外，镉的聚集与土壤的pH有关，湖区和乐平涌山、万年石值地区土壤为中偏碱性，长江南岸呈弱碱性，在这一介质条件下，可溶性镉化物易形成难溶镉化物沉淀，并被土壤的胶体溶液强烈吸附。以上因素是造成镉聚集的主要环境条件。

花岗岩类区土壤中镉含量低，一般小于0.12×10^{-6}，母岩中镉含量$0.1\times10^{-6}\sim0.13\times10^{-6}$。但是中生代火山岩区（如东乡）土壤中镉含量高于$0.186\times10^{-6}$，为地球化学高背景区，局部高达$0.81\times10^{-6}$，形成镉的中等聚集，由于伴随火山的喷溢活动发生了较强的多金属矿化，促使母岩中镉含量较高。

（2）汞（Hg）

汞是生态环境中主要污染物质，对大气、水、土等环境会产生不同程度的污染，严重威胁着人类的生存条件。

在表生作用过程中，汞的硫化物十分稳定，主要以碎屑颗粒物和被吸附形式迁移。但是，汞不论呈何种形态，都会直接或间接地在微生物的作用下转化为甲基汞或二甲基汞。而二甲基汞在酸性条件下均可分解为甲基汞，甲基汞易溶于水。土壤中汞主要呈微细颗粒物和吸附形式存在。区域表层土壤中汞的平均含量0.072×10^{-6}，含量变化范围$0.007\times10^{-6}\sim7.589\times10^{-6}$，标准离差0.019（表1-27）。

表1-27 江西省各地市汞地球化学参数

地区	样品数	最大值	最小值	算术平均值	几何平均值	标准离差	变异系数
全区	9 829	7.589	0.007	0.101	0.086	0.143	1.425
南昌市	1 807	1.030	0.015	0.115	0.097	0.087	0.752
九江市	2 391	0.900	0.007	0.078	0.070	0.051	0.649
宜春市	2 051	7.589	0.018	0.124	0.101	0.225	1.813
上饶市	1 915	0.740	0.012	0.085	0.079	0.042	0.494
抚州市	852	0.620	0.035	0.103	0.093	0.054	0.526
鹰潭市	233	0.520	0.027	0.074	0.068	0.040	0.539
景德镇市	495	6.520	0.032	0.127	0.097	0.370	2.906

注：南昌市：南昌县、新建县、安义县、进贤县、西湖区、东湖区、青云谱区、青山湖区、湾里区；九江市：九江县、湖口县、彭泽县、星子县、都昌县、永修县、德安县、浔阳区、庐山区；宜春市：丰城市、樟树市、高安市、奉新县；上饶市：余干县、万年县、波阳县；抚州市：东乡县、临川区；鹰潭市：余江县；景德镇市：乐平市。

区内土壤中汞的地球化学背景显著偏高，高背景域占有相当大的分布范围。区内母岩含汞水平总体偏高，决定了汞区域地球化学背景总体偏高，两者存在因果关系。临江盆地区土壤中汞含量大于0.0845×10^{-6}，呈现高背景区，母岩以泥砂质和炭质为主，岩石中汞含量较高。花岗岩类区土壤中汞含量大于0.0655×10^{-6}。花岗岩中汞含量一般为

$0.027\times10^{-6}\sim0.039\times10^{-6}$，尽管母岩中汞含量不高，但在表生条件下，汞矿物和含汞矿物（主要为花岗岩中的副矿物如榍石等）十分稳定，会出现再次富集现象，造成汞的地球化学背景偏高。

赣江、抚河、潦河河谷区和赣抚平原区土壤中汞出现了明显的聚集趋势，特别是平原区形成了汞大范围的高度聚集（$>0.1225\times10^{-6}$）。由于难溶汞化合物可呈碎屑悬浮物迁移，少量因生物作用分解为可溶性的汞化物。当水体物化环境发生变化时，会引起这些汞化物沉淀赋存于土壤中。南昌市等23个城市区土壤中汞显著偏高，这可能与“三废”排放有关。

（3）铅（Pb）

铅是生态环境的主要污染元素，当大气、水、土环境中铅含量达到或超过最大允许值时，生态环境安全将会遭受严重威胁。在表生作用过程中，由于铅的氧化物性质稳定，不易释放出来，虽也可产生一些可溶性化合物，但溶解度低，都以被黏土矿物吸附形式迁移。总的来看，铅的迁移形式比较复杂，或呈无机络合物，或成有机络合物，也可被有机物碎屑及无机矿物吸附，呈悬浮状态迁移，同时部分呈可溶性离子状态。区域表层土壤中铅的平均含量为27.333×10^{-6}，略高于深层土壤，含量变化范围$9.58\times10^{-6}\sim46.9\times10^{-6}$，标准离差3.63（表1–28）。

表1–28　江西省各地市铅地球化学参数

地区	样品数	最大值	最小值	算术平均值	几何平均值	标准离差	变异系数
全区	9 829	469.42	9.58	32.403	31.058	12.177	0.376
南昌市	1 807	134.10	9.58	34.868	33.513	10.672	0.306
九江市	2 391	147.56	11.68	28.216	27.434	8.234	0.292
宜春市	2 051	271.02	10.60	32.649	31.367	11.404	0.349
上饶市	1 915	184.64	15.39	33.645	32.285	10.893	0.324
抚州市	852	469.42	16.40	34.042	31.826	23.112	0.679
鹰潭市	233	59.50	14.70	30.143	28.843	9.032	0.300
景德镇市	495	156.15	17.03	36.025	35.087	10.211	0.283

注：南昌市：南昌县、新建县、安义县、进贤县、西湖区、东湖区、青云谱区、青山湖区、湾里区；九江市：九江县、湖口县、彭泽县、星子县、都昌县、永修县、德安县、浔阳区、庐山区；宜春市：丰城市、樟树市、高安市、奉新县；上饶市：余干县、万年县、波阳县；抚州市：东乡县、临川区；鹰潭市：余江县；景德镇市：乐平市。

赣江、抚河、信江、饶河河谷区和平原区土壤及湖区淤泥中铅呈现高度聚集，土壤中铅含量大于36.31×10^{-6}。鄱阳至景德镇母岩中铅平均含量15.43×10^{-6}，土壤中铅含量以$25.68\times10^{-6}\sim29.23\times10^{-6}$为主，局部小于$25.68\times10^{-6}$，地球化学背景略偏低；万年和乐平母岩中铅平均含量为93.5×10^{-6}，其中绿泥片岩为150×10^{-6}，沉凝灰岩为37×10^{-6}，土壤中铅含量以大于32.77×10^{-6}为主，并以大于36.31×10^{-6}的土壤分布广泛为特征；东乡至抚州母岩中铅的平均含量为23.98×10^{-6}，土壤中铅含量为$25.68\times10^{-6}\sim32.77\times10^{-6}$，为铅的高背景区。

高安盆地物源区灰岩和多金属矿产资源丰富，母岩中铅含量比较高，土壤中铅含量大于25.68×10^{-6}，局部大于36.31×10^{-6}，铅的地球化学背景高；而永修盆地、抚州盆地和信江盆地，物源以含铅低的岩屑为主，故区内土壤中的铅含量小于25.68×10^{-6}，局部小于20×10^{-6}，表现为铅的低地球化学背景。

花岗岩类区土壤中铅均大于36.31×10^{-6}，为铅的高聚集区。花岗岩中铅含量：九岭花岗岩中铅含量为38×10^{-6}，星子花岗岩64×10^{-6}，东乡花岗岩77×10^{-6}，焦坑花岗岩231×10^{-6}，云山花岗岩119×10^{-6}。由此可见，高铅母岩必然形成高铅土壤。另外，花岗岩风化过程中产生了大量的黏土物质对铅的强烈吸附，也促使铅的进一步富集。东乡火山岩分布区是评价区土壤中铅含量最高地区，火山岩中铅平均含量为112.20×10^{-6}，可见与母岩具有明显的成因联系。

（4）砷（As）

砷属毒性元素，也是生物必需的微量元素。在生态环境中，大气中砷含量大于3μg/m^{3}时，会造成大气的砷污染，直接影响了人体的健康。地表水中含砷量因水源和地理条件不同而有很大差异，砷含量大于0.05mg/L时，会造成水体砷污染，影响水的物理性质和降低生化需氧量。同时存在于底泥的砷化物因条件的变化会发生重新溶解，对水生生物产生很大的毒害作用。土壤中砷含量大于30×10^{-6}时，对农作物会产生毒性。区域表层土壤中砷的平均含量为8.140×10^{-6}，含量变化范围为$0.39\times10^{-6}\sim519\times10^{-6}$，标准离差2.205（表1–29）。

表1–29　江西省各地市砷地球化学参数

地区	样品数	最大值	最小值	算术平均值	几何平均值	标准离差	变异系数
全区	9 829	519.000	0.387	10.229	9.048	9.116	0.891
南昌市	1 807	38.402	0.387	9.484	8.846	3.702	0.390

（续）

地区	样品数	最大值	最小值	算术平均值	几何平均值	标准离差	变异系数
九江市	2 391	519.000	1.370	10.594	8.971	15.238	1.438
宜春市	2 051	130.000	1.642	11.390	10.234	6.992	0.614
上饶市	1 915	120.000	2.039	10.540	9.460	6.525	0.619
抚州市	852	54.167	1.913	8.822	7.798	4.988	0.565
鹰潭市	233	32.463	1.491	8.066	7.136	4.436	0.550
景德镇市	495	61.315	2.177	8.749	7.631	6.103	0.698

注：南昌市：南昌县、新建县、安义县、进贤县、西湖区、东湖区、青云谱区、青山湖区、湾里区；九江市：九江县、湖口县、彭泽县、星子县、都昌县、永修县、德安县、浔阳区、庐山区；宜春市：丰城市、樟树市、高安市、奉新县；上饶市：余干县、万年县、波阳县；抚州市：东乡县、临川区；鹰潭市：余江县；景德镇市：乐平市。

区内土壤中砷的含量以大于7.31×10^{-6}为主，总体显现高背景。这与地质环境特点分不开，多数地层单位岩石中砷含量大于区域地层岩石中砷的平均含量（12.26×10^{-6}）。赣江、信江、饶河、修河河谷区土壤中砷含量大于7.31×10^{-6}或大于9.51×10^{-6}，表现为砷的高背景，而抚河河谷区土壤中砷含量则小于7.31×10^{-6}，显现砷的低背景，这可能与汇水域的砷物源丰缺条件有关。但是，湖区淤泥和滨湖平原及信江、饶河三角洲平原区的土壤中砷含量高于13.93×10^{-6}，出现了砷的聚集。由于砷在中性条件下，亚砷酸盐易氧化为低溶解度的砷酸盐和黏土物质对砷有强烈吸附作用，造成了砷的富集。

九岭、云山、彭山、海会花岗岩类区和东乡至抚州中生代火山岩区土壤中砷含量大于11.72×10^{-6}，并以高于13.93×10^{-6}的土壤广泛分布为特征，母岩中砷含量约11.69×10^{-6}。但是，甘坊、焦坑和抚州以南中生代花岗岩类区土壤中砷则小于7.31×10^{-6}，为砷的低背景区，其控制因素尚不清楚。

东乡枫林铜矿区和万年虎家尖铅银矿区及塔前至涌山铜多金属矿集带的土壤中砷含量大于13.93×10^{-6}，为砷的高度聚集区。枫林铜矿石中砷含量约72×10^{-6}，而虎家尖铅银矿石中含多种砷硫化物（毒砂），矿石砷含量约$2\,900\times10^{-6}$。

（5）**铬（Cr）**

在生态环境中，铬是生物必需的微量元素，又是主要有毒重金属元素之一。在自然界中铬主要的地球化学电价有二价态、三价态和六价态，其中三价铬的毒性低，而六价铬具有很强的毒性。在生物体内铬以三价形式存在为主，而六价铬含量低。但是，一旦生物体内六价铬含量偏高时，对生物就具有很强的毒害作用，在人体内能构成“铬致癌物”，与细胞分子相结合，引起遗传密码的改变，进而引起细胞的突变和癌变。对于植物，易引起枯萎病。同时，由于环境中高铬存在，改变了pH性质，抑制营养元素有效态的转化，造成土壤贫瘠。区域表层土壤中铬的平均含量为69.672×10^{-6}，变化范围为$6.31\times10^{-6}\sim340\times10^{-2}$，标准离差10.496（表1-30）。

表1-30　江西省各地市铬地球化学参数

地区	样品数	最大值	最小值	算术平均值	几何平均值	标准离差	变异系数
全区	9 829	4.323	0.780	1.711	1.695	0.246	0.144
南昌市	1 807	3.077	0.780	1.708	1.697	0.198	0.116
九江市	2 391	3.390	0.950	1.637	1.621	0.239	0.146
宜春市	2 051	4.323	0.995	1.789	1.770	0.287	0.160
上饶市	1 915	3.910	1.090	1.740	1.727	0.223	0.128
抚州市	852	2.560	0.974	1.605	1.592	0.210	0.131
鹰潭市	233	2.840	1.160	1.687	1.669	0.250	0.148
景德镇市	495	2.456	1.211	1.825	1.815	0.187	0.102

注：南昌市：南昌县、新建县、安义县、进贤县、西湖区、东湖区、青云谱区、青山湖区、湾里区；九江市：九江县、湖口县、彭泽县、星子县、都昌县、永修县、德安县、浔阳区、庐山区；宜春市：丰城市、樟树市、高安市、奉新县；上饶市：余干县、万年县、波阳县；抚州市：东乡县、临川区；鹰潭市：余江县；景德镇市：乐平市。

在区域上，萍乐坳陷带及以南的南华地质构造区，土壤中的铬显示高背景而北部扬子地质构造区则呈偏低现象。这与南北两区的地质构造演化历史的差异性有关，南区母岩中含下地壳或上地幔物质组分要高于北区母岩，造成土壤中铬含量表现出南高北低的区域性特征。

五大水系河谷区、湖区底泥和赣江三角洲平原、滨湖平原区的土壤中铬含量均小于65.21×10^{-6}，局部小于44.23×10^{-6}，为区域性铬贫乏区。区内土壤呈中性至弱碱性，铬主要以可溶性重铬酸络阴离子（Cr_2O_7）$^{2-}$或与碱金属结合形成可溶性铬酸盐等形式迁移，使土壤中的铬显著减少。

花岗岩（如九岭、云山、星子、阳储岭、焦坑、河埠等地区）和酸性火山岩区（如东乡南部地区）的红壤土铬含量低于65.21×10^{-6}，多数小于44.23×10^{-6}。该类母岩铬的原始含量低，一般为25×10^{-6}，远远低于地壳中铬的丰度值。同时有限铬在表生条件下易呈可溶性铬酸络阴离子流失，故能赋存于土壤中的铬就更加有限。

长江南岸出现沿江的铬高值带。该区上游为湖北和江西省铁、铜开采区，而铬具有亲硫性趋向，在还原和硫的逸度较高的环境中，铬也能形成硫化物或呈类质同象形式存在于硫化物矿物中，故区内存在较丰富的铬源。同时该区地层为第四纪新港黏土，黏土对铬具有很强吸附能力，造成土壤中铬含量大于86.19×10^{-6}，局部达96.68×10^{-6}以上。另外，该区位于长江侵蚀岸，铬高值带较窄，宽度为0～9km。

(6) 铜 (Cu)

铜是生命必需元素，动植物中酶、色素、蛋白质的组成部分都含有铜。在植物体内铜是多种氧化酶的组分，在植物的生理过程中起着重要作用。在生态环境中，水体中铜含量过量（>0.01mg/L），易发生铜污染，引起水生生物的急性铜中毒。由于铜与磷具有拮抗作用关系，土壤中铜过量，易引起磷的流失，造成土壤肥力下降。而铜与镉、镍、氟等元素具有协同作用关系，易引起协同元素在土壤中聚集，增强了这些元素对环境的毒害影响程度。区域表层土壤中铜平均含量23.901×10^{-6}，变化范围2.37×10^{-6}～$1\,070 \times 10^{-6}$，标准离差3.536（表1-31）。

表1-31　江西省各地市铜地球化学参数

地区	样品数	最大值	最小值	算术平均值	几何平均值	标准离差	变异系数
全区	9 829	1 070.0	2.37	26.921	24.941	21.623	0.803
南昌市	1 807	146.0	4.80	25.011	24.193	7.639	0.305
九江市	2 391	1 070.0	2.37	25.887	24.204	23.128	0.893
宜春市	2 051	226.0	6.66	25.624	24.473	9.782	0.382
上饶市	1 915	1 070.0	7.00	32.214	28.236	37.084	1.151
抚州市	852	166.0	8.05	23.213	21.770	10.824	0.466
鹰潭市	233	66.2	8.28	22.739	20.630	10.349	0.455
景德镇市	495	175.0	12.60	32.230	29.841	17.710	0.549

注：南昌市：南昌县、新建县、安义县、进贤县、西湖区、东湖区、青云谱区、青山湖区、湾里区；九江市：九江县、湖口县、彭泽县、星子县、都昌县、永修县、德安县、浔阳区、庐山区；宜春市：丰城市、樟树市、高安市、奉新县；上饶市：余干县、万年县、波阳县；抚州市：东乡县、临川区；鹰潭市：余江县；景德镇市：乐平市。

区域表层土壤中铜的背景含量高于全国土壤铜的平均含量（22×10^{-6}），呈现区域性高背景域。这与区内古生代地层发育和赣北地区铜多金属矿产资源丰富有着密切的成生联系。乐安江、信江、昌江河谷区及三角洲平原区和长江南岸的土壤中铜含量高于33×10^{-6}，接近于铜背景标准值（35×10^{-6}），这与上游多金属铜矿产资源的规模性开发、“三废”大量排放密切相关。而赣江、抚河河谷区土壤和湖区底泥中铜含量小于

22.39×10^{-6}，为区域性低值带，由于汇水域金属矿产资源较少，和在弱酸性的介质条件下铜易形成可溶性化合物或络合物迁移，这是造成该区土壤中铜偏低的主要原因。

花岗岩区土壤中铜存在两种不同的地球化学背景，九岭、云山和阳储岭二长花岗岩或花岗闪长岩区土壤中铜含量大于29.46×10^{-6}，呈现高背景。由于区内母岩酸偏中性，岩石中铜含量较高（平均含量28×10^{-6}），在表生条件下，铜又易被黏土物质所吸附，使铜在土壤中进一步聚集。而甘坊、焦坑、抚州等地区二云花岗岩和东乡南部碎斑酸性熔岩或花岗斑岩区土壤中铜明显偏低（$<22.39\times10^{-6}$），母岩中铜含量小于17.3×10^{-6}，区内岩石风化程度较低，进入土壤中的铜有限，显示低背景。

（7）锌（Zn）

锌是动植物必需的微量元素，也称生命元素。锌对生物体内200多种酶起着调节、稳定和催化作用。在生态环境中，锌又是一种污染元素。在大气中，由于锌的冶炼过程中可产生大量氧化锌等金属烟尘，对人有直接危害，也造成大气锌污染。大水体中，由于绝大部分锌化物易溶于水，对鱼类和其他水生生物会产生一定的毒害作用。区域表层土壤中锌的平均含量为65.396×10^{-6}，含量变化范围$7.7\times10^{-6}\sim438.5\times10^{-6}$，标准离差11.058（表1–32）。

表1–32　江西省各地市锌地球化学参数

地区	样品数	最大值	最小值	算术平均值	几何平均值	标准离差	变异系数
全区	9 829	438.5	7.7	75.751	72.065	26.203	0.346
南昌市	1 807	321.2	18.2	77.955	74.387	26.079	0.335
九江市	2 391	253.5	7.7	74.934	71.449	23.580	0.315
宜春市	2 051	353.8	28.7	73.669	71.058	20.930	0.284
上饶市	1 915	438.5	21.7	80.060	75.019	33.766	0.422
抚州市	852	312.7	23.7	67.694	63.953	26.024	0.384
鹰潭市	233	138.4	30.1	65.927	63.058	19.518	0.296
景德镇市	495	252.8	33.2	81.015	78.146	23.071	0.285

注：南昌市：南昌县、新建县、安义县、进贤县、西湖区、东湖区、青云谱区、青山湖区、湾里区；九江市：九江县、湖口县、彭泽县、星子县、都昌县、永修县、德安县、浔阳区、庐山区；宜春市：丰城市、樟树市、高安市、奉新县；上饶市：余干县、万年县、波阳县；抚州市：东乡县、临川区；鹰潭市：余江县；景德镇市：乐平市。

从宏观上看，中心湖区及平原区为锌的高值区（$>93.04\times10^{-6}$），周边山地为锌的高背景区（$>71.86\times10^{-6}$），而其间岗地及低丘岗地为锌的低背景区，土壤中锌含量以小于60.82×10^{-6}为主。由于锌化物具有很高的溶解度，可进行远距离迁移而汇入湖区，而湖区土壤中含有大量的黏土物质和有机质，锌又易被这些物质强烈吸附，促使大量的锌存在于土壤中（可能大部分呈可溶性化合物存在于土壤溶液中），该区的锌主要以外源锌为主。

五大水系河谷区和长江南岸的土壤中锌呈显著的高值带（$>82.90\times10^{-6}$），由于锌在水体中的迁移过程会因土壤结构和pH的变化，使部分锌呈吸附状态存在于土壤中。

花岗岩类区土壤中锌含量多数大于93.04×10^{-6}，显现锌的高值域。这与母岩中锌含量较高有关，如晚元古代九岭花岗岩含锌$75.78\times10^{-6}\sim83.60\times10^{-6}$、侏罗纪酸性火山熔岩为$76\times10^{-6}$、白垩纪云山花岗岩为$67.95\times10^{-6}$。同时在花岗岩区土壤中含有大量的黏土物质，能够吸附大部分锌，抑制锌迁移流失。但是，中生代红色地层区土壤中锌呈显著的低背景区，由于母岩中锌含量低（$<30\times10^{-6}$）、植被不发育，土壤中黏土物质较少，以碎屑物质为主，锌不易赋存于土壤中。

（六）重金属综合污染评价

1. 污染范围

内梅罗指数法是最常用的综合污染指数评价方法，是当前应用较多的一种环境质量指数。该方法兼顾了单因子污染指数的平均值和最高值，突出了污染最严重的污染物对环境质量的影响，在加权过程中避免了权系数中主观因素的影响，更加合理地反映了土壤环境污染性质和程度。

其计算方法如下：

$$I=\sqrt{\frac{max_i^2+ave_i^2}{2}} \qquad \text{（式1-3）}$$

式中，I为内梅罗综合污染指数；max_i为各单因子环境质量指数中最大者，即土壤中各重金属元素单因子污染指数中的最大值；ave_i为各单因子环境质量指数的平均值，即土壤中某种重金属的单因子污染指数；i为土壤中测定的重金属种类数。

评价标准参考《土壤环境质量标准》（GB 15618—1995），将评价结果分为3个级别：$P_i\leqslant0.7$为清洁；$0.7<P_i\leqslant1.0$为尚清洁；$P_i\geqslant1.0$为超标。对某一点位，若存在多项污染物，分别采用单因子污染指数法计算后，取单因子污染指数中最大值，作为判别该位点首要污染物的依据。

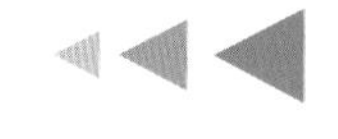

基于评价结果可知，鄱阳湖平原区重金属污染总体情况良好，超标区域主要分布在上饶市鄱阳县西南部、南昌市南昌县东北部、乐平市西北部、高安市西部、樟树市西南部、彭泽县南部及九江县中部等地区。

2．污染程度

地质累积指数（I_{geo}）通常称为Muller指数，不仅考虑了自然地质过程造成的背景值的影响，而且也充分注意了人为活动对重金属污染的影响。因此，该指数不仅反映了重金属分布的自然变化特征，而且可以判别人为活动对环境的影响，是区分人为活动影响的重要参数。

其计算方法如下：

$$I_{geo}=\log_2 [C_n / (K \times B_n)] \quad (式1-4)$$

式中，I_{geo}的值即为地质累积指数；C_n是土壤中元素n的含量；B_n为普通页岩中元素n的地球化学背景值；K为修正指数，即考虑各地岩石差异可能会引起背景值的变动而取的系数，通常用来表征沉积特征、岩石地质及其他影响，本书取值为1.5。

表1-33　地质积累指数（I_{geo}）分级标准

范围	分级	污染程度
$I_{geo} \leq 0$	0	无污染
$0 < I_{geo} \leq 1$	1	轻度污染
$1 < I_{geo} \leq 3$	2	中度污染
$3 < I_{geo} \leq 5$	3	重度污染
$5 < I_{geo} \leq 6$	4	严重污染

研究区域内，共采集了8 844个土壤样本，其中无污染和轻度污染的样本数占总样本数的85.84%，中度污染为13.81%，重度和严重污染为0.35%。26个重度污染样本出自高安市（6个）、樟树市（5个）、乐平市（2个）、湖口县（2个）、东乡县（2个）、德安县（2个）、彭泽县（2个）、九江市区（1个）、余干县（1个）、南昌县（1个）、都昌县（1个）、进贤县（1个）；5个严重污染出自乐平市（2个）、高安市（2个）和鄱阳县（1个）。此外，为了考察水环境与土壤环境的相互影响，同期采集了985个湖积物样本，其中无污染和轻度污染的样本数占总样本数的49.24%，中度污染为48.22%，重度和严重污染为2.54%。23个重度污染样本出自鄱阳县（12个）、新建县（6个）、都

昌县（3个）、湖口县（1个）、南昌县（1个）；2个严重污染样本出自都昌县和九江县（表1-34）。

表1-34　鄱阳湖平原土壤和湖积物地积累指数评价

单位：个，%

地积累指数分级	无污染	轻度污染	中度污染	重度污染	严重污染
土壤样本数	1 418	6 174	1 221	26	5
土壤样本占比	16.03	69.81	13.81	0.29	0.06
湖积物样本数	38	447	475	23	2
湖积物样本占比	3.86	45.38	48.22	2.34	0.20

就土壤样本而言，鄱阳湖平原中度污染样本比例在20%左右的县（市）区包括德安县、九江县、乐平市、南昌市区、南昌县、彭泽县、余干县、樟树市和万年县。无污染和轻度污染样本综合比例较低的县（市）区为彭泽县、九江县、南昌市区、余干县、樟树市、南昌县、乐平市，最低的是彭泽县为64.84%。无污染样本比例低于10%的县（市）区包括乐平市、南昌市区、南昌县、彭泽县、万年县、余干县、樟树市、湖口县和进贤县，其中彭泽县、湖口县和余干县不足3%。

综合以上分析，鄱阳湖平原土壤环境质量总体良好，但也存在污染趋势，Cd、Hg、Ni是特征污染物，特别是表层土壤Cd污染势头迅猛，与20世纪80年代进行土壤背景值调查时相比，近30年上升率高达34.6%～165%，须采取有效措施加以控制。

（七）污染源状况

1．工业污染源状况

江西省第二产业占比仍在50%以上，对GDP增长的贡献率为60.7%，是全省支柱产业。全年规模以上工业38个行业大类中，电子、电气机械、纺织、农副食品、医药和有色六大重点行业表现突出，分别增长16.5%、12.3%、12.3%、11.2%、10.4%、10.3%，占规模以上工业的比重为37.2%，对规模以上工业增长的贡献率达46.8%。从土壤环境质量评价结果来看，污染区域主要集中在工业城市周边及环湖区，工业企业对土壤污染的贡献较大。江西省最大的工业城市南昌市对鄱阳湖水污染的影响最大，是飞机制造、汽车制造、冶金、机电、纺织、化工、医药等现代工业体系，及电子信息、生

物工程、新材料等新兴高新技术产业的重要基地，以工业园区为主战场，形成了五大支柱产业、十大产品基地，拥有省级以上工业园区8个、规模企业近700家；九江是华中、华东地区重要电力基地；景德镇是享誉世界的陶瓷之都；鹰潭市矿产资源丰富，已发现的矿种有30余种，其中已部分探明储量的有15种，包括金属矿产4种，非金属矿、建材矿8种以及铀矿、矿泉水等。

2. 农业污染源状况

(1) 江西省农业污染源及污染物排放特点

江西省农业污染源主要是畜禽养殖业，其次是种植业，农业污染源总体分布是鄱阳湖滨湖地区以及周边的低丘平原区比较密集，强度也较大，相对来说，江西境内周边中低山区的农业污染源分布较少，强度也较低（江西省农业厅农业环境监测站，2009）。

对各设区市单位土地面积农业污染物产生量及排放量进行比较，南昌市农业污染源产生强度最高，赣州、景德镇等农业污染源产生强度较低；对于污染物排放强度，南昌市单位土地面积总磷、总氮、氨氮排放量、宜春市单位土地面积COD排放量在11个设区市中最高，上饶市单位土地面积COD排放量、景德镇市单位土地面积总磷排放量、赣州市单位土地面积总氮、氨氮排放量在11个设区市中分别最低。

对各流域单位土地面积农业污染物产生量及排放量进行比较，抚河流域单位土地面积COD、总磷、总氮产生量最高，鄱阳湖区单位土地面积氨氮产生量最高，而单位土地面积COD、总磷、总氮、氨氮产生量最低的均为修河流域；外河流域单位土地面积COD排放量最高，抚河流域单位土地面积总磷、总氮排放量最高，鄱阳湖区单位土地面积氨氮排放量最高，而单位土地面积COD、总磷、总氮、氨氮排放量最低的均为修河流域。

分析江西省农业污染源各种污染物的来源可知，COD、总磷的产生量与排放量主要来源于畜禽养殖业，总氮、氨氮的产生量和排放量主要来源于种植业，但是各设区市以及各流域均有所不同。

(2) 种植业污染物流失情况

根据普查，2007年江西省化肥使用量为145.6万t（折纯），单位种植业面积化肥使用量达到569.8kg/hm^2（折纯），大大超过国家环境保护部生态省建设中农用化肥使用强度的指标。在11个设区市中，农用化肥使用强度最高的是赣州市，最低的是景德镇市；各流域中，农用化肥使用强度最高的是外河流域，最低的是饶河流域。

由于化肥使用强度大，种植业污染物流失量也大。对于总磷地表流失，各设区市中除了南昌市、景德镇市、新余市和鹰潭市，其余7个设区市均以本年流失为主；各流域中，赣江流域、抚河流域、鄱阳湖区及外河流域以本年流失为主，而信江流域、饶河流域及修河流域以基础流失量为主；对于总氮、氨氮地表流失和地下淋溶，各设区市及各流域均是以基础流失为主。

对种植业污染物地表流失和地下淋溶的比较可知，各设区市及各流域总氮、氨氮均以地表流失为主，化肥流失途径主要是地表流失，通过地下淋溶而流失掉的化肥量较少。

通过汇总各设区市及各流域种植业农药使用量可知，种植业农药使用量较多的是毒死蜱、乙草胺、丁草胺、吡虫啉、氟虫腈以及其他有机磷类农药，而流失比较明显的有毒死蜱、丁草胺、乙草胺、氟虫腈、吡虫啉等，但流失比例均很小。

对于秸秆的处置，各设区市中，景德镇市、上饶市、鹰潭市以及宜春市、抚州市以还田为主，萍乡市、吉安市田间焚烧比重较大，南昌市以作燃料燃烧为主，九江市以田间焚烧、还田和做燃料燃烧三种方式比重较大，新余市以还田为主（但田间焚烧、堆肥、做饲料等也占有较大比重），赣州市以还田和做饲料为主。各流域中，信江流域和饶河流域以及鄱阳湖区、抚河流域以还田为主（鄱阳湖区和抚河流域做燃料燃烧以及田间焚烧所占比重也较大），外河流域田间焚烧比重较大，赣江流域及修河流域以还田、田间焚烧、饲料及燃料四种方式并重。

对于地膜使用与残留，大部分设区市地膜残留率在15%～25%，以萍乡市残留率最高（28.6%）和鹰潭市残留率最低（6.8%）。大部分流域地膜残留率在10%～22%，以外河流域残留率最高（22.6%）和信江流域残留率最低（7.2%）。

（3）畜禽养殖污染物产生和排放情况

江西省畜禽养殖以养猪为主，猪养殖所产生和排放的污染物是畜禽养殖污染物产生和排放的主体。除了猪养殖以外，蛋鸡和肉鸡养殖也是江西省各设区市畜禽养殖的主要对象，其产生和排放的污染物量也不可忽视，对于奶牛和肉牛养殖，各设区市相对较少，主要集中在南昌、九江等鄱阳湖滨湖地区，对鄱阳湖水环境带来一定影响。

在各设区市中，畜禽养殖业尿液、粪便、铜、锌等污染物产生量主要集中在宜春市和南昌市，铜、锌等排放量主要集中在宜春市，其次是赣州市和吉安市。在各流域中，畜禽养殖业尿液、粪便、铜、锌等污染物产生量主要集中在赣江流域，铜、锌等排放量

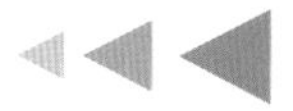

也主要集中在赣江流域。

各设区市及各流域猪养殖产生的污水量是畜禽养殖污水产生量的95%以上，猪养殖污水排放量占设区市畜禽养殖污水排放量的比重在93%以上。

各设区市中，除九江、赣州、抚州、吉安等设区市，其余7个设区市畜禽养殖粪便产生量以猪养殖为主。对九江市来说，蛋鸡养殖的粪便产生量是主体，对赣州市、吉安市和抚州市来说，肉鸡养殖的粪便产生量是主体。各流域中，除鄱阳湖区畜禽养殖粪便产生量以蛋鸡养殖为主外，其余流域畜禽养殖粪便产生是以猪养殖为主。

各设区市和各流域畜禽养殖固体废物利用方面，以猪养殖的固体废物利用为主，但是对于部分设区市来说其他养殖的固体废物利用量也占有较大份额，如九江和上饶市蛋鸡养殖、赣州和抚州市肉鸡养殖，以及鄱阳湖区、信江流域、修河流域的蛋鸡养殖。

对于各设区市畜禽养殖COD产生量，新余、宜春、景德镇、鹰潭、南昌、上饶和萍乡等设区市以猪养殖为主。对于其他设区市，基本上还是以猪养殖为主，但其他养殖也占较大比重。对于各流域畜禽养殖COD产生量，均以猪养殖为主。各设区市和各流域畜禽养殖COD排放基本上以猪养殖COD排放为主，只有赣州和抚州这两个肉鸡养殖规模较大的设区市，其肉鸡养殖COD排放量占设区市畜禽养殖COD排放量的比重较大（均占30%）。对于各设区市和各流域畜禽养殖总磷、总氮产生和排放情况，基本上与COD产生和排放情况类似。江西省各设区市和各流域畜禽养殖铜、锌、氨氮产生量和排放量均以猪养殖为主。

（4）水产养殖污染物产生和排放情况

水产养殖业各种污染物排放量，各设区市和各流域均是以池塘养殖为主。除了池塘养殖，网箱养殖污染物排放量所占比重较大，特别是总氮、总磷、锌及氨氮，占水产养殖相应污染物排放总量的20%～30%。

江西省各设区市水产养殖铜产生量和排放量分别以九江市和南昌市最多，锌产生量以上饶市最多，锌排放量以吉安市最多。由于赣江流域面积大，铜、锌产生量和排放量均以赣江流域最多。

各设区市单位水产养殖面积污染物产生量（污染物产生强度），总氮、总磷、COD、铜的产生强度均是南昌市最大，锌和氨氮的产生强度均以新余市最大；总氮、总磷、氨氮产生强度最小的均是萍乡市，COD产生强度最小的是景德镇市，铜、锌产生强度最小的是鹰潭市。各流域水产养殖污染物产生强度，总氮、总磷、COD的产生强度均是赣江流域最大，铜产生强度以饶河流域最大，锌和氨氮的产生强度均以修河流域最大；总氮、总磷、氨氮产生强度最小的均是饶河流域，COD、铜、锌产生强度最小的是外河流域。

各设区市单位水产养殖面积污染物排放量（污染物排放强度），总氮、总磷、COD、铜的排放强度，均是南昌市最大，锌的排放强度以吉安市最大，氨氮的排放强度以南昌市最大；总氮、总磷、COD、氨氮排放强度最小的均是景德镇市，铜、锌排放强度最小的是鹰潭市。各流域水产养殖污染物排放强度，总氮和COD排放强度以赣江流域最大，总磷排放强度以修河流域最大，铜排放强度以鄱阳湖区最大，锌和氨氮的排放强度以修河流域最大；总氮、总磷、COD、氨氮排放强度最小的均是饶河流域，铜排放强度最小的是修河流域，锌排放强度最小的是饶河流域。

各设区市中，萍乡市、鹰潭市、宜春市、南昌市、抚州市、景德镇市、九江市等7个设区市总氮排放量均以池塘养殖为主，新余市总氮排放量以工厂化养殖为主，吉安市总氮排放量以网箱养殖为主，上饶市总氮排放量主要是池塘养殖，赣州市总氮排放量以围栏养殖和池塘养殖并重。各流域中，鄱阳湖区、外河流域、赣江流域、饶河流域、抚河流域等流域总氮排放量均以池塘养殖为主，修河流域总氮排放量以网箱养殖为主，信江流域总氮排放量以工厂化养殖和池塘养殖并重。对于各设区市和各流域不同养殖模式总磷排放，基本上和总氮情况一致。

不同养殖模式COD、铜排放量，各设区市和各流域均以池塘养殖排放的量最多。

各设区市不同养殖模式锌排放，除了赣州市和吉安市，其余9个设区市均以池塘养殖排放的量最多。赣州市以其他养殖锌排放量最多，吉安市以网箱养殖锌排放量最大。各流域不同养殖模式锌排放，外河流域、鄱阳湖区、信江流域、饶河流域及抚河流域均以池塘养殖排放的量最多，修河流域以网箱养殖排放量最大，赣江流域以网箱养殖和池塘养殖并重。

各设区市不同养殖模式氨氮排放，除了赣州市、吉安市和新余市，其余8个设区市均以池塘养殖排放的量最多。赣州市以其他养殖氨氮排放量最多，吉安市以网箱养殖氨氮排放量最大，新余市主要是工厂化养殖氨氮排放量所占比重较大。各流域不同养殖模式氨氮排放，鄱阳湖区、饶河流域、外河流域及赣江流域均以池塘养殖排放的量最多，修河流域以网箱养殖排放的量最多，信江流域以工厂化养殖排放量最多，抚河流域以池塘养殖排放量最多。

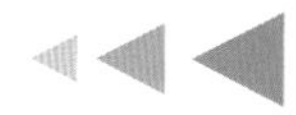

（八）鄱阳湖平原环境质量问题及建议

1. 江西省农业环境主要问题

根据普查结果，江西省农业污染源及农业环境问题可以突出体现在以下几个方面：产业布局不甚合理，鄱阳湖水环境面临巨大压力；化肥农药施用量高，污染严重；畜禽养殖业污染严重；水产养殖污染日趋明显；生活源污染占比增加。

（1）农业产业布局不甚合理

江西省种植业、畜禽养殖业和水产养殖业的总体布局，基本上结合了全省地形地貌和水系分布，较为充分地利用了自然资源和生态环境优势。但是，由于局部区域产业的发展规模过大，集约化程度过高，尤其是江西省“五河一湖”区域农业面源污染高风险区和全省农业发展的优势区域的重叠性，这不仅给当地的生态环境带来重大压力，也在一定程度上影响到流域下游乃至鄱阳湖的生态安全。例如，赣南山区果业发展，充分利用了当地的光、热资源和山地资源，但是过度开发果业，导致了较为严重的水土流失；鄱阳湖区水产养殖业的快速发展，充分利用了当地的自然资源和水资源优势，促进了区域社会经济发展，但是水产养殖业投入品的大量使用，产生了大量的污染物，直接进入鄱阳湖水体，给鄱阳湖的水环境带来较为严重的污染；规模化畜禽养殖大多分布于区域受纳水体周边，粪便等废弃物直接或间接排入水库、河流和湖泊等受纳水体，恶化水环境。

（2）农业化学投入品使用量大

据普查结果显示，江西省肥料施用量145.6万t（折纯），其中氮肥101.3万t（折纯），单位种植业面积肥料施用量569.8kg/hm^2（折纯），单位种植业面积氮肥施用量396.4kg/hm^2（折纯），远高于国家环保部对生态县建设中所规定的农用化肥亩均施用量280kg/hm^2（折纯）的标准，也高于我国化肥施用量强度的平均值。对于部分县（市、区），单位种植业面积化肥施用量超过1 000kg/hm^2（折纯）（湖口县、西湖区、彭泽县）；有29个县（市、区）单位种植业面积化肥施用量超过600kg/hm^2（折纯）。如此高的化肥施用强度，一方面是资源的浪费（化肥流失率高），一方面是作为大量污染物对周边环境造成污染。

江西省种植业总氮地表流失量为3.84万t（其中当年流失1.12万t、基础流失2.72万t，均为田间尺度污染负荷），地下淋溶量为4 809t。另外，总磷地表流失量4 278t，氨氮流失量5 804t（其中地表流失5 509t、地下淋溶295t），这些污染物进入水体，将带来严重的水环境污染。

根据普查，江西省农药施用量约为1.70万t，其中有机磷农药5 566t，单位种植业面积农药施用量为6.64kg/hm^2，单位种植业面积有机磷农药施用量2.50kg/hm^2。大量农药的使用，一方面导致农作物农药残留量高而引起食品安全问题；另一方面农药进入水体将导致严重的水体污染。

（3）畜禽养殖污染未能得到有效控制

江西省畜禽养殖以养猪为主，猪养殖所产生和排放的污染物是畜禽养殖污染物产生和排放的主体。根据普查，江西省畜禽养殖COD产生量79.16万t，占全省农业源COD产生量的97.0%，畜禽养殖COD排放量26.76万t，占全省农业源COD排放量的94.0%；畜禽养殖总磷产生量8 759t，占全省农业源总磷产生量的64.2%，畜禽养殖总磷排放量3 350t，占全省农业源总磷排放量的41.4%；畜禽养殖总氮产生量4.97万t，占全省农业源总氮产生量的51.7%，畜禽养殖总氮排放量2.27万t，占全省农业源总氮排放量的33.2%；畜禽养殖氨氮产生量6 094t，占全省农业源氨氮产生量的49.7%，畜禽养殖氨氮排放量2 864t，占全省农业源氨氮排放量的32.1%。

此外，江西省畜禽养殖COD、总磷、总氮、氨氮的排放率总体在40%左右，但是部分设区市和流域污染物排放率较高，例如景德镇市的总氮排放率为62.1%，萍乡市的总氮排放率为56.4%、总磷排放率为59.2%。统计各县（市、区）畜禽养殖污染物排放率可知，有39个县畜禽养殖总氮排放率超过50%，有35个县畜禽养殖总磷排放率超过50%，其中有5个县甚至超过80%，有30个县畜禽养殖氨氮排放率超过50%，有26个县畜禽养殖COD排放率超过50%。因此，需要加强畜禽养殖污染物的处理处置，特别是进行资源化利用，以减少污染物排放量。

（4）水产养殖业污染不容忽视

与畜禽养殖业污染以及种植业污染相比，水产养殖业污染相对较轻，但在部分区域水产养殖业的污染物排放量较大，特别是鄱阳湖滨湖地区水产养殖污染源点多面广，对鄱阳湖水环境造成污染。在水产养殖业源污染物产生量/排放量从高到低排序前15位的县（市、区）中，鄱阳湖滨湖地区占了1/2以上。此外，水产养殖污染物排放率一般较高，部分县（市、区）甚至达到100%，污染物削减问题比较难解决。因此，控制水产养殖业污染，需要从源头上把关，尽可能减少污染物的产生量，从而减少排入环境当中

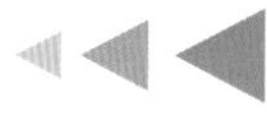

的污染物量。

(5) 生活源污染占比增加

生活源污染已超越农业源和工业源，成为最大污染来源，必须引起足够重视。从污染源分布看，鄱阳湖流域点源与面源污染并存。“五河一湖”区域产业发展规模过大、集约化程度过高、环境压力大，赣江为主要污染来源。2015年，江西省化学需氧量工业、农业、城镇生活排放量分别占总排放量的12.86%、30.67%和55.41%，氨氮工业、农业、城镇生活排放量分别占总排放量的10.64%、32.62%和55.91%。此外，土壤重金属超标区域主要集中在工业城市周边及环湖区，工矿企业、养殖业和种植业均有不同程度贡献，COD、总磷的产生量与排放量主要来源于畜禽养殖业，总氮、氨氮的产生量和排放量主要来源于种植业。

2. 鄱阳湖平原环境质量提升对策

(1) 多环境要素有机结合，助力乡村振兴战略实施

鄱阳湖流域与江西省行政区范围高度吻合，方便政府统一规划管理。早在1983年，江西省政府组织600多名专家对鄱阳湖及赣江流域进行多学科综合考察后，提出把三面环山、一面临江、覆盖全省辖区面积97%的鄱阳湖流域视为整体，系统治理的理论。同时创造性地提出“治湖必须治江、治江必须治山、治山必须治穷”的治理理念，达成“山是源，江是流，湖是库”，山、江、湖互相联系，共同构成了一个互为依托的生态经济系统的共识，形成了“治湖必须治江、治江必须治山、治山必须治穷”的山江湖开发治理的战略构想。

以“山水林田湖是一个生命共同体”的重要理念指导开展农产品产地土壤生态保护修复工作，有机整合各类专项资金、环保基金，真正改变治山、治水、护田各自为战的工作格局。加快农产品产地生态环境保护体制改革，按照权责明确、监管有效的要求，打破部门分割和区域分割的约束，统一保护、规划、监测，实现对我国农产品产地生态环境的整体保护和统一监管。

国家对生态保护红线等重要区域统一管理，强化地方党政、政府“党政同责”“一岗双责”要求，明确其在生态保护、管理与修复中的主体责任。形成集环境数据在线监测传输、农产品产地环境三维可视化模拟、土—水—气联动预警于一体的农产品产地互联网环境监控预警系统并开展工程示范。制定分区分策的农产品质量安全监测方案，形成以国家为龙头、省为骨干、地市为基础、县乡为补充的农产品质量安全监测网络工

程。深化农产品质量安全例行监测和监督抽查，建立监督抽查发现问题、查处问题的奖惩机制。加强监测结果的会商分析，建立监测信息报告制度，逐步实现全国农产品质量安全监测信息互联互通、监测数据统一共享、监测结果互认共用。

（2）前端严格控制污染源进入土壤

土壤是作物、植被、地形地貌等自然景观依存的基础，是人类赖以生存和发展的物质基础和环境条件，也是大多数污染物的最终受体。且土壤污染存在着长期性、滞后性、不易修复等特点，因此，必须将污染风险控制在前端。

以改善土壤环境质量为核心，以保障农产品质量和人居环境安全为出发点，坚持预防为主、保护优先、风险管控，突出重点区域、行业和污染物，实施分类别、分用途、分阶段治理，严控新增污染、逐步减少存量，形成政府主导、企业担责、公众参与、社会监督的土壤污染防治体系，促进土壤资源永续利用。新建有色金属冶炼、石油加工、化工、焦化、电镀、制革等行业企业，现有相关行业企业要采用新技术、新工艺，加快提标升级改造步伐，保障农产品产地环境污染源头削减与管控。

污染物源头削减是保障农产品产地环境安全和农产品质量安全的基础。大气、水、土壤环境是发展高产优质农产品最基本的自然条件，农业可持续发展必须对基础条件积极开展防护工作，强化风险管控与安全利用，切实加强内源性污染削减与外源污染物控制等相关工作。统筹考虑生产与生活、城市与农村、种植业与养殖业等环境保护工作，重点抓好工矿企业管理、农业投入品管理、畜禽养殖污染防治、农村生活垃圾和污水治理等工程，切实加强产地环境保护和源头治理。严控工矿污染，明确工矿企业新建标准、生产工艺要求及与农产品产地的安全距离，全面整治历史遗留尾矿库，开展环境风险评估，完善污染治理设施，开展工矿企业废水高效内部资源化综合处理技术研究及相关工程示范。农业投入品方面，加快推进果菜茶有机肥替代化肥行动，推行农作物病虫害专业化统防统治和绿色防控，推广高效低毒低残留农药和现代植保机械，加强农药包装废弃物回收处理，提高测土配方施肥技术推广覆盖率，加强废弃农膜回收利用。严格规范兽药、饲料添加剂的生产和使用，加强畜禽粪便综合利用，鼓励支持畜禽粪便处理利用设施建设，开展“四位一体”村镇垃圾、畜禽养殖废弃物分质资源化土壤修复技术工程示范，实现村镇环保、农业、社会和生态环境可持续发展。

（3）完善监测网络，加强监测预警

建设水、土、气、作物全方位土壤环境质量监测网络。统一规划、整合优化现有监

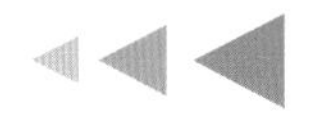

测点位，完成土壤环境质量国家重点监控监测点位设置，建成国家土壤环境质量监测网络，充分发挥行业监测网作用，基本形成土壤环境监测能力。

随着鄱阳湖与长江江湖关系的进一步变化，年内“极高水位”和“极地水位”出现频率增加，不同水情下，湖泊沉积物的重金属含量和生态风险的空间分布将呈现出明显的两极分化，且过渡的时间间隔缩短，丰水期南部湖区和枯水期北部湖区的污染将更加集中，再加上环境污染导致的环境效应具有滞后性，一旦暴发，将无法逆转，故相关部门在治理湖泊污染的同时需要设置相应的应急预案，避免事态的进一步恶化。

(4) 农产品产地土壤污染分区、分级综合治理

全面开展全国农产品产地土壤生态风险等级分区，建立土、水、气的农产品产地环境精细化管理单元，形成农产品产地土壤生态环境分区管理体系，即高风险区域实施污染源垂直监管、污染土壤快速治理；中风险区域推进污染源全面整治、环保经济协同发展；低风险区域提倡坚守生态红线、科学发展绿色农业。高风险区域中现有的污染源管理模式已无法满足农田土壤生态环境可持续发展的需求，应实施污染源垂直监管、污染土壤快速治理，开展综合整治，调整种植结构，削减污染危害，已威胁到农产品安全和人民健康安全的地区要禁产，在重度污染区开展休耕试点，休耕期间优先种植生物量高、吸收积累作用强的植物，不改变耕地性质，或纳入国家新一轮退耕还林还草实施范围，实施重度污染耕地种植结构调整，配套相关配套支持政策，切实保障农民收益不降低；中风险区域是社会经济建设发展的缓冲区，应推进污染源全面整治、环保经济协同发展，需开展风险评估，实施风险管控，并积极进行修复，因土地利用方式不合理导致的土壤退化，需适时调整农业结构布局，开展污染土壤修复与综合治理试点工程；低风险区域是大力发展可持续农业的主战场，应提倡坚守生态红线、科学发展绿色农业。控制污染源进入，严格遵守农田投入品使用标准，推进实施差别化环境准入，严格控制在优先保护类耕地集中区域新建污染企业。

(5) 建设污染防治科技创新平台

科技创新战略是保障和改善农产品产地环境安全的核心。实施国家农产品产地土壤环境科技创新任务、土壤环保标准体系建设任务和土壤环境技术管理体系建设任务。开展基础理论、环境标准和高新技术推广应用研究，形成一个有机联系的土壤环境科技创新体系。加强长期、稳定的土壤科学研究和关键技术开发，针对性地系统研究全国性和区域性土壤保护科学问题，认识和掌握土壤障碍问题成因与质量演变规律；科学地系统

研究和建立土壤质量基准和保护标准体系；在土壤环境监测，土壤污染控制和修复，耕层土壤保护，土壤次生盐碱化防治以及土壤肥力平衡等技术与设备，形成适合国情的自主创新研发体系。强化科研人才队伍建设，推进省级专业技术研究机构全覆盖和整建制研究能力提升，推动地方设立农产品产地环境污染防治科技规划项目。鼓励和支持科研院所、大专院校、公司、学会等积极参与推动农产品产地环境污染防治科技进步。

编制依据

中国共产党第十九次全国代表大会报告《决胜全面建成小康社会　夺取新时代中国特色社会主义伟大胜利》(2017年)

《中华人民共和国国民经济和社会发展第十三个五年规划纲要》(2016年)

《中共中央　国务院关于深入推进农业供给侧结构性改革　加快培育农业农村发展新动能的若干意见》(中发〔2017〕1号)

《中共中央　国务院关于落实发展新理念加快农业现代化　实现全面小康目标的若干意见》(中发〔2016〕1号)

《国家中长期科学和技术发展规划纲要（2006—2020年)》(国发〔2006〕6号)

《国家环境保护“十三五”科技发展规划纲要》(2016年)

《中共中央　国务院关于加快推进生态文明建设的意见》(2015年)

《国家创新驱动发展战略纲要》(2016年)

《农业资源与生态环境保护工程规划（2016—2020年)》(2017年)

《水污染防治行动计划》(国发〔2015〕17号)

《国务院关于印发土壤污染防治行动计划的通知》(国发〔2016〕31号)

《2015中国环境状况公报》(2015年)

《第一次全国污染源普查公报》(2010年)

《全国土壤污染状况调查公报》(2014年)

《全国生态功能区划（修编版)》(环境保护部、中国科学院公告2015年第61号)

《全国农业现代化规划（2016—2020年)》(国发〔2016〕58号)

《全国农业可持续发展规划（2015—2030年)》(农计发〔2015〕145号)

《农业环境突出问题治理总体规划（2014—2018年)》(农计发〔2016〕99号)

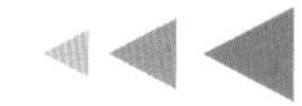

《全国生态保护与建设规划（2013—2020年）》

《农业部关于打好农业面源污染防治攻坚战的实施意见》（农科教发〔2015〕1号）

《全国农垦经济和社会发展第十三个五年规划》（农垦发〔2016〕3号）

《中华人民共和国环境保护法》（2014年4月24日修订通过，2015年1月1日起施行）

《中华人民共和国矿山资源法》（1996年8月29日通过，1997年1月1日起施行）

《畜禽规模养殖污染防治条例》（国务院令〔2013〕第643号，2014年1月1日起施行）

《全国污染源普查条例》（国务院令〔2007〕第508号，2007年10月9日起施行）

《全国土壤污染状况评价技术规定》（环发〔2008〕39号，2008年5月19日起施行）

《国家土壤环境质量例行监测工作实施方案》（环办〔2014〕89号）

《关于印发2015年度国家重点监控企业名单的通知》（环办〔2014〕116号）

《饮用水水源保护区污染防治管理规定》（2010年环保部令第16号修改）

《防治尾矿污染环境管理规定》（2010年环保部令第16号修改）

《污染地块土壤环境管理办法（征求意见稿）》（环境保护部，2016年11月8日）

《土壤环境监测技术规范》（HJ/T 166—2004）

《农田土壤环境质量监测技术规范》（NY/T 395—2012）

《土壤环境质量标准》（GB/T 15618—1995）

《地下水质量标准》（GB/T 14848—2016，征求意见稿）

《农产品安全质量蔬菜产地环境要求》（GB/T 18407.1—2001）

《全国土壤污染状况评价技术规定》（环发〔2008〕39号）

《地表水环境质量标准》（GB 3838—2002）

《环境空气质量标准》（GB 3095—2012）

《食用农产品产地环境质量评价标准》（HJ 332—2006）

课题报告二

中国北方主要农产品产地污染综合防治战略研究

一、北方主要农产品产地环境质量

（一）北方主要农产品产地区划

农业生产与自然环境条件的关系密切。在古代，农业的分布很大程度上受不同自然条件的制约，因而出现农业的地区分异现象。2 000多年前成书的《尚书 · 禹贡》是中国最早分区叙述农业的著作。中国领土辽阔，农业类型多样，1949年前只有少数学者作过全国或某一省的农业分区的探讨。中华人民共和国成立以后，为配合编制国家五年计划，多次开展农业资源调查和区划研究，并将其列为全国科学技术发展规划的重点项目，成立全国和省、直辖市、自治区农业区划委员会，有计划、有组织地进行多学科的广泛调查研究，取得了丰富的成果。1981年我国编制的《中国综合农业区划》，对水土资源的合理开发利用和潜力、农业生产布局和结构调整、商品基地选建、因地制宜实行农业技术改造等，提出了新的论点、建议和战略措施；根据地域分布规律和分级系统，阐明了10个一级区和38个二级区的基本特点、农业生产发展方向和建设途径；将中国东部的秦岭—淮河以北划分为东北区、内蒙古及长城沿线区、黄淮海区以及黄土高原区；将秦岭—淮河以南划分为长江中下游区、西南区及华南区；加之海洋区以及西部的甘新区、青藏区。

东北平原主要包括黑龙江、吉林、辽宁（除朝阳地区外）三省及内蒙古东北部大兴安岭地区共181个县（市），面积95.3万km^2。东北农产品产地耕地面积约为20万km^2。土地、水和森林资源比较丰富，热量资源不够充足。由于纬度高，冬季严寒，无霜期由北至南80～180d，除辽南，大部分地区只能一年一熟。北部地区6—8月的作物生长期内常出现低温冷害造成减产。该区是我国人均粮食产量最多的地区，每个农业人口平均产粮801kg，常年向国家提供大量商品粮和大豆。柞蚕茧产量占全国的60%左右。该区平原广阔，土地肥沃，适宜发展种植业。三江平原、大小兴安岭两侧和松嫩平原北部，有大量的宜农荒地，是我国开荒扩耕的重点区。东北平原建立了大批国有农场，其耕地面积占全国国有农场的1/2，使“北大荒”变成了我国重要的商品粮基地。全区森林覆盖率达32%，森林面积和木材蓄积量占全国的1/3，是我国最大的天然用材林区，木材产量占全国的1/2以上。东北平原区主要涵盖区域如表2-1所示。

表2-1 东北平原亚区主要涵盖区域

名称	涵盖区域	主要城市
三江平原	黑龙江	鹤岗、佳木斯、七台河、鸡西
松嫩平原	黑龙江、吉林	黑河、齐齐哈尔、大庆、绥化、海伦、哈尔滨、大安、白城、长春、九台、吉林
辽河平原	吉林、辽宁	辽源、公主岭、四平、铁岭、沈阳、抚顺、阜新、锦州、盘锦、鞍山、辽阳、营口

黄淮海平原位于长城以南、淮河以北、太行山和豫西山地以东，包括京、津、冀、鲁、豫、皖、苏的375个县（市），耕地0.224亿hm^2（居各农区之首）。垦殖指数达50%，是全国最大的小麦、棉花、花生、芝麻、烤烟生产基地。全区土地3/4为平原，上层深厚，无霜期175～220d，年降水量500～800mm，年≥10℃活动积温4 000～5 000℃。春旱、夏涝常常在年内交替出现，而土壤盐碱化又广泛出现于低平洼地，旱涝碱是影响该区农业生产的主要不利因素。经过30多年来的农业建设，有效灌溉面积已占耕地面积的55%，耕地中的盐碱土已有一半得到改良。生产条件的改善和农村政策的调整，促进了农业生产的发展。1983年棉花总产相当于1978年的5.5倍，占全国总产的60%。温带水果苹果、梨、柿产量居全国之首。林牧业薄弱，森林覆盖率约7%～8%，每人平均牲畜折羊单位仅0.78。黄淮海平原区主要涵盖区域如表2-2所示。

表2-2 黄淮海平原亚区主要涵盖区域

名称	涵盖区域	主要城市
海河平原	北京、天津、河北	北京、天津、唐山、秦皇岛、保定、沧州、邢台、邯郸
黄泛平原	山东、江苏、河南	菏泽、德州、泰安、曲阜、济南、淄博、莱芜、东营、日照、烟台、焦作、济源、周口、开封、新乡、安阳、濮阳、徐州、连云港、宿迁、蚌埠、宿州
淮北平原	河南	许昌、三门峡、洛阳、漯河、郑州、平顶山、信阳

（二）北方主要农产品产地土壤重金属环境质量

三江平原、松嫩平原、淮北平原土壤重金属点位超标率相对较低，分别为1.35%、0.81%、0.62%；海河平原、辽河平原、黄泛平原点位超标率相对较高，分别为4.28%、3.70%、2.10%。东北平原及黄淮海平原农产品产地土壤主要超标重金属污染物依次为

Cd（1.18%）、Hg（0.40%）、Cu（0.17%）、As（0.11%）。北方主要农产品产地土壤重金属超标问题较为突出的区域主要位于辽河平原东部、南部以及海河平原京津冀交汇区。Cd超标点位集中分布在辽河平原的沈阳市和锦州市，海河平原天津市，黄泛平原济源市、新乡市、安阳市；Hg超标点位集中分布在海河平原天津市、北京市；Cu超标点位集中分布在辽河平原沈阳市、抚顺市以及海河平原赵县；As超标点位集中分布在海河平原天津市。Cd尚清洁点位连片分布在辽河平原沈阳市和锦州市、海河平原天津市和北京市周边；Ni尚清洁点位分布在辽河平原沈阳市、辽阳市、海城市、营口市，海河平原涿州市、保定市、石家庄市、沙河市，淮北平原洛阳市、舞阳县、信阳市，呈带状分布。海河平原天津市以南、赵县以东区域为土壤环境质量清洁区；黄泛平原北部和西南部为土壤环境质量清洁区；松嫩平原西南部为土壤环境质量清洁区；三江平原除富锦市、宝清县，其他区域均为土壤环境质量清洁区。

1. 三江平原

三江平原农产品产地土壤环境质量整体较好。As、Cr、Cu、Pb、Zn环境质量等级均为清洁。Cd、Ni超标点位零散分布在双鸭山市宝清县，点位超标率分别为1.90%、5.6%。Hg超标点位仅分布在富锦市，点位超标率为0.40%。三江平原是今日的“北大仓”，境内有52个国有农场和8个森林工业总局，是国家重要的商品粮生产基地，年总产量达1 500万t，商品率和机械化程度全国第一。为追求产量，广泛使用农业机械、大量施用化肥和农药，很可能引起土壤重金属超标（曹宏杰等，2014）。三江平原境内天然沼泽湿地残存分布，有6个国家级湿地自然保护区，其中3个被列入了国际重要湿地名录。三江平原东北部存在洪河和三江两块国家级重要湿地，环境保护力度很大，周边农田开垦较晚，农田肥力较高，环境容量的提升与保护应受到重视（张继舟等，2014）。

2. 松嫩平原

松嫩平原农产品产地各土壤监测点位Cu、Hg、Pb环境质量等级均为清洁。松嫩平原农产品产地土壤监测点位重金属超标率详如表2-3所示。Cd、Zn、Ni超标点位主要分布在长春市九台区，点位超标率分别为6.2%、1.00%、0.40%。舒兰市Cd以及龙江县As超标现象也不容忽视，点位超标率分别为2.40%、0.30%。据2002年文献报道，松嫩平原污染源主要包括工业“三废”，沿嫩江分布的化工、制糖、制革等工业污染排放企业约有2 800家，每年排放废水1 200万t；仅齐齐哈尔江段排入嫩江的废水占整个嫩江纳污总量的70%。与“七五”和“六五”期间松嫩平原土壤背景值比较，灌区中大部分有毒元素呈增加趋势，部分也有减少（张秋英、赵英，2000）。导致松嫩平原土壤污染的主要原因有：农药和化肥的大量施用，残留农膜、畜禽养殖、大气粉尘沉降、固废堆弃等（王粟等，2014）。

表2–3　松嫩平原农产品产地土壤监测点位重金属超标情况

单位：个，%

地区	指标	样点数	P_i平均值	点位超标率
龙江县	As	314	0.315	0.30
	Ni		0.570	0.60
九台区	Cd	517	0.448	6.20
	Ni		0.555	0.20
	Zn		0.292	0.40
永吉县	Cd	348	0.429	0.60
	Ni		0.574	0.60
舒兰市	Cd	422	0.488	2.40
农安县	Cr	619	0.286	1.00
	Ni		0.402	0.60
榆树市	Cr	631	0.366	0.30
	Ni		0.538	1.00
甘南县	Ni	129	0.623	0.80

注：P_i为重金属i的单因子污染指数，根据《食用农产品产地环境质量评价标准》中的单因子污染指数方法计算得到。

3．辽河平原

辽河平原农产品产地土壤Pb环境质量等级均为清洁。Hg超标点位主要分布在辽阳市，点位超标率分别为12.50%。据2011年文献报道，辽阳市人多地少，化肥农药的施用量为东三省用量最大的地区之一。辽阳市化肥年施用量远超过国家设置的安全施用值上限、化肥利用率低、流失量高导致了农田土壤污染。由于环保基础设施缺乏和环境管理滞后，辽阳市每年产生的生活垃圾几乎全部露天堆放，每年产生的农村生活污水几乎全部直排，使农村聚居点周围的环境质量严重恶化（金丹、郑冬梅、孙丽娜，2015）。尤其值得注意的是，即使在辽阳农村现代化进程较快的地区，这种基础设施建设和环境管理落后于城镇化发展水平的现象并没有随着经济水平的提高而改善，环境污染对人类健康的威胁与日俱增。辽阳乡镇企业废水和固体废物等主要污染物排放量已占工业污染物排放总量的50%以上，而且由于乡镇企业布局不合理，污染物处理率也显著低于工业污染物平均处理率（王姗姗等，2010）。人口密集集约化畜禽养殖地区的环境容量小（没有足够的耕地消纳畜禽粪便，生产地点离人的聚居点近或者处于同一个水资源循环体系中），加之乡镇企业规模和布局没有得到有效安排，未避开生态功能区，造成畜禽粪便还田比例低、直接产生危害。

As超标点位仅零散分布在沈阳市、阜新蒙古族自治县，点位超标率分别为0.50%、0.90%。辽河平原农产品产地Cu超标点位集中分布于平原东南部的沈阳市及抚顺市周边，点位超标率分别为3.60%、11.50%。沈阳市西南区域土壤重金属Cu尚清洁点位连片分布。辽河平原农产品产地土壤Cd超标问题尤为突出，超标点位密集分布于锦州市、沈阳市、抚顺市，点位超标率分别为69.20%、19.90%、7.70%。Cr超标点位主要分布在抚顺市，点位超标率为11.50%，其次分布在锦州市，点位超标率为7.70%。Ni超标点位主要分布在抚顺市，点位超标率为34.60%，其次分布在锦州市，点位超标率为7.70%。沈阳市到海城市之间的区域土壤重金属Ni尚清洁点位连片分布。辽河平原农产品产地土壤监测点位重金属超标率如表2-4所示。

表2-4　辽河平原土壤点位重金属超标情况

单位：个，%

地区	指标	样点数	P_i平均值	点位超标率
沈阳市	As	221	0.365	0.50
	Cd	221	0.905	19.90
	Cu	221	0.505	3.60
	Hg	221	0.216	0.90
	Ni	217	0.659	0.90
阜新蒙古族自治县	As	450	0.245	0.90
	Cr	294	0.297	0.70
	Ni	450	0.439	0.90
公主岭市	Cd	558	0.407	3.00
	Hg	558	0.141	0.70
	Ni	558	0.477	0.40
梨树县	Cd	555	0.360	0.70
	Ni	555	0.467	0.20
辽中县	Cd	75	0.451	4.00
	Ni	75	0.573	2.70

（续）

地区	指标	样点数	P_i平均值	点位超标率
抚顺市	Cd	26	0.782	7.70
	Cr	26	0.492	3.80
	Cu	26	0.682	11.50
	Ni	26	0.890	34.60
北镇满族自治县	Cd	65	0.498	1.50
锦州市	Cd	13	1.570	69.20
	Cr	13	0.404	7.70
	Ni	13	0.576	7.70
海城市	Cd	318	0.427	1.30
	Cu	318	0.391	0.30
鞍山市	Cd	32	0.608	3.10
辽阳县	Cd	105	0.584	2.90
	Cu	95	0.489	1.10
	Ni	95	0.679	1.10
灯塔县	Cd	73	0.603	5.50
	Ni	50	0.704	4.00
法库县	Cr	117	0.316	0.90
	Hg	117	0.121	0.90
黑山县	Cr	131	0.255	1.50
锦州市	Cr	13	0.404	7.70
	Ni	13	0.576	7.70
辽阳市	Hg	8	0.512	12.50
大洼县	Ni	156	0.496	0.60

注：P_i为重金属i的单因子污染指数，根据《食用农产品产地环境质量评价标准》中的单因子污染指数方法计算得到。

张士灌区位于沈阳西郊，距市区3km。1962年以来，引用卫生明渠污水灌溉稻田，面积为2 800hm^2。1974年首次监测出灌区糙米含Cr量最高达2.6mg/kg。1975年沈阳市Cr污染联合调查组对灌区土壤、稻米、灌溉水、人体健康等进行了全面调查（徐晟徽等，2007），发现灌溉水中含Cr量达30～1 431μg/L。灌区上游有330hm^{2}土地属严重污染区，糙米平均含Cr量为1.06mg/kg。造成张士灌区污染的原因主要是水污染，灌溉水源被沈阳市最大的Cr污染源——沈阳冶炼厂所污染。至2007年，张士灌区Cr污染仍很严重，样品糙米含Cr量为0.435～0.855mg/kg，均超过国家食品卫生标准，该浓度与1987年相比有上升的趋势，增加了335%～755%。土壤pH下降使土壤酸化，导致土壤中的Cr更多地转变为生物有效态Cr，占总量的22.8%～52.0%，易被作物吸收，导致水稻含Cr量超标。重金属污染物随着地表径流、地下水及飘尘等移动方式发生迁移转化，使污染范围逐渐扩大。至2017年，张士灌区下游彰驿站镇土壤Cr含量为0.47～2.49mg/kg，超过国家土壤环境质量二级标准（GB 15618—1995），且超过当地背景值1.47～12.11倍（付玉豪等，2017）。土壤中Cr形态特征分布为残渣态、弱酸提取态、可还原态、可氧化态。水稻植株各器官Cr含量分布趋势为根、茎、叶、糙米；有41.6%的糙米样品超过国家相应的食用标准，目前多以轻度污染为主。由此可见，张士灌区污染事件对沈阳市农产品产地土壤环境造成了长期的、难以逆转的危害。

锦州市农村每年生活垃圾排放量约60万t，生活污水约0.5亿t。由于农村基础设施相对落后，对污水缺乏有效收集治理措施，生活污水排放分散、水量小，污水收集难度大、建设成本高，管网覆盖率低，少数村镇污水处理厂运行效率低、处理效果差（张冠男，2017）。农村生活垃圾不能得到有效处理，生活垃圾在沟渠、村头路边，随意乱倒堆积，成为新的污染源。同时，随着人民生活水平的提高，农村的生活垃圾组成日趋复杂，有毒、有害物质增多，农村有机废弃物还田积极性不高，土地消解比例下降。垃圾处理率低、处理设施建设不完善和管理落后等问题，导致大部分污水随意排放，垃圾排放多为填沟、填坑、沿河排放和露天堆放，严重影响村容村貌，雨季被冲入河流造成环境污染。城市生活垃圾向农村转移的现象仍然存在，清运车将垃圾倾倒在农村，成为农村环境的“潜在污染源”。随着农业产业结构的调整，锦州市农村养殖专业户越来越多，规模逐渐扩大，但是大多数养殖专业户对畜禽场排放废弃物的处理和贮运能力不足，畜禽产生的固体粪便随意露天堆放，不能及时进行有效的无害化处理，造成臭气四溢、粪水横流。畜禽场产生的废液污水，多数就近直接排入沟渠，导致农民生产和生活环境污染加剧。未经过无害化处理的畜禽粪便直接作为肥料，一遇大雨，粪便污水随地表径流扩散。农药、化肥及农膜的大量使用，使农产品的污染居高不下，“白色污染”有增无减。农民盲目追求农产品单产，超量或不科学使用化肥，使农产品质量降低的同时，过量的农药化肥随地表径流造成污染扩散。此外，滥用农药使粮食、果蔬等农产品受到污染，同时还影响到有益生物与生物多样性的保护，致使生态失去平衡。大量使用地膜或塑料大棚，可以使农作物早结果、早上市，但不容忽视的是，大量使用地膜但不进行清理或科学处理，对土壤十分有害，造成了农用地膜污染严重。

2008—2009年开展的全国第一次污染源普查结果表明，海城市种植业污染的主要来源有以下几个方面：农药、化肥、农膜的使用，使耕地和地下水资源受到污染，即农药残留、化肥重金属超标、白色垃圾污染；农作物秸秆大部分未被有效利用，成为种植业污染的另一来源；生产、生活中的垃圾由于缺乏有效的排水和垃圾清运处理系统，直接排放或沉积在田间地面，最终造成污染（刘海玉，2010）。海城市共有32个镇区（农场），408个行政村，约有农业人口23万户、近83万人，农业污染问题严重，治理困难。

4．海河平原

海河平原农产品产地土壤Cr超标点位仅分布于迁安县，点位超标率为0.90%。Pb、Zn超标点位仅分布于天津市，点位超标率分别为0.40%、1.40%。海河平原农产品产地土壤Cu超标点位主要分布在赵县，点位超标率为5.70%，其次为昌黎县、天津市，点位超标率分别为5.20%、1.60%。海河平原农产品产地土壤As超标点位在天津市、永清县周边相对较多，且零散分布，点位超标率分别为1.1%、3.3%。

海河平原农产品产地土壤Cd超标点位密集分布于平原中部天津市，点位超标率为11.30%。Cd超标点位零散分布于迁西县、北京市、栾城县、唐海县，点位超标率分别为33.30%、1.8%、9.10%、2.50%。海河平原农产品产地土壤Hg超标点位在天津市零散分布，在北京市密集分布，点位超标率分别为5.30%、9.80%。

据文献报道，天津土壤重金属污染元素多、面积广、程度深，且随着工业的发展和水资源的持续紧缺，污染将进一步加剧（毛建华、陆文龙，2000）。天津菜田耕层土壤中除静海、宝坻、蓟县，其他区县的Cu、Pb、Cd、Hg、As、Ni、Zn含量均超过土壤背景值，其中Cd和Hg的污染已到十分严重的地步。东丽区菜田土壤受到重金属污染最重，其中以Cr的污染最严重。该区菜田表土中Cr平均含量为0.857mg/kg，高于菜田土壤背景值8倍，相当于国家环境二级标准的1.4倍。底层土壤（60～80cm）Cr平均含量0.28mg/kg，是菜田土壤背景值的2.3倍。东丽区蔬菜中Cr含量超标区域与土壤Cr污染分布是一致的。油菜、大白菜、菠菜、莴笋等7种蔬菜超标，其中油菜Cr含量最高值达0.198mg/kg，超过食品卫生标准近4倍，芹菜叶的Cr含量最高达0.417mg/kg，超标8倍多。西青区菜田耕层土壤中Cd平均含量为0.585mg/kg，是全市园田土壤背景值（0.056mg/kg）的10倍多。Hg平均含量为1.81mg/kg，是全市园田土壤背景值（0.025mg/kg）的72.4倍。西青、津南和北辰3个区的水萝卜、菠菜、油菜、芹菜和大白菜等7种蔬菜Hg的污染率达38%，而Cd的污染率达76%。菜田和蔬菜重金属污染主要是受污水、污泥的影响，如东丽区受北排污河污水影响，武清县受北京排污河污水影响，致使土壤及蔬菜中重金属含量大大超过相关标准，垃圾、磷肥的普遍使用也是农田重金属污染的重要原因（宋文华等，2017）。土壤重金属污染，一方面，将对绿色和无公害蔬菜的发展产生严重的副作用；另一方面，也将严重影响天津城乡居民的身心健康。天津市作为全国大城市中缺水最严重的城市之一，淡水资源人均占有量是全国人均占有量的1/15，农业用水极度缺乏，致使部分地区常年引污农灌已达40多年。三大排污河灌区常年污水灌溉和使用污泥，造成农业环境逐年变劣。据2006年农业环境质量调查资料显示，天津市污灌面积达14.7万hm^2，在污灌区域内遭受重金属污染的土地面积占污水灌区面积的64.8%，其中轻、中度污染的面积占总污灌面积的62.7%，严重污染的面积占总污灌面积的6.27%，清洁区只占总污灌面积的1/5，超标最重区域分布在南、北排污河灌区。随着农用物资的大量投入和乡镇企业的大力发展，其他非污灌区的农田土壤环境质量也有不同程度的重金属污染，在27.3万hm^2的监测面积中，清洁区的面积占总监测面积的54.46%；污染面积占总监测面积的45.54%，其中超标面积占1.28%。2017年，天津市土地总面积为119.168 8万hm^2，农用地面积71.5万hm^2，其中耕地面积44.4万hm^2；建设用地总面积38.82万hm^2，未利用地面积8.82万hm^2。总体来看，天津市土壤环境质量处于较好的状态，仅部分污染物在局部地区出现超标现象。根据天津市典型近郊农业产地调查，近郊农田中As、Hg、Zn、Pb、Cu、Cr、Cd等重金属，高于天津土壤背景值和全国土壤背景值，Cd、Cu、Hg在个别点位出现超标现象（田丽梅等，2006）。大部分污染区集中在中心城区周边，与污灌区域吻合，污灌区土壤Cd污染相对较重。有机污染则以六六六、滴滴涕为主，呈零星分布。此外，工矿企业周边、工业聚集区以及历史工业企业搬迁场地也出现部分污染超标现象。

随着产业结构的调整，迁西县经济迅速发展，同时也引发了许多环境问题（孟丽静、李彦丽，2005）。人均耕地面积由1949年0.11hm^2下降到当前的0.052hm^2，平均每年增加3 210人，减少耕地面积50hm^2。目前，全县水土流失面积达625km^2，占全县土地总面积的43.4%，年土壤侵蚀模数达2 700t/km^2，年土壤侵蚀量达到192.9万t，也加剧了农业生态环境的退化。工矿企业是土壤重金属污染的主要成因，例如迁西县洒河桥镇曾出现尾矿向大黑汀水库非法倾倒现象，非法倾倒的尾矿向库内填埋10多m，形成舌状堰塞体，严重侵占河道。据统计，水库周边有旅游设施70多处、旅游船只150多艘、选矿企业20多家、6个入河排污口。

2016年，北京各区县中，规模相对较大的中高级别工业开发区有34个，产业涉及石油化工、医药、冶金与机械制造、电子信息、航空物流、食品加工、纤维橡塑与纺织印染、造纸印刷等，具有类型各异、程度不同的环境污染特征。部分学者对工业区与重金属污染进行了大量研究，证明两者存在一定的关联性，工业区是土壤Cu、Pb、Zn、Cd、Hg重金属污染的主要原因。

栾城县是一个以农业为主的地区，自20世纪七八十年代起，洨河流域地区曾大面积使用污水灌溉农作物（高海楼等，2011）。石家庄市80%以上的污水排入东明渠和洨河，据计算，2010年石家庄年污水产生量为3.9亿m^3左右（崔邢涛等，2010），而石家庄市区当时仅有2座污水处理厂，致使其中大量污水未经处理便经污水管网直接排入洨河，且洨河无任何防渗措施（栾文楼等，2009）。长期的污水渗漏可能导致土壤化学组分含量普遍偏高（谷宁，2002；裴青、杜丽娟、刘淑玲，2001）。

唐海县道路密集，农田、村庄、工业用地交错分布。县内主要企业有造纸厂、化肥厂等重污染工业，县外南临唐山市南堡化学工业区。唐海县农田土壤不仅受农业化工原料污染，而且易受工业、交通等污染（栾文楼等，2010）。

海河平原农产品产地土壤Ni超标点位零散分布在天津市、蓟县、卢龙县，点位超标率分别为1.60%、1.00%、2.40%。土壤Ni超标点位在遵化县密集分布，点位超标率为29.53%，需要引起重视。土壤Ni尚清洁点位在平原西南部的涿州市、保定市、石家庄市、沙河市一带连片分布。海河平原农产品产地土壤监测点位重金属超标率如表2-5所示。

表2-5 海河平原土壤点位重金属超标情况

单位：个，%

地区	指标	样点数	P_i平均值	点位超标率
永清县	As	61	0.526	3.30
天津市	As	973	0.430	1.10
	Cd	973	0.590	11.30
	Cr	973	0.229	0.20
	Cu	936	0.336	1.60
	Hg	973	0.213	5.30
	Ni	936	0.549	1.60
	Pb	973	0.116	0.40
	Zn	936	0.385	1.40

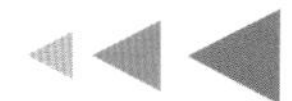

（续）

地区	指标	样点数	P_i平均值	点位超标率
武清县	As	847	0.390	0.50
	Cd	848	0.319	2.40
	Cu	846	0.284	0.50
	Hg	848	0.138	1.90
	Ni	846	0.529	0.40
	Zn	846	0.285	0.70
宁河县	As	425	0.341	0.70
	Cd	426	0.229	0.20
	Hg	425	0.066	0.20
	Ni	417	0.579	0.70
	Zn	417	0.287	0.20
静海县	As	608	0.512	0.20
	Cd	608	0.239	1.00
	Cu	604	0.307	0.80
	Hg	608	0.089	1.50
	Ni	604	0.552	0.80
	Zn	604	0.260	0.70
北京市	Cd	163	0.442	1.80
	Cu	163	0.301	0.60
	Hg	163	0.338	9.80
蓟县	Cd	399	0.260	0.30
	Cr	399	0.322	0.30
	Cu	399	0.318	0.30
	Hg	399	0.086	1.00
	Ni	391	0.607	1.00
迁安县	Cr	109	0.303	0.90
	Cu	109	0.267	0.90
	Ni	109	0.468	1.80
通州区	Cd	319	0.230	0.60
	Hg	309	0.182	3.20
宝坻县	Cd	593	0.271	0.20
	Ni	593	0.561	0.20
清苑县	Cd	117	0.244	0.90
栾城县	Cd	22	0.602	9.10

（续）

地区	指标	样点数	P_i平均值	点位超标率
行唐县	Cd	30	0.438	3.30
大兴区	Cd	79	0.374	1.30
迁西县	Cd	3	0.719	33.30
唐山市	Cd	37	0.317	2.70
唐海县	Cd	40	0.472	2.50
阜宁县	Cu	320	0.248	0.30
昌黎县	Cu	58	0.242	5.20
博野县	Cu	17	0.428	5.90
赵县	Cu	106	0.293	5.70
宁晋县	Cu	59	0.347	3.40
卢龙县	Ni	41	0.605	2.40
安新县	Ni	34	0.687	2.90

注：P_i为重金属i的单因子污染指数，根据《食用农产品产地环境质量评价标准》中的单因子污染指数方法计算得到。

5．黄泛平原

黄泛平原农产品产地土壤Pb环境质量等级均为清洁。As、Cr、Cu、Zn环境质量等级总体清洁。Hg超标点位分布在高青县、济源市、安阳市，点位超标率分别为5.00%、5.30%、8.30%。Ni超标点位零散分布在平原东南部的高青县、郯城县、新乡市，点位超标率分别为11.10%、21.60%、9.10%。黄泛平原农产品产地土壤Cd超标点位集中分布在平原西部的济源市、新乡市、安阳市、辉县，零散分布在曲阜市、连云港市，点位超标率分别为47.40%、63.60%、50.00%、14.60%、9.40%、44.40%。黄泛平原农产品产地土壤监测点位重金属超标率如表2-6所示。

小清河发源于济南市泉群及南部山区，流经高青县南部边界，是两岸居民灌溉和饮用的主要水源。随着两岸工农业生产的发展，尤其是近年来工业的高速发展，大量工矿企业废水和生活污水不断排入小清河，使河水受到了严重污染，小清河河水呈黑色，有悬浮物、白沫、异味，尤其在枯水期，高青县境河道中几乎全为污水，水质污染严重。小清河污水灌溉历史已久，自20世纪60年代始，约有50年历史（付东叶、高明波、朱国庆，2007）。区内污水灌溉面积约4 533hm^2，每年灌溉5～6次，灌溉用水量约0.3亿t，其灌溉方式通过渠道直接漫灌于农田中，灌渠长约1 000～1 500m。污灌区内包气带岩性厚度在4m左右，岩性以砂性土为主，黏性土厚度小。经多年污灌，土壤具有吸附有

害组分的能力已达临界值，土壤纳污自净能力已较弱，致使土壤向环境输出污物，更促进和加快了污水对浅层地下水的污染。

据相关研究报道，济源市土壤污染面积达117.19km^2（刘洪战，2016）。济源市位于河南西北部，是全国重要的铅锌深加工基地，已有电解铅（合金铅）企业35家，其中兼粗铅冶炼的大型企业3家，这些企业在促进当地经济发展的同时，对当地的土壤环境及生态安全也带来了严重影响（段来成，2009）。

安阳市是一个工业、农业并举发展的城市，钢铁行业作为安阳市的支柱行业，在为安阳经济做出巨大贡献的同时，不可避免地影响了当地农产品产地环境质量。铅冶炼企业对安阳农产品产地环境质量的影响主要体现为对土壤环境质量的影响，企业集中区农产品产地环境质量等级为中度污染。

新乡市土壤Cd最低值出现在市区西北部太行山脚下的辉县市峪河乡峪河村，最高值出现在市区主城区东南部的新乡县古固寨乡前辛庄村。新乡市各县市区土壤Cd平均值排序：辉县市＜长垣县＜原阳县＜获嘉县＝市辖区＜封丘县＜卫辉市＜延津县＜新乡县。新乡市是我国著名的轻工业城市，电池企业较多（约有200多家），规模较大的电池企业有30多家，企业排放电池废水所造成的土壤重金属污染问题较为突出（朱桂芬等，2009），2005年、2007年、2009年曾有研究报道存在电池废液灌溉农田现象。由于长期采用电池废水灌溉，新乡市寺庄顶污灌区土壤中Cd、Ni和Zn总量严重超标。土壤中Cd主要以铁—锰氧化物结合态存在，Ni主要以铁—锰氧化物结合态和残余态存在，Zn主要以残余态存在，Cr主要以铁—锰氧化物结合态和残余态存在，Cu主要以有机结合态存在（崔秀玲、徐君静、周速，2013）。新乡市寺庄顶污灌区小麦籽实中Cd和Ni含量严重超标，长期电池废水灌溉已对小麦食品安全造成严重威胁（王学锋等，2007）。新乡市寺庄顶污灌区小麦籽实中重金属与土壤重金属含量的相关性分析表明，小麦中Cd、Zn含量与土壤中Cd、Zn总量、可交换态、铁—锰氧化物结合态及有机结合态相关性显著（王学锋等，2007；张麦生等，2009）。

表2-6　黄泛平原土壤点位重金属超标情况

单位：个，%

地区	指标	样点数	P_i平均值	点位超标率
安阳市	Cd	12	0.889	50.00
	Hg	12	0.410	8.30

（续）

地区	指标	样点数	P_i平均值	点位超标率
博兴县	Cd	146	0.363	2.10
	Ni	146	0.469	1.40
东海县	Cd	600	0.328	1.00
	Ni	384	0.646	6.30
高青县	Hg	20	0.151	5.00
	Ni	9	0.557	11.10
济南市	Cd	55	0.412	1.80
	Zn	55	0.384	3.60
济源市	Cd	19	0.949	47.40
	Hg	19	0.233	5.30
莱阳市	Cd	32	0.255	3.10
	Hg	110	0.136	0.90
	Zn	100	0.363	1.00
齐河县	Cd	178	0.224	0.60
	Ni	178	0.439	0.60
曲阜市	Cd	96	0.522	9.40
	Zn	96	0.334	3.10
郯城县	Cd	98	0.309	1.00
	Cu	98	0.275	1.00
	Ni	97	0.669	21.60
新泰市	Cd	100	0.472	6.00
	Ni	100	0.452	1.00
	Zn	100	0.306	3.00
新乡市	Cd	11	1.411	63.60
	Ni	11	0.713	9.10
新乡县	As	127	0.372	0.80
	Cd	127	0.216	1.60
	Hg	127	0.097	0.80
新沂市	Cd	226	0.379	1.30
	Hg	226	0.074	0.40
安阳县	Cd	191	0.252	2.60
东阿县	Cd	47	0.401	2.10
广饶县	Cd	75	0.216	1.30
辉县市	Cd	41	0.597	14.60

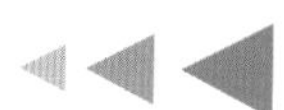

（续）

地区	指标	样点数	P_i平均值	点位超标率
获嘉县	Cd	25	0.344	4.00
汤阴县	Cd	35	0.492	2.90
文登市	Cd	18	0.420	5.60
修武县	Cd	105	0.387	1.90
阳谷县	Cd	69	0.303	1.40
原阳县	Cd	63	0.311	1.60
连云港市	Cd	9	1.183	44.40
曹县	Ni	71	0.599	1.40
怀远县	Ni	65	0.725	1.50
利津县	Ni	120	0.513	4.20
淄博市	Zn	96	0.413	5.20

注：P_i为重金属i的单因子污染指数，根据《食用农产品产地环境质量评价标准》中的单因子污染指数方法计算得到。

6. 淮北平原

淮北平原农产品产地土壤As、Cr、Cu、Pb、Zn环境质量等级均为清洁。Cd超标点位零散分布于洛阳市、信阳市、郑州市周边，点位超标率分别为19.20%、6.00%、1.40%。Hg超标点位零散分布在禹州市、洛阳市、叶县，点位超标率为1.30%、3.80%、1.40%。Ni超标点位分布在渑池县，点位超标率为3.60%。平原东部土壤Ni尚清洁点位连片分布。淮北平原农产品产地土壤监测点位重金属超标率如表2–7所示。

洛阳市是我国著名的重工业城市之一。工业以装备制造、能源电力、石油化工、新材料和硅光伏及光电为主，城市西部分布有大量工厂。洛阳市工业区土壤污染较为严重，工业区、主干道和商业区达到强生态危害，Cd污染主要由人类活动造成（刘亚纳，2016）。

信阳市土壤主要污染源包括工业废水废渣、农业化肥农药、居民生活污水等，目前信阳浅层地下水已受到不同程度的污染，特别是信阳市老城区和工业重镇明港，居民和工业用水已过早地结束了几千年来就近取用浅层地下水的习惯。

郑州城市生活、工业活动加重周边农地的污染负荷，直接进入土壤的污染物、大气污染、沉降、酸雨使土壤环境压力增大；化肥农药大量使用，肥力下降，使土壤承载力加重，生产功能退化，从而使农业生产面临着诸多的问题。郑州市西部土壤Cd含量已经超出警戒线，有向北发展的趋势（李玲等，2008）。Hg在郑州市北郊超出背景值的二级标准，达到轻度污染，部分甚至达到中度污染，Hg污染最为严重的是惠济区的老鸦陈村，其来源主要是污水灌溉和喷洒农药。

表2–7　淮北平原土壤点位重金属超标情况

单位：个，%

地区	指标	样点数	P_i平均值	点位超标率
洛阳市	Hg	26	0.336	3.80
	Cd	26	0.576	19.20
信阳市	Cd	84	0.491	6.00
伊川县	Cd	54	0.385	3.70
郑州市	Cd	73	0.434	1.40
禹州市	Hg	80	0.113	1.30
叶县	Hg	71	0.144	1.40
渑池县	Ni	28	0.672	3.60

注：P_i为重金属i的单因子污染指数，根据《食用农产品产地环境质量评价标准》中的单因子污染指数方法计算得到。

7. 土壤重金属污染趋势

土壤重金属污染指数预估值根据1983—1985年背景值以及2008—2014年现状值计算。1983—1985年三江平原、松嫩平原、辽河平原、海河平原、黄泛平原、淮北平原土壤重金属Cd、Hg背景值依据《中国土壤元素背景值》确定，采用《食用农产品产地环境质量评价标准》中所述单因子指数法对背景值数据进行无量纲化处理。统计计算东北平原及黄淮海平原2008—2014年土壤重金属Cd、Hg单因子指数平均值，结果如表2–8、表2–9所示。

表2–8　北方主要农产品产地土壤重金属Cd单因子指数变化情况

单位：%

区域	1983—1985年平均值	2008—2014年平均值	年增长率	2035年预估值
三江平原	0.287	0.351	0.22	0.364
松嫩平原	0.244	0.283	0.13	0.290
辽河平原	0.360	0.399	0.14	0.410
海河平原	0.187	0.305	0.41	0.321
黄泛平原	0.248	0.314	0.23	0.326
淮北平原	0.247	0.346	0.34	0.364

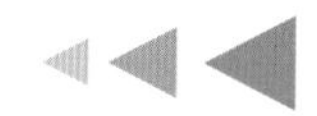

表2-9 北方主要农产品产地土壤重金属Hg单因子指数变化情况

单位：%

区域	1983—1985年平均值	2008—2014年平均值	年增长率	2035年预估值
三江平原	0.074	0.128	0.19	0.131
松嫩平原	0.037	0.069	0.11	0.070
辽河平原	0.074	0.120	0.16	0.122
海河平原	0.036	0.098	0.21	0.100
黄泛平原	0.038	0.061	0.08	0.062
淮北平原	0.068	0.095	0.09	0.096

1983—1985年三江平原、辽河平原土壤Cd、Hg单因子指数本底值均相对较高；同时，2008—2014年土壤Cd单因子指数平均值最高的为辽河平原（0.399），土壤Hg单因子指数平均值最高的为三江平原（0.128）。较高的本底值和自然因素可能是导致辽河平原、三江平原2035年土壤重金属Cd、Hg单因子指数预估值相对其他区域较高的主要原因；此外，化肥、农药的大量投入亦不可忽视。

1983—1985年海河平原土壤Cd、Hg单因子指数本底值均最低。至2008—2014年，Cd、Hg单因子指数年增长率最高的均为海河平原（0.41%、0.21%）。因此，人类生产、生活活动等外界因素可能是导致2035年海河平原Cd、Hg单因子指数预估值较高的主要原因。

到2035年，各区域土壤重金属Cd、Hg单因子指数预估值均呈上升趋势，应在党的十九大报告关于生态文明建设总体部署以及污染防治攻坚战的大背景下，更加重视北方主要农产品产地土壤环境保护。

（三）流域水质、空气质量与土壤环境质量的相关性分析

1. 流域水质与土壤环境质量的相关性

辽河平原农产品产地土壤重金属Cd、Cu超标点位主要集中分布于沈阳市和锦州市周边。辽河流域支流浑河流经沈阳市，据《2008中国环境状况公报》《2014中国环境状况公报》显示，2008年浑河（沈阳段）水质为劣Ⅴ类，2014年该段河流水质提升为Ⅳ类；而大凌河支流西细河流经锦州市，2008年水质为Ⅴ类，2014年提升至Ⅳ类；辽河沈阳段存在沿岸企业污水随意排放、居民垃圾随意堆放、季节性河流水体自身调节和净化能

力差、水土流失加剧、河岸生态恶化等问题，由其导致的洪涝灾害、水质恶化、生态环境退化等已经严重影响居民的生产生活，成为制约社会经济发展的重要因素。辽河平原土壤重金属Cd、Cu超标点位密集分布区域，其周边河流水质相对其他区域较差，地表流域水质与土壤重金属环境质量具有一定相关性。

海河平原农产品产地土壤重金属Cd、Hg、As、Cu超标点位主要集中分布在天津、北京市周边。潮白新河、永定新河、北运河流经北京市及天津市，据《2008中国环境状况公报》《2014中国环境状况公报》显示，潮白新河（天津段）水质在2008年为Ⅴ类，2014年水质下降为劣Ⅴ类；2008年潮白新河（北京段）水质为Ⅲ～Ⅳ类，2014年水质为Ⅱ～劣Ⅴ类，北京东南部河段水质下降；2008年、2014年永定新河（天津段）、北运河水质均为劣Ⅴ类。北京市及天津地区河流水质相对海河平原其他区域较差，并且河流水质呈下降趋势。海河平原水质较差流域附近土壤重金属Cd、Hg、As、Cu超标点位密集分布。

黄泛平原农产品产地土壤重金属Cd超标点位主要分布于济源市、新乡市、安阳市。大沙河流经上述区域，据《2008中国环境状况公报》《2014中国环境状况公报》显示，其水质均为劣Ⅴ类，与该区域内土壤重金属Cd超标问题存在一定相关性。

2. 空气质量与土壤环境质量的相关性

2013年东北平原和黄淮海平原空气环境质量情况统计结果表明，海河平原北部唐山、石家庄、邢台、邯郸、保定、天津空气环境质量均较差（表2-10）；2014年东北平原和黄淮海平原空气环境质量情况统计结果表明，全年空气综合质量较2013年有所下降（表2-11）。空气环境质量相对较差的市县，其土壤环境质量、地表水质也相对较差。大气沉降是有害物质进入土壤的一种重要途径，是影响农田生态系统安全的重要因素（康树静，2014）。重金属元素可通过化石燃料燃烧、汽车尾气、工业烟气、粉尘等进入大气，吸附在气溶胶上，然后通过干湿沉降的方式进入土壤，可在表层土壤中不同程度地累积（韩朴，2015）。而海河平原北部城市相对东北平原和黄淮海平原其他城市，空气环境质量较差，污染物在这些区域易通过大气干湿沉降在水—土—气交互系统中进行迁移。

表2-10　2013年北方主要农产品产地主要城市空气环境质量情况

序号	2013年6月		2013年12月	
	城市	环境空气综合质量指数	城市	环境空气综合质量指数
1	唐山	6.58	邢台	12.00
2	石家庄	6.54	石家庄	11.22

（续）

序号	2013年6月		2013年12月	
	城市	环境空气综合质量指数	城市	环境空气综合质量指数
3	邢台	6.29	邯郸	9.06
4	邯郸	5.77	保定	8.80
5	保定	5.73	衡水	8.57
6	衡水	5.27	唐山	6.93
7	济南	5.26	郑州	6.44
8	天津	5.20	济南	6.42
9	郑州	5.01	廊坊	6.41
10	北京	4.83	哈尔滨	6.39
11	徐州	4.68	天津	6.24
12	廊坊	4.41	连云港	6.13
13	沧州	4.15	沈阳	6.09
14	承德	3.71	徐州	5.84
15	秦皇岛	3.61	沧州	5.63
16	连云港	3.52	青岛	5.51
17	沈阳	3.40	长春	5.13
18	长春	3.13	秦皇岛	4.62
19	张家口	3.21	北京	4.12
20	青岛	3.07	承德	3.26
21	哈尔滨	2.84	张家口	3.03

表2-11　2014年北方主要农产品产地主要城市空气环境质量情况

序号	2014年6月		2014年12月	
	城市	环境空气综合质量指数	城市	环境空气综合质量指数
1	邢台	7.88	保定	16.36
2	唐山	7.81	邯郸	11.99
3	石家庄	7.71	石家庄	11.78
4	济南	7.48	邢台	11.19
5	邯郸	7.44	衡水	10.60
6	徐州	7.27	唐山	10.56
7	保定	7.16	沈阳	9.53
8	郑州	6.90	郑州	9.47
9	衡水	6.62	哈尔滨	9.45

（续）

序号	2014年6月		2014年12月	
	城市	环境空气综合质量指数	城市	环境空气综合质量指数
10	连云港	5.93	天津	9.43
11	天津	5.90	沧州	9.27
12	廊坊	5.70	济南	9.27
13	北京	5.55	廊坊	8.69
14	沈阳	5.52	秦皇岛	8.30
15	沧州	5.39	徐州	7.89
16	长春	4.96	连云港	7.67
17	青岛	4.87	青岛	7.10
18	秦皇岛	4.80	长春	7.25
19	承德	4.48	北京	6.24
20	哈尔滨	4.05	承德	5.17
21	张家口	3.18	张家口	4.45

二、北方主要农产品产地土壤污染风险等级区划

（一）土壤污染风险等级区划方法

本报告依据瑞典著名地球化学家Hakanson提出的基于土壤重金属的性质及环境行为特点的潜在生态指数法（The Potential Ecological Risk Index）（徐争启等，2008；陈京都等，2012），从沉积学、生态学角度出发，综合考虑土壤重金属含量及其生态效应、环境效应、人体毒理学效应（林丽钦，2009；秦鱼生等，2013），对土壤重金属污染风险等级进行评价。

$$C_f^i = C_i / C_n^i, \ E_r^i = T_r^i C_f^i \qquad \text{（式2-1）}$$

式中，C_f^i、T_r^i和E_r^i分别为第i种重金属污染系数、农产品毒性系数和潜在生态危害系数（污染风险等级）；C_i为土壤重金属含量实测值；C_n^i为当地土壤重金属含量背景参考值。

农产品的重金属毒性系数主要反映重金属的毒性水平和生物对重金属污染的敏感程度，不同农产品对土壤中不同重金属的吸收系数、富集能力不同，查阅研究区域各省份统计年鉴、相关文献等资料，对研究区域内主要农作物类型进行统计，确定不同土壤重金属毒性

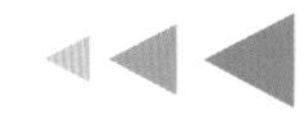

系数（表2–12）；参考全国和各省份土壤污染状况调查公报、《中国土壤元素背景值》、文献等资料，得出我国北方地区主要农产品产地土壤重金属含量背景参考值（表2–13）。

表2–12　土壤重金属毒性系数参考值

指标	As	Cd	Cr	Cu	Hg	Ni	Pb	Zn
小麦	10	30	10	5	40	5	5	1
玉米	8	25	10	5	45	5	5	1
水稻	5	35	10	5	40	7	5	2

表2–13　不同区域土壤重金属含量背景参考值

单位：mg/kg

指标	土壤重金属背景参考值							
	As	Cd	Cr	Cu	Hg	Ni	Pb	Zn
农产品环境质量评价标准	25.0 (30.0)	0.3 (0.3)	300 (200)	100 (100)	0.5 (0.5)	50 (50)	80 (80)	250 (250)
三江平原	7.30	0.08	58.6	20.0	0.04	22.8	24.2	70.7
松嫩平原	9.41	0.07	42.8	18.3	0.03	24.4	21.4	53.6
辽河平原	9.33	0.14	62.5	22.0	0.05	28.5	24.3	59.2
海河平原	13.00	0.09	68.1	21.8	0.04	30.2	21.5	78.4
黄泛平原	10.30	0.07	60.3	19.7	0.03	28.3	19.6	60.1
淮北平原	9.40	0.06	58.9	22.5	0.03	25.5	20.1	90.6

注：参照《食用农产品产地环境质量评价标准》土壤pH6.5～7.5时各类水作农产品标准，括号内为旱作农产品标准限值；对实行水旱轮作、菜粮套种或果粮套种等种植方式的农地，执行其中较低的一项作物的标准值。

由于土壤重金属单因子污染指数评价结果的敏感性，本方法仅将污染风险系数设定为低等、中等、高等，具体数值不予以体现。将东北平原及黄淮海平原农产品产地8种重金属（As、Cd、Cr、Cu、Hg、Ni、Pb、Zn）污染指数评价结果与当地土壤重金属背景参考值再处理，计算单种土壤重金属污染风险指数，最终进行污染风险分级划分。土壤重金属污染风险分区控制图均通过ArcGIS 10.0空间插值—克里金法进行处理所得。

（二）土壤重金属污染风险空间分布特征

北方主要农产品产地土壤重金属污染高风险较为突出的是Cd、Hg。区划结果显示，东北平原和黄淮海平原8种重金属（As、Cd、Cr、Cu、Hg、Ni、Pb、Zn）污染风险较高的为Cd、Hg。土壤重金属Cd高等污染风险区域主要集中分布于辽河平原东部的沈阳市以及平原南部的锦州市、葫芦岛市。其次，三江平原双鸭山市、海河平原天津市及黄泛平原西南部的新乡市为土壤Cd高风险区域。Cd中等风险区域连片分布在辽河平原东部沈阳市、辽阳市、营口市、南部盘锦市，黄泛平原东部青岛市、中部济宁市、西部济源市以及海河平原的北部天津市、北京市，零散分布在三江平原双鸭山市、松嫩平原哈尔滨市和长春市、海河平原石家庄市、黄泛平原鹤壁市以及淮北平原郑州市、洛阳市、三门峡市周边。

经ArcGIS统计污染风险栅格数据结果表明，Cd高等污染风险区域面积在辽河平原、黄泛平原、海河平原、三江平原占比分别为4.26%、0.18%、0.16%、0.25%，中等污染风险区域面积在辽河平原、黄泛平原、海河平原、三江平原、淮北平原、松嫩平原占比分别为11.40%、9.44%、9.26%、1.75%、3.30%、2.73%。

沈阳市2009年农田土壤环境质量调查结果中发现，重金属总Cd超标率为3.8%；鲍士海（2013）在锦州市2012年基本农田土壤调查结果中发现，锦州市所辖的凌海市超标重金属为Cd，造成土壤污染的主要原因是土壤施用含有Cd的农药和肥料。三江平原黑土地区土壤重金属污染的研究结果表明，双鸭山市土壤重金属Cd含量平均值为0.10mg/kg，无明显超标现象。天津市郊农田土壤环境质量的研究结果表明，7.6%的土壤监测点位Cd生态风险达到极强水平。新乡市农田土壤重金属进行了生态风险评价结果表明，Cd平均潜在生态风险系数平均值属于极强生态污染级别。双鸭山市土壤Cd污染风险呈上升趋势，沈阳市、锦州市、天津市、新乡市土壤Cd污染风险不容忽视（表2-14）。

表2-14　我国北方主要农产品产地土壤重金属Cd高、中污染风险分布

区域	高风险	中风险
辽河平原	沈阳市、锦州市、葫芦岛市	沈阳市、辽阳市、营口市、盘锦市
三江平原	双鸭山市	双鸭山市
海河平原	天津市	天津市、北京市、石家庄市
黄泛平原	新乡市	青岛市、济宁市、济源市、鹤壁市
松嫩平原	—	哈尔滨市、长春市
淮北平原	—	郑州市、洛阳市、三门峡市

土壤重金属Hg高等污染风险区域主要分布于海河平原北京市、天津市以及辽河平原的沈阳市周边。Hg中等污染风险区域主要分布于辽河平原东南部锦州市、辽阳市、沈阳市，海河平原天津市、唐山市、安阳市以及淮北平原北部洛阳市、济源市、平顶山

市周边（表2-15）。

表2-15 我国北方主要农产品产地土壤重金属Hg高、中污染风险分布

区域	高风险	中风险
辽河平原	沈阳市	锦州市、辽阳市、沈阳市
三江平原	—	—
海河平原	北京市、天津市	天津市、唐山市、安阳市
黄泛平原	—	—
松嫩平原	—	—
淮北平原	—	洛阳市、济源市、平顶山市

经计算，Hg高等污染风险区域面积在海河平原、辽河平原占比分别为1.93%、1.42%，中等污染风险区域面积在海河平原、辽河平原、淮北平原、黄泛平原占比分别为4.99%、9.92%、3.11%、1.32%。

相较于2006年，2009年北京顺义区土壤中Hg元素含量明显升高，且在2009年的调查结果中Hg生态风险系数高区域与污灌范围明显关联（安永龙等，2016）。2005年天津市西青区农产品产地土壤环境质量的研究结果发现，重金属Hg在该区域仅有1个点位处于中等生态风险水平，其他均处于轻微生态风险水平。2005—2008年沈阳市农田土壤与污灌区土壤环境质量的监测结果显示，土壤总汞含量均值超背景值0.8倍，重金属汞点位超标率为2.5%。北京市土壤Hg元素污染风险呈上升趋势，天津市、沈阳市Hg污染风险不容忽视。

（三）土壤污染风险预测方法与案例分析

1. 农产品产地土壤污染风险预测分析方法

通过Logistic-CA模型对土壤污染风险演变进行预测模拟（邱孟龙，2016），流程如图2-1所示。首先，利用ArcGIS 10.2软件中渔网模块均匀布设样点，并对空间解释变量栅格数据图进行数据提取。然后，将2035年土壤Cd、Hg污染风险初步预测图作为因变量，通过样点进行数据提取后，与解释变量数据进行二元Logistic回归得到相应解释变量权重，并计算出Logistic回归方程，以Logistic回归方程将解释变量数据处理绘制出污染概率图。最后，结合自定义CA模型预测土壤环境污染风险演变情况，根据2035年污染风险初步预测图进行参数调整。CA模型中的阈值参数能够决定模拟结果中土壤污染风险是否达到污染水平。因此，在模拟过程中采取错误法对CA模型中的阈值参数进行调整，达到合适水平。

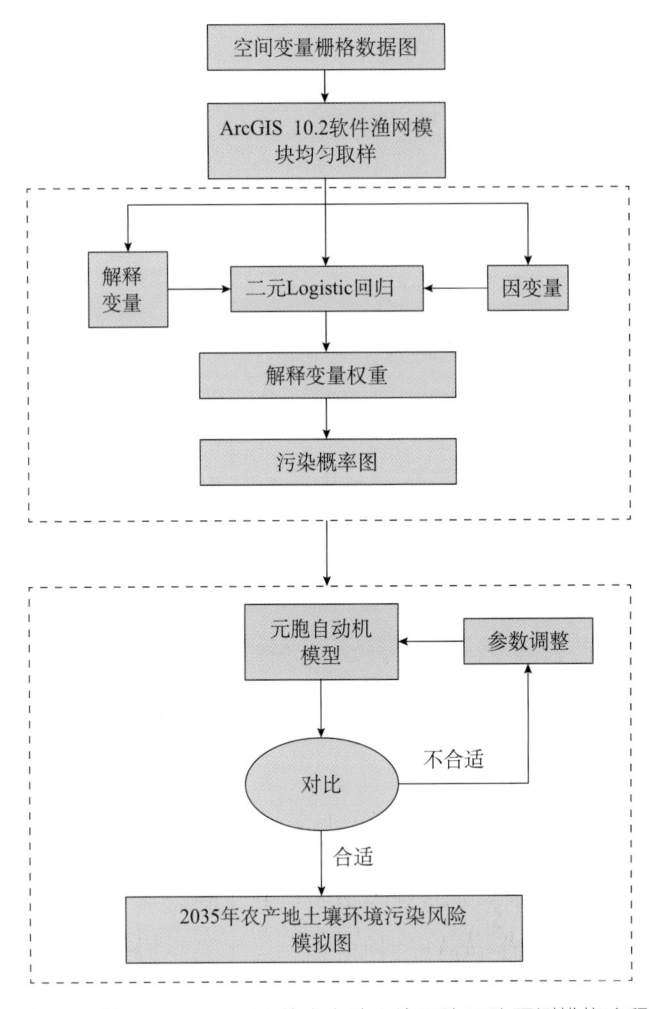

图2-1　基于Logistic-CA的农产地土壤污染风险预测模拟流程

采用ArcGIS 10.2对栅格数据进行重分类，得到海河平原2008—2014年和2035年土壤环境污染风险分布二元栅格图。综合考虑2035年土壤重金属Cd、Hg污染风险的影响因素，选取9个空间解释变量，以2008—2014年污染风险栅格数据为初始数据，对环境变量因素进行模拟。距特定变量的距离与土壤环境污染风险分布情况关系密切，选择5个距离变量：距地级市中心距离、距主要公路距离、距主要铁路距离、距主要河流距离、距重点污染企业距离。本方法土地利用变量主要考虑工矿用地密度。密度数据通过Fragstats 4.2软件对工矿用地分布情况的栅格数据图处理得到。土壤环境Cd、Hg污染风险分布现状，即模拟初始阶段（2008—2014年）农产地土壤的Cd、Hg污染风险值，对模拟目标年（2035年）的农产地土壤污染风险分布情况具有重要影响。

自然因素是土壤环境污染风险变化的基础性因素，由于数据获取的有限性，本方法仅收集到高程和坡度数据。在地理环境中，高程和坡度对人类社会活动的影响有着直接的限制作用，间接影响农产地土壤重金属元素的输入。为消除不同量纲之间的差异性，通过归一化对9个空间解释变量（表2-16）进行处理，提高不同指标间的可比性。具体计算公式：

$$W_i=(x_i-min_i)/(max_i-min_i) \quad \text{（式2-2）}$$

式中，W_i为变量i的归一化值；x_i是变量i原始值；max_i和min_i是变量i数据中的最大值和最小值。

表2-16　农产品产地空间解释变量

变量	原始数据范围	标准化数据范围	数据来源与处理
距地级市中心距离（DCC）	0 ~ 101km	0 ~ 1	土地利用现状数据；卫星遥感和奥维地图云端检索数据；ArcGIS 10.2中空间分析工具箱的欧氏距离分析
距主要公路距离（DH）	0 ~ 70km	0 ~ 1	土地利用现状数据；卫星遥感和奥维地图云端检索数据；ArcGIS 10.2中空间分析工具箱的欧氏距离分析
距主要铁路距离（DR）	0 ~ 100km	0 ~ 1	土地利用现状数据；卫星遥感和奥维地图云端检索数据；ArcGIS 10.2中空间分析工具箱的欧氏距离分析
距主要河流距离（DMR）	0 ~ 37km	0 ~ 1	土地利用现状数据；卫星遥感和奥维地图云端检索数据；ArcGIS 10.2中空间分析工具箱的欧氏距离分析
距重点污染企业距离（DPE）	0 ~ 129km	0 ~ 1	土地利用现状数据；卫星遥感和奥维地图云端检索数据；ArcGIS 10.2中空间分析工具箱的欧氏距离分析
工矿用地密度（LDIM）	0 ~ 15%	0 ~ 1	土地利用现状数据；ArcGIS 10.2中空间分析工具箱的线密度分析
农产地土壤Cd污染风险值（PRC）	116 ~ 326	0 ~ 1	农业部环境保护科研监测所提供数据（2008—2014年）；污染风险值的计算和ArcGIS 10.2中进行普通克里金插值
农产地土壤Hg污染风险值（PRH）	500 ~ 1 500	0 ~ 1	农业部环境保护科研监测所提供数据（2008—2014年）；污染风险值的计算和ArcGIS 10.2中进行普通克里金插值
高程（VE）	−184 ~ 2 290m	0 ~ 1	30m高程数据
坡向（VS）	0° ~ 35°	0 ~ 1	30m高程数据；ArcGIS 10.2坡度分析

为了进行模拟，将所有解释变量转化为30m分辨率的栅格图。以海河平原为例，通过ArcGIS 10.2数据管理工具中渔网模块进行均匀布设样点（共计2 234个），采用Spatial Analyst工具中提取分析模块将9种解释变量数据提取至样点。各解释变量对应的栅格数据如图2-2所示。

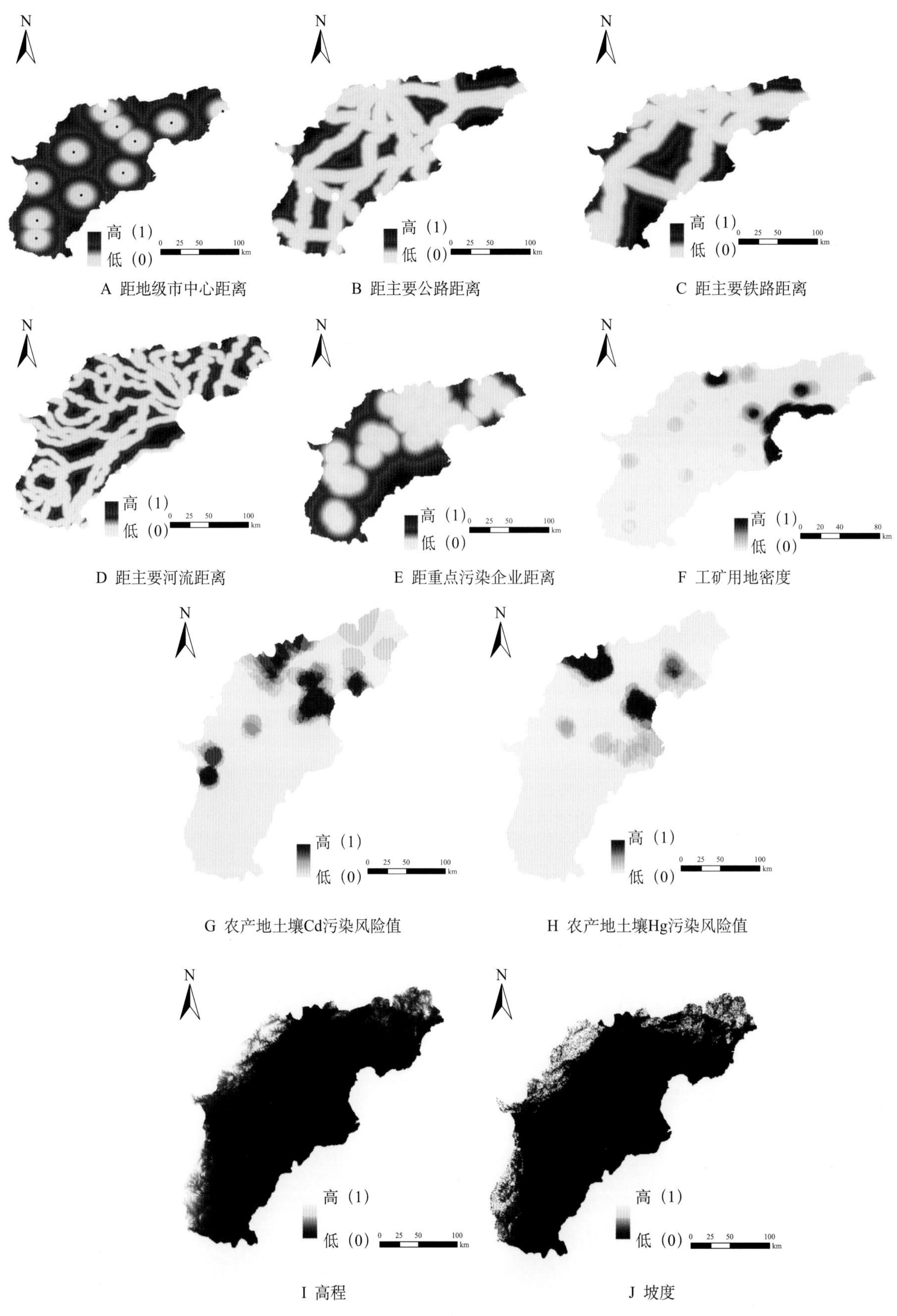

图2-2 海河平原农产品产地环境质量模拟解释变量

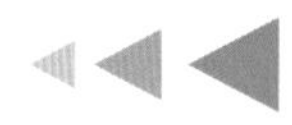

土壤环境污染风险空间分布概率利用二元Logistic回归模型计算得到。本方法将2035年土壤Cd、Hg污染风险初步预测数据作为模型因变量，将土壤低等、中等污染风险区赋值为0，高等风险区赋值为1。通过土壤污染风险与相关解释变量间的定量关系来确定污染概率，改定量关系满足Logistic回归模型：

$$P=\frac{1}{1+\exp(-z)}=\frac{1}{1+e^{-(b_0+\sum_{k=1}^{n}b_k x_k)}} \qquad \text{（式2-3）}$$

式中，P为农产品产地土壤环境污染概率；b_0为常数项；x_k指土壤环境污染解释变量k的取值；b_k是土壤环境污染解释变量k的权重值。

二元Logistic回归在SPSS 19.0中进行，采用逐步回归（后向）法排除冗余变量。将初始年份解释数据作为自变量，2035年土壤Cd、Hg污染风险初步预测数据作为因变量，解出解释变量权重后代入式中获得土壤环境污染概率分布数据。

将区域全局性的相关变量进行多元回归只能初步获取预测结果的模拟值，模拟结果缺少地理元素变化的邻域影响、各区域环境管制作用和随机因素干扰性。为使预测模拟结果更加切合实际，本方法将邻域影响、环境管制和随机干扰作为影响因素对土壤污染概率进行修正。

由于土壤重金属元素的移动性和扩散性，空间邻域状态对土壤环境因子具有重要影响。邻域修正系数计算公式如下：

$$\sigma_{ij}=\sum\nolimits_{n\times n} v_{ij}w_{ij}+k \qquad \text{（式2-4）}$$

式中，σ_{ij}为邻域修正系数；v_{ij}为元胞ij在$n\times n$的邻域范围内的土壤环境质量取值；w_{ij}为元胞ij在$n\times n$的邻域范围内的土壤环境质量权重值；k为常数项。n与w_{ij}的取值参照邱孟龙的计算方法，即n=3，当邻域土壤环境质量为高等污染风险时，该邻域元胞的v_{ij}=1，否则其v_{ij} =0。综合考虑邻域距中心元胞距离，w_{ij}取值如下：

$$w_{ij}=\begin{bmatrix}3.5 & 5 & 3.5\\ 5 & 10 & 5\\ 3.5 & 5 & 3.5\end{bmatrix}$$

式中，k取值为2，它使得模拟过程中出现的新污染区与原始污染区相分离。

环境管制根据各市区内的环保投资力度和社会经济发展情况具体制定实施。本方法在海河平原以市县为基本行政管理单元，通过设定环境管制修正系数（β）对各市县的土壤污染概率进行修正。根据研究区各市县统计年鉴中区域生产总值和工业污染治理投资力度，确定各市县修正系数的具体取值（图2-3）。

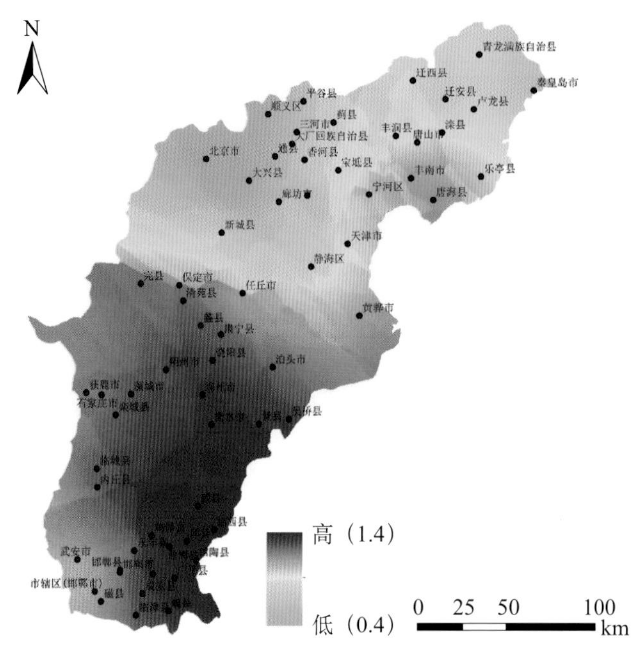

图2-3　各市县环境管制修正系数

农产品产地土壤环境污染干扰因素复杂，将CA模型中引入随机干扰项可以使模拟结果更加切合土壤环境变化规律。随机干扰项（d）的表达式如下：

$$d=1+(-\ln\gamma)^{\alpha} \quad \text{（式2-5）}$$

式中，γ取值范围为0～1；α是控制随机干扰大小的常数项。本方法中α通过模型调试运行来确定取值为1。

综上，修正后的农产品产地土壤环境污染概率P_c计算公式如下：

$$P_c=P\times\delta_{ij}\times\beta\cdot d \quad \text{（式2-6）}$$

Logistic-CA模型在Matlab 2016软件中采用C语言编写而成。在CA模型中，土壤污染风险在下一时刻的状态仅仅依赖当前的状态，与之前的状态无关（Pinki M，Jane S，2010）。因此，在模型每次运行过程中土壤环境污染风险变化较小。为获得最终模拟结果，模型需多次迭代运行本方法将模型迭代运行一次记为土壤环境污染风险在一年后的变化，迭代运行20次后得到2035年修正后的农产品产地土壤环境污染概率空间分布图。最后，根据模型的调试运行确定本模拟中CA模型的Cd与Hg阈值参数分别为4与6，即最终获得的污染概率数值大于阈值参数，则其土壤环境污染风险达到污染水平。考虑到土壤重金属污染的持久性，模拟结果中土壤环境污染高风险转变成中、低

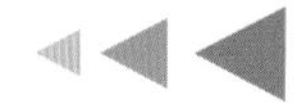

等的区域修正为高等污染风险区域。

2. 基于Logistic-CA的土壤环境污染风险预测模型

Logistic回归结果如表2-17所示。模型中回归系数的显著性由Wald统计量来检验。在土壤环境Cd污染概率的模型中，除主要铁路距离（DR）、主要河流距离（DMR）和高程（VE），其他解释变量的回归系数均在$p<0.01$水平，说明这三个变量外的其他变量均应保留在回归模型中。而在Hg污染概率的模型中，除主要铁路距离（DR）、主要河流距离（DMR）和坡向（VS），其他解释变量的回归系数均在$p<0.01$和$p=0$水平，说明这三个变量外的其他变量均应保留在回归模型中。回归模型外的变量将不进行模拟结果解释。

表2-17 基于二元Logistic回归的模拟结果

解释变量	Cd								
	DCC	DH	DR	DMR	DPE	LDIM	PRC	VE	VS
回归系数	−7.384	−9.711	−2.604	0.987	1.765	6.553	9.798	2.187	−18.814
标准误差	1.697	2.480	3.964	1.436	2.445	1.219	1.354	0.135	11.039
Wald统计量	18.942	15.331	0.432	0.473	70.011	28.909	52.403	0.010	2.904
显著率	**	**	NS	NS	**	**	**	NS	**
发生比率	0.301	0.231	0.074	0.684	50.372	701.162	17 998.542	1.026	0.621
解释变量	Hg								
	DCC	DH	DR	DMR	DPE	LDIM	PRH	VE	VS
回归系数	−12.593	−15.597	0.195	7.734	7.895	2.012	4.425	−11.911	10.340
标准误差	1.919	2.097	3.279	1.744	2.420	1.104	4.951	8.924	10.012
Wald统计量	9.202	33.451	0.001	0	56.001	12.850	48.701	6.024	0.098
显著率	**	**	NS	NS	**	**	**	**	NS
发生比率	0.323	0.952	0.101	5.870	819.253	1.741	60 745.220	0.208	1.598

注：NS表示相关性不显著；**表示在$p<0.01$水平上显著。

在Logistic回归方程中，通常采用发生比率（OR）来解释自变量对事件概率发生的影响，OR表示解释变量每变化1个单位对事件发生概率变化的可能性。解释变量的回归系数的正负性通常可以表示该变量演变过程对事件概率的影响方向。当回归系数为正数时，解释变量的变化对事件发生概率具有正向影响；当回归系数为负数时，解释变量的变化对事件发生概率具有负向影响。

在土壤环境Cd污染概率的模型中，正向变量大小依次为：农产地土壤Cd污染风险值（PRC）、工矿用地密度（LDIM）、距重点污染企业距离（DPE）。PRC的OR值为17 998.542，说明PRC归一化值每增加一个单位，土壤环境Cd污染概率升高17 998.542倍，表明Cd高等污染风险区域土壤的污染概率远超其他区域。LDIM的OR值为701.162，表示LDIM归一化值每上升一个单位，土壤环境Cd污染概率升高701.162倍。工矿用地的开采将会提高周边土壤环境Cd污染概率，天津市工矿企业区土壤Cd元素呈一定积聚趋势（王苗苗等，2012），超标率为3.3%。DPE的OR值为50.372，说明DPE归一化值每增加一个单位，土壤环境Cd污染概率升高50.372倍。重点污染企业对大气降尘中Cd含量影响显著，大气沉降中镉对土壤污染速率相对较快（卢一富、邱坤艳，2014）。

负向变量大小依次为：距主要公路距离（DH）、距地级市中心距离（DCC）、坡向（VS）。DH的OR值为0.231（1/4.329），表明DH归一化值每减少一个单位土壤环境Cd污染概率升高4.329倍。公路环境对周边沿线的土壤重金属影响较大，随着公路距离的增加土壤重金属含量将会降低（Škrbić B，Milovac S，Matavulj M，2012）。DCC的OR值为0.301（1/3.322），结果显示DCC归一化值每减少一个单位土壤环境Cd污染概率升高3.322倍。城市作为人类社会活动密集区，其周边土壤环境受污染概率相对较高（谭少军等，2016）。VS的OR值为0.621（1/1.610），说明VS归一化值每减少一个单位土壤环境Cd污染概率升高1.610倍。地表坡度越高，对人类社会活动的制约性越大，而海河平原农产品产地区域90%以上处于平原区，坡度变化较小，对土壤环境污染概率影响小。

土壤环境Hg污染概率的模型变量数据相关解释均参照上述说明，故不作解释。

最终得到土壤环境Cd、Hg污染概率的二元Logistic回归方程分别为：

$$\text{Logistic}\ (P_{Cd}) = -6.979 + 9.798 \times PRC - 9.711 \times DH + 6.553 \times LDIM - 7.384 \times DCC + 5.189 \times VS - 1.765 \times DPE \quad (\text{式}2\text{-}7)$$

$$\text{Logistic}\ (P_{Hg}) = -8.750 - 12.593 \times DCC - 15.597 \times DH + 7.895 \times DPE + 2.012 \times LDIM + 4.425 \times PRH - 11.911 \times VE \quad (\text{式}2\text{-}8)$$

3. 海河平原农产品产地土壤污染风险模拟预测分析

通过Logistic回归得到的2035年农产品产地环境污染概率与修正后的污染概率（图2-4、图2-5）。修正后的污染概率在不同区域间概率的差异与Logistic回归所得的概率分布存在不同，主要由于领域作用与模型迭代协同影响造成。

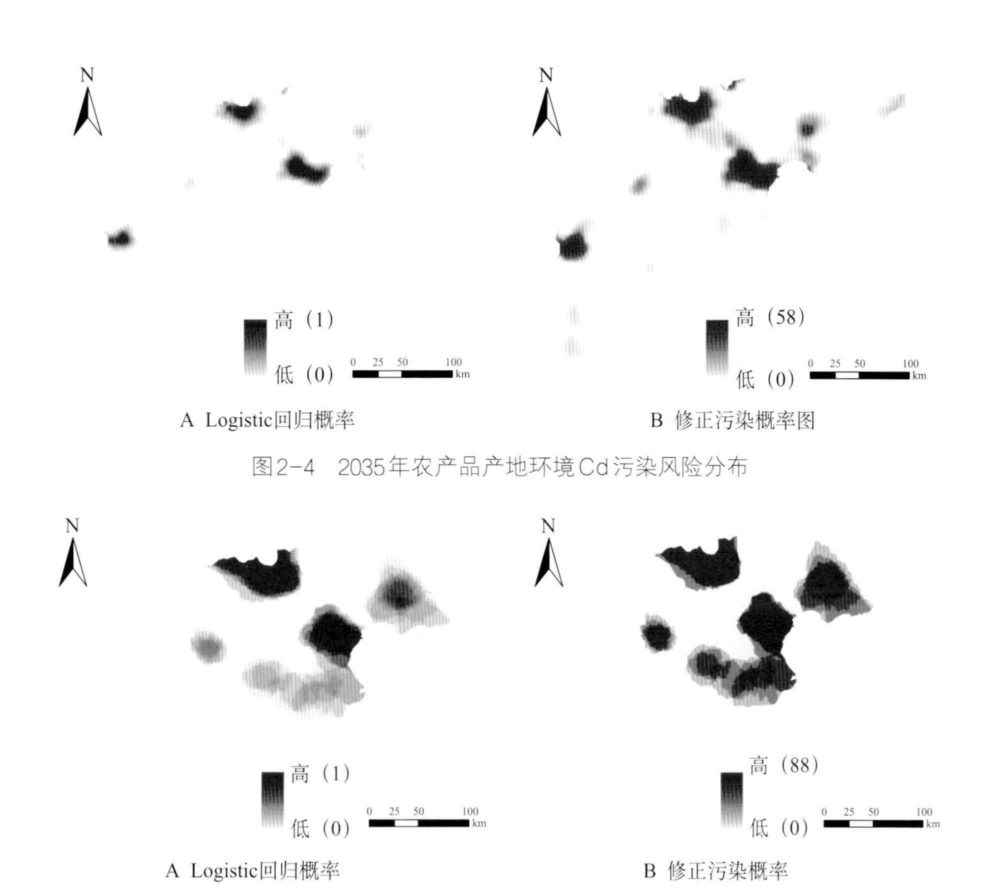

图2-4　2035年农产品产地环境Cd污染风险分布

图2-5　2035年农产品产地环境Hg污染风险分布

通过模拟过程中校对得到的阈值参数（Cd=4，Hg=7），采用ArcGIS重分类功能对修正后的污染概率栅格图处理得到2035年农产地土壤环境污染风险模拟分布图（图2-6）。预计到2035年，海河平原农产品产地土壤Cd污染区即高等污染风险区面积占总面积的4.85%，远超2008—2014年的0.16%；土壤Hg污染区即高等污染风险区面积占海河平原总面积的9.14%，相比2008—2014年提高了3.7倍。

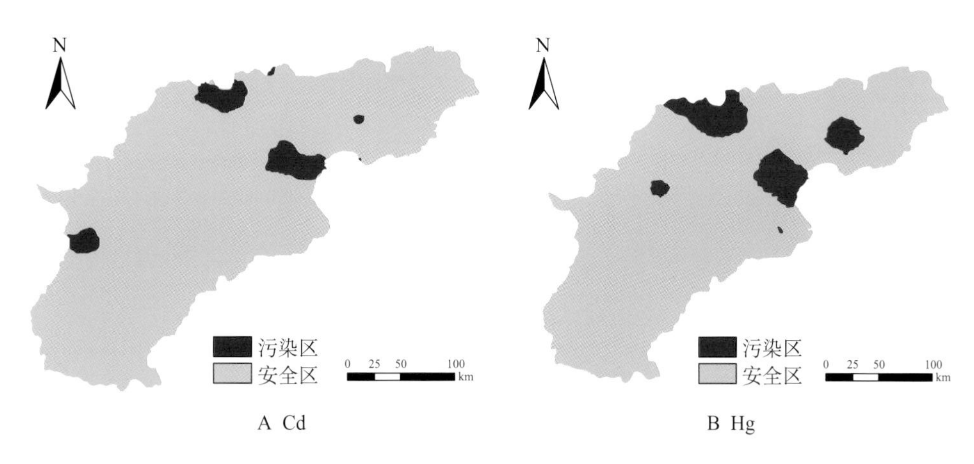

图2-6　2035年农产品产地土壤环境污染风险模拟分布

三、北方主要农产品产地土壤环境面临的问题与挑战

（一）污染成因复杂，源头监管不足

基于北方主要农产品产地土壤环境质量状况的分析结果，以东北平原及黄淮海平原各市县污染源普查公报、环境质量公报、统计年鉴、国民经济和社会发展计划执行情况等客观数据为参考依据，综合考虑主要土壤超标污染物与各类污染源之间的相关性、各类污染源的规模、分布、污染物排放量及环保配套设施建设情况等，通过多指标综合评价法及卫星地图数据检索方法，追溯统计土壤重金属超标点位附近的潜在污染源，分析环境问题成因。技术路线如图2−7所示：

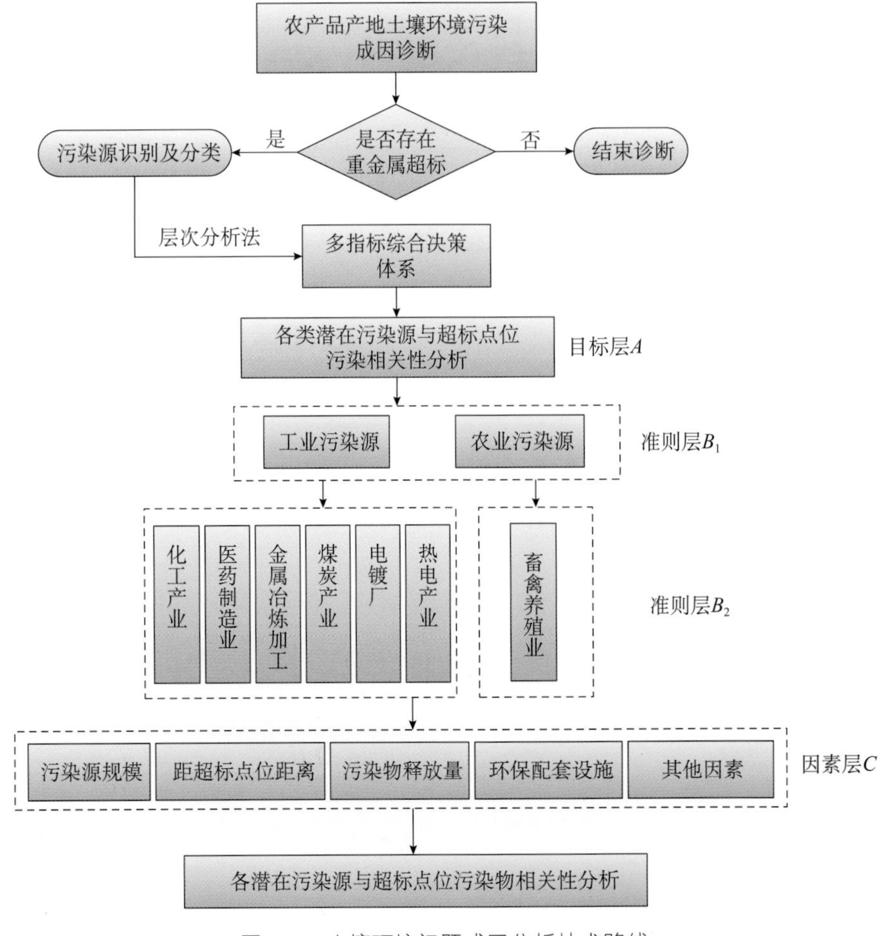

图2−7　土壤环境问题成因分析技术路线

根据北方主要农产品产地不同区域、不同污染物超标点位分布情况，对超标点位附近潜在污染源进行识别。点源污染主要考虑工业污染源及农业污染源，各生产行业与不同重金属污染物之间的相关性如表2–18所示。对造成东北平原和黄淮海平原8种重金属污染的最主要潜在污染源出现的频数进行统计，分别计算出每个潜在污染源出现的频率。东北平原、黄淮海平原重金属污染的主要潜在污染源出现频率统计如表2–19、表2–20所示。

表2–18 主要重金属污染物产生来源情况

重金属	工业污染源						畜禽养殖业
	化工产业	医药制造业	金属冶炼加工业	煤炭产业	电镀厂	热电产业	
As	√	√	√	√	×	√	√
Cd	√	√	√	×	√	×	√
Cr	√	√	√	√	√	×	√
Cu	√	√	√	×	√	×	√
Hg	√	√	√	×	√	×	×
Ni	√	√	√	√	√	×	√
Pb	√	√	√	√	×	×	√
Zn	√	√	√	×	×	√	√

注：√表示污染物来源于本生产行业；×表示污染物与本生产行业不相关。

表2–19 东北平原重金属污染的主要潜在污染源出现频率

重金属	化工行业	医药制造业	金属冶炼加工业	煤炭产业	电镀业	热电产业	畜禽养殖业
As	2				1		2
Cd	9				1		5
Cr	7			1			3
Cu	4		1		1		
Hg	2		1		1		1
Ni	11	2	2	1	1		7
Pb	0						
Zn	3		1			1	1
总数	38	2	5	2	5	1	19
频率	0.53	0.03	0.07	0.03	0.07	0.01	0.26

表2-20　黄淮海平原重金属污染的主要潜在污染源出现频率

重金属	化工行业	医药制造业	金属冶炼加工业	煤炭产业	电镀业	热电产业	畜禽养殖业
As	5			2			1
Cd	27	2	8	3			7
Cr	2		1				1
Cu	10		1		1		3
Hg	8	1	4		2		1
Ni	12	2	3	2			1
Pb	1						
Zn	5		2			1	1
总数	70	5	19	7	3	1	15
频率	0.58	0.04	0.16	0.06	0.02	0.01	0.13

对造成东北平原和黄淮海平原8种重金属污染的最主要潜在污染源出现的频数进行统计，分别计算出每个潜在污染源出现的频率。结果表明，化工行业是导致东北平原及黄淮海平原农产品产地土壤重金属污染的最主要潜在污染源。其次，畜禽养殖业是东北平原农产品产地土壤重金属污染的主要潜在污染源；金属冶炼加工业是黄淮海平原农产品产地土壤重金属污染的主要潜在污染源，工矿企业和畜禽养殖业应该得到高度重视。

对六大平原主要潜在污染源占比进行统计分析，各平原的最主要潜在污染源均为化工行业。其次，金属冶炼加工业是三江平原的重要潜在污染源，其相对贡献率占比29%；畜禽养殖业是松嫩平原、辽河平原、黄泛平原的重要潜在污染源，占比分别为17%、17%、16%；煤炭产业是海河平原的重要潜在污染源，占比为20%；金属冶炼加工业、畜禽养殖业是淮北平原的重要潜在污染源，占比均为16%（图2-8）。

依据土壤超标点位附近污染源分布情况，从污染源规模、污染源距超标点位平均距离、污染源环保配套设施等几个方面，综合评价了污染源与重金属超标相关性指数。评价结果表明，塑料厂、纺织厂、电镀厂、化肥厂、制药厂是导致沈阳市土壤Cd、Hg超标及高风险的最主要潜在污染源。化工厂、金属制造厂、纺织厂是导致天津市土壤Cd、Hg超标及高风险的最主要潜在污染源。纺织厂、冶金厂、塑料厂是导致锦州市土壤Cd超标及高风险的最主要潜在污染源。冶金厂、化工厂是导致济源市土壤Cd超标及高风险的最主要潜在污染源。冶金厂、电镀厂、制药厂是导致安阳市土壤Cd超标及高风险的最主要潜在污染源。制药厂、畜禽养殖业是导致新乡市土壤Cd超标及高风险的最主要潜在污染源。电镀厂是导致北京市土壤Hg超标及高风险的最主要潜在污染源。

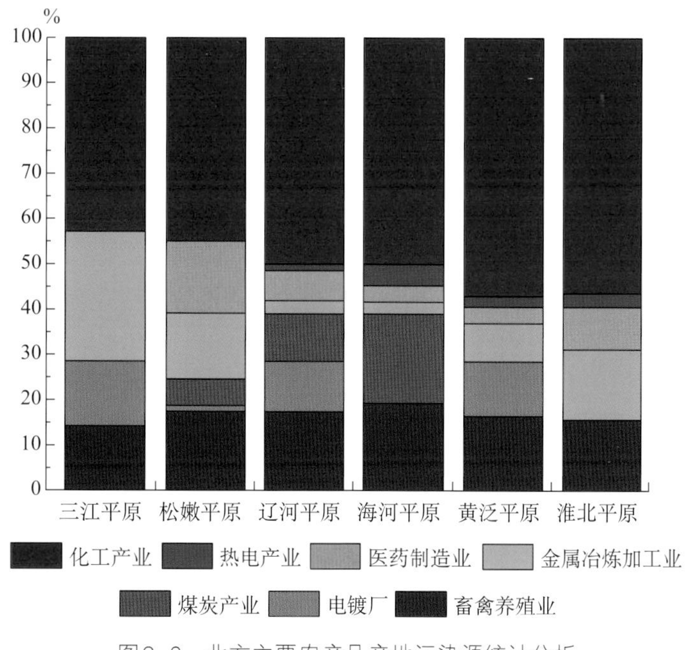

图2-8 北方主要农产品产地污染源统计分析

化工行业、畜禽养殖业、金属冶炼加工业、工矿企业的生产活动是导致我国北方主要农产品产地环境污染的重要潜在污染源。上述行业由于环保配套设施缺失或运行监管不当，近年来引发的环境污染事件屡见不鲜。污染物一旦在源头失去控制并进入环境介质，其所造成的风险和处理成本是巨大的。加强污染源的监督监管，从源头上防患于未然，是农产品产地环境保护的首要重任。

（二）污染危害加剧，风险管控困难

土壤生态系统中一些盐基离子与重金属元素在农作物吸收和转运中存在密切的消长关系（陈卫平等，2018）。长期不合理的耕作制度会造成农田土壤盐基离子大量流失，进一步增加了农作物对重金属的累积风险。土壤盐基离子的流失也是造成很多修复措施在实际应用时效果不佳的主要原因之一。重建土壤元素平衡有助于提升土壤修复效率和保障土壤生态系统的健康运转。

近年来由于劳动力成本增加和稻米Cd含量超标事件的发生，我国部分地区出现了超量施用化肥、改用进口磷肥、水稻田改菜地、双季稻改单季稻等现象，进一步加剧了土壤重金属污染的危害（吴燕玉、陈涛、孔庆新，1986）。一些地区误认为超量施用化肥有助于农作物吸收营养元素，缓解重金属危害。虽然我国常用的化肥中（以氮肥、钾肥及复合肥为主）重金属含量并不高，但长期大量施用化肥会破坏土壤农业生态服务功能，显著增加农作物对重金属的富集。一些地区争相购买国外进口磷肥，而我国磷肥中重金属含量显著低于世界主要农业大国。以Cd为例，我国磷肥中Cd含量为0.08～3.6mg/kg，而摩洛哥和美国磷肥中Cd含量范围分别为10～24mg/kg和4～100mg/kg。此外，虽然磷肥中重金属含量高于其他肥料，但我国由磷肥带入农田土壤重金属的通量只占输入总量的1.2%～5.9%（王美、李书田，2014）。

近30年来，我国菜地面积增加了411%，而水稻种植面积减少了20.4%。由于耕作方式差异，菜地对土壤的扰动更强，菜地肥料施用量为水稻田施肥量的近3倍，这进一步加剧了土壤环境质量的下降。近30年来，我国菜地重金属污染趋势增加明显，24.1%、10.3%和9.2%的菜地Cd、Hg和As含量超出国家土壤环境质量标准。水田改菜地后，土壤pH、有机质、微生物活性均显著下降，而土壤重金属活性上升。

重金属在土壤—农作物系统中的迁移和转运受到土壤pH、有机质含量、阳离子交换量和氧化还原电位等多种因素影响，因而土壤与农作物重金属富集水平无明显定量关联。土壤与稻米、小麦和蔬菜Cd含量之间线性关系较差，污染土壤生产Cd含量不超标水稻、小麦和蔬菜而不污染土壤生产Cd超标水稻、小麦和蔬菜的现象广泛存在。土壤与农作物重金属含量线性关系的不显著增加了粮食质量保障的复杂性，也给农田土壤重金属污染风险控制与管理带来了极大挑战。

农田土壤重金属来源广泛，大气沉降、污水灌溉和化肥应用均会对农田土壤重金属的累积产生显著影响。以我国土壤Cd平均背景值（0.097mg/kg）为基础，在当前土壤Cd年均增量（0.004mg/kg）情况下，即使不考虑外源污染物，农田土壤Cd累积量也会在50年内超过现行土壤Cd含量标准（0.3mg/kg），区域农田生态系统Cd累积趋势也在逐步增加。我国部分地区有机肥（尤其是畜禽粪便）和污灌污水中重金属含量过高，据测算，仅从养猪场的猪粪中每年带入农田的就有As 230t，Cu 240t和Zn 900t。据调查，82.4%、76.5%、61.1%和50%的农田在施用有机肥后，土壤Cu、Zn、Cd和Pb含量较对照分别增加0.08～13.98mg/kg、0～26.5mg/kg、0～0.34mg/kg和1.63～5.31mg/kg。我国污灌区农田重金属污染面积占到了污灌总面积的65%，86%的污灌区水质不符合灌溉要求，近30年来污灌污水中Cd含量有升高的趋势。可见在整体环境质量得以改善之前，我国农田土壤重金属污染持续累积趋势难以改变。从源头上控制主要污染元素在农田土壤中的积累，有助于降低农产品重金属污染风险。

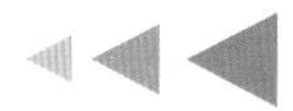

（三）工程科技发展进程跟不上实际环境问题的需求

20世纪60年代，美国、欧洲（德国、法国和荷兰等）和日本等发达国家（地区）以重工业为主的经济发展模式引发了严重的土壤污染问题（陈卫平等，2018），其中日本因农田Cd污染引发的“痛痛病”受到国际社会的广泛关注。为应对农田土壤重金属污染这一世界性问题，发达国家很早便开展了相应的污染防治工作，并形成了较为完善的法律、法规、技术和工程等土壤污染防治管理体系。

美国于20世纪40年代出台了《农业修正法案》，鼓励农户对近1 620万 hm^2 农田进行休耕，并于50年代、70年代和80年代再次开展休耕。20世纪70年代，美国对其土壤与农作物重金属累积量进行调查，对污染区域进行风险评估。20世纪80年代，美国在《超级基金法》指导和支持下，制定了涉及环境监测、风险评价和土壤修复等领域的标准管理体系，包括农业投入品管理，农产品检测、溯源与安全管理以及污染耕地种植结构调整等方面。美国注重对各种修复技术的开发和创新，并在小尺度农田（如家庭菜地）开展以污泥、有机肥、石灰等土壤改良为主的修复措施，在植物与微生物修复方面也有很好的技术储备。

20世纪80年代，欧洲各国通过建立土壤可持续利用工作机制，完善土壤环境管理的法制、法规和相关标准等有效措施，从整体上加强农田土壤环境管理。立足于“防重于治”的方针，欧洲各国注重对其土壤污染的长时间、多尺度监测。德国专门成立了土壤污染调查小组，对全国包括农田在内的800个监测点进行长期、多指标（物理、化学和生物）监测。法国和荷兰均建立了土壤重金属信息数据库，并向公众开放，为开展污染农田修复工作提供技术支持。欧盟于1997年联合26个成员国开展土壤联合调查，对欧洲包括农田在内的3 000个点位进行重金属含量监测。2009年、2012年，欧盟联合27个成员国开展针对欧洲农田土壤重金属含量的调查，样点布设密度增加至1/200km，调查点位增加至22 000个，并应用统一的采样和分析规程。调查结果显示，除6.24%的农田需要进行风险评估和修复，欧洲其余农用地重金属含量均在相应标准范围内。温和修复（Gentle Remediation Options）技术便于风险管控且可持续性强、资金调配灵活，是目前欧盟应对重金属污染农田修复的主要选择。

由于农用地资源短缺，日本对土壤重金属污染防治工作十分重视。20世纪70年代，日本颁布了一系列土壤污染防治标准和法律、法规，确定了污染农田监测区域和修复技术应用范围。至20世纪90年代，日本76%的受污染农田修复宣告完成。在农田土壤修复工作中，日本科学家根据地质条件和土壤特性等因素，设计了满足不同工程要求的客土法（埋入、上覆、转换和排土等），并规定修复完成后对修复区稻米重金属含量进行连续3年的监测，达标区解除监测，不达标区由政府统一收购污染稻米后继续进行修复。在大面积客土法应用后，日本科学家提出对低污染和中等污染农田选用成本低、操作简单的植物修复和田间管理等修复技术。日本还制定了针对重点行业的重金属减排方案。以Hg为例，日本经过对电池、医疗设备和照明等行业多年的禁Hg、限Hg举措，其国内Hg年需求量从20世纪60年代的2 500t减少至近几年的10t。

巴基斯坦、印度和巴西等发展中国家近年来也出现了严重的农田土壤及农作物重金属污染问题。由于这些国家尚未展开对其农田土壤污染的系统性调查，缺乏针对性的法律法规，相关修复技术也停留在试验研究阶段，因此其政府倾向于选择较为保守且成本低、操作简单的修复技术。如巴基斯坦通过向农田添加赤泥、农场堆肥等材料以降低土壤重金属活性。印度和巴西应用印度芥菜、牧草（柳枝稷）等重金属超富集植物以降低污染农田土壤重金属含量。其中巴西在农田土壤污染修复工作中，不但着眼于重金属污染物的清除和削减，而且注重从土壤呼吸、土壤微生物活性等微指标来评价土壤生态系统健康风险，以实现农田土壤环境的系统性修复。农田土壤重金属污染修复市场需求巨大，但由于我国土壤污染问题与发达国家同期比较差异较大，且农田土壤环境管理起步较晚，对各国土壤修复经验可以借鉴但不能照搬。明确的农田土壤重金属污染防治思路，完善的法律、法规体系，针对性的管理策略，长期的资金和先进的技术支持是发达国家有效推进农田土壤污染修复工作的基础，也为我国提供了很好的学习范例。

我国土壤污染修复基础研究与技术研究衔接不够，尚未形成针对农田重金属污染土壤修复的完备体系。当前我国常用的农田污染修复技术主要集中在物理技术、化学技术、生物技术和农艺修复措施四方面。其中物理修复技术（如客土）见效快、适用性广，但是工程量大，费用高，且我国尚未制定满足不同工程要求的客土法规程；化学修复技术（如淋洗、固化）成本低、修复材料来源广泛，但技术要求多，且缺乏针对修复副产物和修复材料的回收及处理技术规范，容易造成二次污染；生物修复技术（如超富集植物）成本低，对土壤扰动小，但大部分重金属超富集植物受区域气候条件影响较大，生物量小、生长缓慢；农艺修复措施（如水分管理、轮作等）操作简单，但修复周期长，相关技术多停留在试验研究阶段。

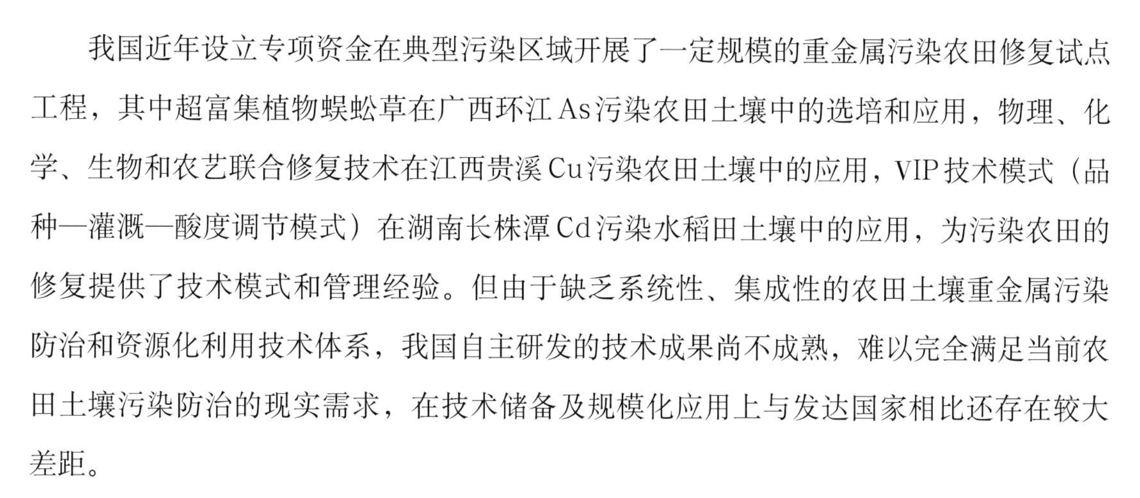

我国近年设立专项资金在典型污染区域开展了一定规模的重金属污染农田修复试点工程，其中超富集植物蜈蚣草在广西环江As污染农田土壤中的选培和应用，物理、化学、生物和农艺联合修复技术在江西贵溪Cu污染农田土壤中的应用，VIP技术模式（品种—灌溉—酸度调节模式）在湖南长株潭Cd污染水稻田土壤中的应用，为污染农田的修复提供了技术模式和管理经验。但由于缺乏系统性、集成性的农田土壤重金属污染防治和资源化利用技术体系，我国自主研发的技术成果尚不成熟，难以完全满足当前农田土壤污染防治的现实需求，在技术储备及规模化应用上与发达国家相比还存在较大差距。

近年来，各种外来材料在我国污染农田的应用呈明显增加趋势，但仍缺乏针对大面积修复措施长期应用的风险评估机制。秸秆还田是常用的农业生态修复措施之一。相关研究指出，秸秆还田有助于缓解土壤酸化、增加土壤有机质和阳离子交换量，进而提高土壤对重金属的吸附量并降低农作物对重金属的富集。据估算，我国秸秆年均产量达4.5亿t，通过各种方式还田量占总量的近30%。石灰作为来源广、价格经济并有效提升土壤pH和降低土壤重金属活性的改良剂，被大量应用，然而，施用石灰后土壤复酸化现象会显著增加，大量的石灰应用会引起土壤板结，影响农作物生长。研究进一步发现，高石灰用量可造成土壤元素流失，反而增加了稻米Cd富集水平。

（四）污染边界与范围不清，环境详查迫在眉睫

农田土壤重金属污染关系农产品质量安全和农田生态系统健康，受到各国政府和科学家的广泛关注。2005年4月至2013年12月，我国开展了首次全国土壤污染状况调查。调查范围为中华人民共和国境内（未含香港特别行政区、澳门特别行政区和台湾地区）的陆地国土，调查点位覆盖全部耕地以及部分林地、草地、未利用地和建设用地，实际调查面积约630万km^2。调查采用统一的方法、标准，基本掌握了全国土壤环境质量的总体状况。调查结果为本课题研究提供了大量基础数据。

我国农田土壤重金属污染形势严峻。根据2014年环境保护部和国土资源部发布的《全国土壤污染状况调查公报》，我国农田土壤点位超标率为19.4%，以Cd、Ni和Cu等重金属污染最为突出。据估算，我国农田土壤重金属污染面积约为2 000万hm^2，每年受污染粮食多达1 200万t，经济损失达200亿元。近20年来，我国城市、城郊和农村均存在不同程度的农田重金属污染问题，涉及全国83.9%的省份和22.5%的地级市。全国

农田土壤重金属污染类型在增多、面积在扩大、程度在提高。我国幅员辽阔，不同区域土壤重金属背景值和累积量差异较大，农田土壤重金属累积量还受到距工业区、矿区和城镇区的距离，不同种类农产品的投入及气候条件等多种因素影响，加速了农田土壤重金属累积的空间变异。我国农田土壤类型多样，由于土壤条件、气候条件和耕作管理水平的不同，不同类型土壤理化性质差异较大，这进一步加剧了农田土壤重金属污染的多样化格局。不同农作物对土壤重金属累积量差异较大，同一农作物内不同品种对重金属富集能力差异也较大。不同农作物种类及相同农作物种类不同品种对土壤重金属富集能力的差异，造成系统管理农田土壤污染风险的不便。

迫于严峻的环境形势，我国在农产品产地环境保护方面已经完成了大量的基础工作和研究。然而，在农产品产地环境质量调查与风险评价方面，仍然存在精度不够、方法不一、边界范围不清等问题，从根本上制约了农产品产地环境保护规划的编制与具体措施的推进实施。因此，作为我国的粮食主产区和战略保障区，东北平原及黄淮海平原农产品产地环境质量详查工作势在必行。

四、北方主要农产品产地污染综合防治战略

（一）总体思路

以“坚守生态红线、强化风险管控”为准则，统筹部署“天地一体化”农产品产地环境监测体系。以“环保督查常态化”为契机，落实工矿企业清洁生产，推进畜禽养殖污染综合治理。因地制宜，实施“一区一策”污染防治策略；循序渐进，率先开展“天地一体化”监控预警、京津冀农田污染治理、生态环境良好农产品产地土壤环境保护三大重点工程。

（二）分区防治对策

1. 东北平原

东北平原废水Cd、Hg排放总量不高（分别占全国0.36%、1.12%），工业污染治理投资力度相对较低（占全国6.52%），土壤重金属高污染风险市县个数相对较少（20个），宜采用经济性高、环境扰动小、污染风险低的防治和修复技术。对Cd、Hg超标地块种

植富集能力较强的植物，例如野古草、大米草等，使土壤中重金属污染物不断向植物中转移，净化后土壤可逐步恢复玉米、小麦等对重金属不敏感的农作物种植；或实行Cd、Hg超标地块永久退耕。中等、低等污染风险市县个数共计76个，但监测点位无超标现象，应以预防为主，采取保育措施。严控化肥、饲料添加剂含量，倡导生产种植有机农产品，重点保护三江平原土壤环境质量。对辽河流域及松花江流域水质较差水体优先启动河道生态湿地治理工程，提高水体自净能力。

（1）三江平原

三江平原1990年的农药用量为1.55kg/hm^2，而1994年增至2.08kg/hm^2，平均每年增加0.13kg/hm^2。虽然该区使用的农药多是高效低毒、低残留的农药，但是其中有些农药所含杂质或代谢物成分的毒性却很强，长期大量使用仍会对该区的农业土壤环境和生态系统健康构成威胁。1990年三江平原化肥用量平均为64.8kg/hm^2，而1994年增至120.6kg/hm^2，其使用量逐年增加，因化肥的大量使用而产生的水体环境问题将会愈加突出。地膜的大量使用也会对土壤环境产生很大的影响，残留地膜与土壤水分含量、孔隙度呈负相关，而与土壤容重呈正相关，且地膜含毒物质能够影响植物的生长。三江平原地膜的用量正逐年增大，1990—1994年，地膜用量的年增长率为10.5%，而其残留率则高达46.2%。因此，残留地膜的污染已成为该区不可忽视的土壤环境问题。三江平原湿地面积由1949年的534万hm^2减少到2000年的90.69hm^2（湿地率由49.04%降至8.33%），经过60多年的大规模开发，三江平原生态环境已趋脆弱化。

综上，需根据该区生态环境现状，推广生态农业建设，建立绿色食品和有机食品基地，绿色食品生产宜采用生物防治技术；推广施用有机肥、复合肥和生物肥，避免或最大程度限制化学合成肥、化学农药、植物生产调节剂等农业投入品的使用；建立废弃农膜回收和加工企业，促进残膜回收；加大环保投资力度及执法力度，鼓励工业企业实行清洁生产，加强水、土、气、生、人等环境要素的质量监测，开展“三废”综合利用，实现“三废”资源化；建立三江平原自然保护区和生态功能保护区，采取生物与工程相结合的措施，完善现有防护林体系，严禁开垦湿地，形成合理的农林牧业结构；加强生态环境较好耕地区域的保育，通过加强区域环境污染综合治理实现区域生态环境的健康发展。

（2）松嫩平原

松嫩平原的主要生态环境问题是污染严重，包括大气污染、水体污染、土壤污染、

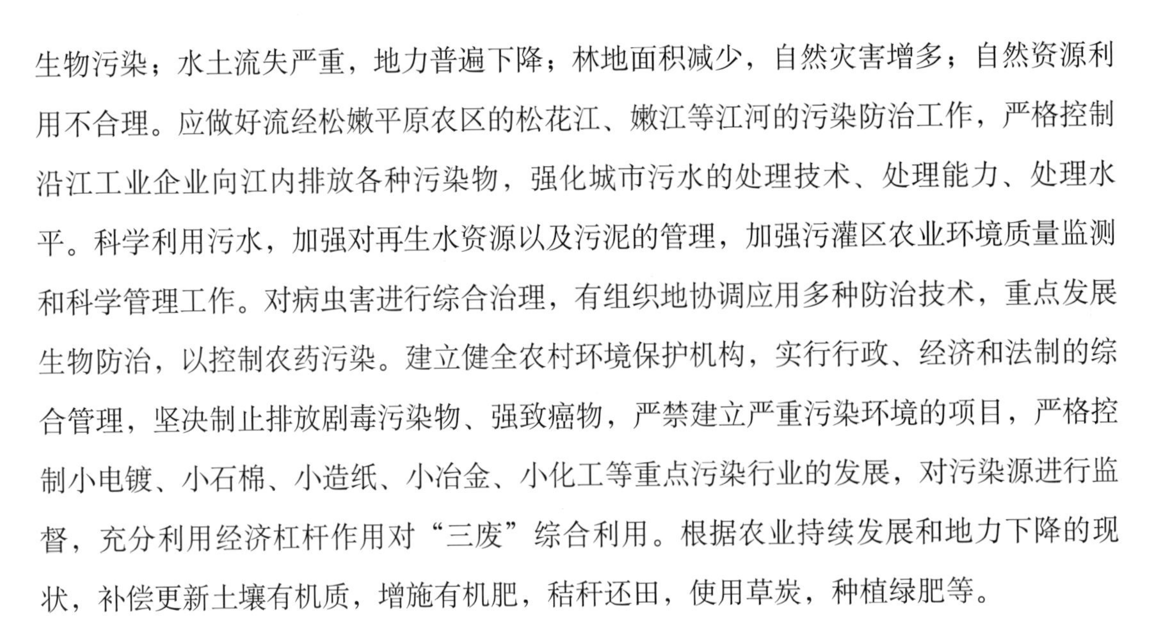

生物污染；水土流失严重，地力普遍下降；林地面积减少，自然灾害增多；自然资源利用不合理。应做好流经松嫩平原农区的松花江、嫩江等江河的污染防治工作，严格控制沿江工业企业向江内排放各种污染物，强化城市污水的处理技术、处理能力、处理水平。科学利用污水，加强对再生水资源以及污泥的管理，加强污灌区农业环境质量监测和科学管理工作。对病虫害进行综合治理，有组织地协调应用多种防治技术，重点发展生物防治，以控制农药污染。建立健全农村环境保护机构，实行行政、经济和法制的综合管理，坚决制止排放剧毒污染物、强致癌物，严禁建立严重污染环境的项目，严格控制小电镀、小石棉、小造纸、小冶金、小化工等重点污染行业的发展，对污染源进行监督，充分利用经济杠杆作用对“三废”综合利用。根据农业持续发展和地力下降的现状，补偿更新土壤有机质，增施有机肥，秸秆还田，使用草炭，种植绿肥等。

(3) 辽河平原

辽河平原呈现点源污染与面源污染共存、生活污染和工业污染叠加、各种新旧污染相互交织、工业及城市污染向农村转移等问题，导致农业环境恶化。至2015年，辽河平原8个主要灌溉区农业使用城市和工业污水灌溉，面积达6.7万hm^2。辽宁人均耕地少，化肥、农药、农膜等农业投入品的大量投入，以及土地过度利用和有机肥施用不足，导致农田质量下降，农业环境和农产品污染程度加剧。规模化畜禽养殖污染——畜禽滥用药和粪便乱排放，造成耕地面源污染，给畜禽和作物农产品质量带来安全隐患。

首先，辽河平原应转变农业生产方式，建设环境友好型农业和循环农业。尽量给土地修养生息的机会，应减少扰动土地、培育抗性品种，大力推行保护性耕作和联合作业等减少拖拉机及其配套机具进地次数的技术，防止土壤压实和沙化。推行秸秆还田技术和节地、节水、节肥、节能技术，增施有机肥和生态肥，发展应用高效、低毒、低残留农药，以改善土壤环境。按照“无害化、低排放、零破坏、高效益、可持续、环境优美”的思路，重点推广废弃物资源化、无害化处理技术、农牧结合技术、健康生态养殖技术、农产品精深加工技术、保护性耕作技术、旱作节水农业技术。禁止对草原、森林和水域不合理开发，拓宽农业资源利用空间，加大资源循环利用及综合利用力度。

其次，建立健全生态环境监测预警体系，加强农业环境保护执法检查力度。建立健全农业生态环境监测预警系统，以危害农业环境的主要污染物为重点，迅速掌握农业环境污染的现状和动向，早预报、早防治。由环境保护管理部门牵头，协调组织农业、水利、气象等各部门，建立从土地到水源再到大气的立体环境监测体系，提高环境污染综

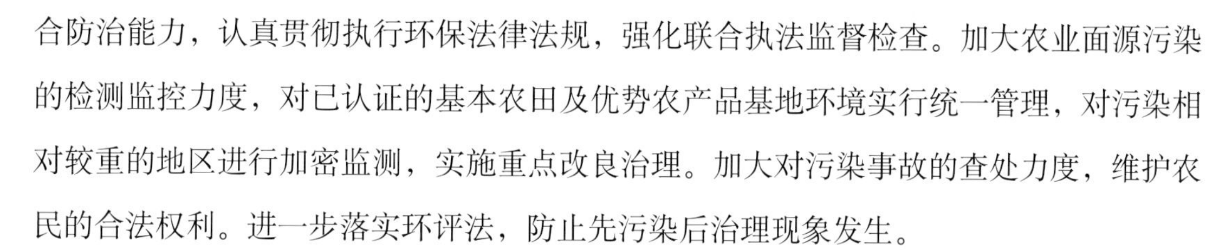

合防治能力，认真贯彻执行环保法律法规，强化联合执法监督检查。加大农业面源污染的检测监控力度，对已认证的基本农田及优势农产品基地环境实行统一管理，对污染相对较重的地区进行加密监测，实施重点改良治理。加大对污染事故的查处力度，维护农民的合法权利。进一步落实环评法，防止先污染后治理现象发生。

最后，建议加强环境综合治理，将农业环境保护纳入环保工作重心。以农业面源污染防治为重点，从化肥污染、农药污染、白色污染、水源污染、秸秆焚烧大气污染、畜禽养殖废弃物污染等诸多方面进行综合治理，因地制宜推广农业面源污染综合防治技术。在水源治理方面，推广小流域综合治理生态农业模式，推广深松、保护性耕作等蓄水保墒技术，推行农业节水及高效利用技术。将农业环境保护与发展休闲观光农业有机结合。加大钢铁、电力、化工、陶瓷等排污大户企业和老旧车辆综合治理力度，治理秸秆焚烧，缓解畜禽废弃物、设施大棚锅炉燃烧等污染，减少农业污染排放源。通过环境综合治理，改善空气、水源和耕地质量，实现工业与农业、种植业与旅游业、人与自然的和谐发展。

2. 黄淮海平原

黄淮海平原废水Cd、Hg排放总量较高（分别占全国7.81%、17.80%），工业污染治理投资力度相对较高（占全国28.50%），土壤重金属高污染风险市县个数相对较多(36个)。应在精准测算高污染风险区域和重污染农田面积及土方量的基础上，对高污染风险、重污染地块在休耕季节进行客土更换，被置换的污染土壤应采取异位淋洗或固化稳定化技术处理。土壤淋洗液可送往周边工业园区废水处理设施集中处理，或新建污水处理设施就地处理；经重金属固化稳定化或淋洗处理后的土壤可参照相关标准资源化应用于填埋场覆土、矿坑修复、建材。黄淮海平原土壤重金属中等、低等污染风险市县个数共计239个，监测点位无超标现象，中、低污染风险区域应进一步强化监管，防患于未然。开展黄淮海平原重点流域重金属污染防治专项规划编制工作。科学划定污染控制单元，统筹防治地表水、地下水、近岸海域等各类水体污染。加强南水北调工程沿线环境保护，着力推进工业节水及清洁生产。

(1) 海河平原

海河平原农产品产地土壤环境问题较为突出的区域主要分布在北京市、天津市以及河北部分工业发展较为迅速的城市，污水灌溉、散乱污工矿企业是环境污染风险的主导因素。随着近年来气候条件变化和环境污染，海河流域生态环境质量快速下降，水资源开发开采过度，河道干涸、水体污染、地表沉降、海水入侵等生态问题不断发生，损害了部分地区人民群众的环境权益，制约了海河流域经济社会健康发展。

建议在海河平原进一步加强、健全环保法制体系，从源头上严格控制污染。要在国家现有生态环境保护法律法规框架下，进一步加强环境保护法制建设，明确环境保护管理的主体、原则、内容和程序，规范和完善环境保护管理公开、保障、监督和责任追究制度，健全环境保护行政许可、行政执法和法制监督工作规程，增强环境保护行政管理的针对性、可操作性和社会协同力。同时，制订海河平原农产品产地环境保护的技术标准，切实增强环境保护工作的科学性、实用性和可操作性。

建议健全海河平原农产品产地环境保护规划体系，发挥引领约束作用。以海河平原农产品产地环境保护综合规划为统领，以海河平原水土资源保护规划、环境资源综合规划、环境生态系统保护与修复规划为基础，以环境功能区达标建设、河流湖泊功能修复、地下水压采、突发环境污染事件应急处置为依托，构建定位清晰、功能互补、目标衔接、任务明确的环境资源保护空间规划体系。进一步界定基于基本农田生态红线，全面分析农产品产地环境承载能力，坚持水质、水量、环境一体化管理。

建议完善监测预警管理，主动防范环境风险。构建土、水、气、生、人一体化监测站网体系，建立常规与自动相结合、定点与机动相结合、定时与实时相结合的监测模式，实现水环境监测及时、准确、有效。建立覆盖全流域各级实验室的通信与网络系统，通过规范化信息管理实现环境监测数据的共享和传输。

建议构建生态补偿机制，促进源头生态保护。要加快建设生态补偿机制，应坚持使用资源付费和谁污染环境、谁破坏生态谁付费的原则，明确补偿责任主体，实行自然资源的有偿使用，共同保护和改善生态环境，保持流域协调发展，实现从源头上保护生态环境。

建议加强区域部门协作，有效开展应急管理。要不断健全完善区域、部门之间环境保护协作机制。建立健全环境应急处理工作机制，完善地区间、部门间突发事件信息通报、联动响应制度。完善突发环境污染事件应急监测体系，健全各级应急监测队伍。建设突发环境污染处置管理平台，实现环境污染事件风险源空间信息、风险等级信息、风险预警信息的共享查询。

(2) 黄泛平原

黄泛平原土壤环境污染问题突出的区域主要分布在济源市、新乡市、安阳市等地，

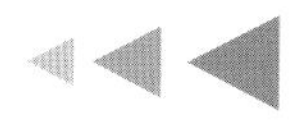

污染源类型多样，点源面源污染形式复杂。首先，应系统开展黄泛平原农用地土壤污染状况详查，按照“统一规划、整合优化”的原则，布设土壤环境质量国家级监测点位，开展土壤污染治理与修复试点示范。其次，应完善黄泛平原农产品产地法律标准体系，通过制定农产品产地土壤、大气、水污染防治相关法律法规、部门规章、标准体系等，明确落实地方政府主体责任，形成政府主导、公众参与、社会监督的环境污染防治格局。最后，应加强农药、化肥、种子等农业投入品的监督管理，杜绝高毒、高残留农药、化肥、饲料等不合格农资在市场上的流通，推广新型农资替代品，降低农业投入品对农产品的污染。

（3）淮北平原

淮北平原土壤环境污染突出问题主要分布在洛阳市、信阳市、郑州市等地，随着淮北平原工业化、城市化水平不断提高，环境问题日趋严重，农业生态环境不断恶化。以城市为中心的工业污染仍在发展，并向农村蔓延；化肥和农药的大量施用，导致农业非点源污染日趋严重；人们对资源的需求和消耗日益增大，人口、资源和环境之间的矛盾日益尖锐；在资源开发过程中，忽视了生态保护。按照农业部、财政部《关于印发〈农产品产地土壤重金属污染综合防治实施方案〉的通知》（农科教发〔2012〕3号）等国家相关文件的要求，开展淮北平原农产品产地土壤重金属污染调查、监测和评价，推进农产品产地土壤重金属污染修复试验区建设，探索不同类型污染源、不同作物种植结构和不同作物品种的修复方法和技术。建立重点区域、重点流域农业生态环境质量评价模型，开展生态环境质量评价。强化农科教结合，加大科技创新力度，着力破解农作物秸秆综合利用、农业面源污染防治等亟待解决的难点、焦点和热点问题。促进农耕农艺农机技术结合、新品种新技术新模式协调、良种良法良制配套。强化技术培训，推广应用规范、成熟的现代生态农业模式及技术。

（三）政策建议

1. 成立国家级农产品产地污染监察中心，构建“水、土、气、生、人”一体化环境监测预警体系

随着环境监测工作的发展以及系统论、运筹学、信息技术等学科的引入，环境监测已从单纯的采样、分析和提供数据，逐步发展到直接参与环境管理，成为不可缺少的环境执法和环境决策工作手段。国务院相继出台的《大气污染防治行动计划》《水污染防

治行动计划》以及《土壤污染防治行动计划》均明确指出了环境质量科学监测对于环境风险防控的重要意义。目前，我国环境监测工作目前已初步具备了组织机构网络化和监测分析技术体系化，全国环境监测系统全面开展了大气、水体、土壤环境各要素的常规监测以及污染源监督和应急预警监测工作。然而，由于农产品产地不同环境要素之间的交互作用错综复杂，不同环境体系的主管监测部门之间尚未建立完善的统筹协调机制，监测方法体系的标准规范化、监测信息的精准快速共享是影响我国环境污染防控工作可持续发展的重大问题。

我国的环境监测工作起步于20世纪70年代中期，随着“三废”管理工作的开展，各省市相继建立环境监测站。2007年，《环境监测管理办法》的颁布是环境监测工作法制化的重要标志。到2010年，我国环保系统已建成2 399个环境监测站，全国其他行业和部门建立的环境监测机构有2 634个，拥有5万余人的环境监测队伍。我国环境监测工作较发达国家起步晚，但是发展较快，已经具备了组织机构网络化和监测分析技术体系化的雏形。全国环境监测系统全面开展了地表水、地下水、土壤、空气、饮用水水源地、近岸海域、城市噪声、生态等各环境要素的常规监测以及污染源监督及应急预警监测工作，每年能够获取上亿个监测数据。然而，在农产品产地环境监测方面仍然存在一些问题：缺乏标准化、规范化的环境监测技术方法体系；缺乏对土壤、地表水、地下水、空气环境的统筹兼顾，尚未建立系统的环境监测网络；环境监测硬件落伍、国产化程度低，数据的采集、整理、收集过程烦琐，对监测人员的专业性要求较高；缺乏完善的监测数据管理考核机制，数据的准确可靠性有待提高；应急预警监测机制不健全，不同监测主管部门之间缺乏统一协调能力。

“互联网+”时代的到来为这些问题的解决提出了新的思路。2015年4月，国务院发布《关于积极推进“互联网+”行动的指导意见》提出加强资源环境动态监测，针对不同生态环境要素，利用多维地理信息系统、智慧地图等技术，优化监测站点布局，构建资源环境承载能力立体监控系统，逐步实现资源环境动态监测信息互联共享，加强环境数据的在线监测和大数据分析。因此，针对我国农产品产地生态环境现状与特征、环境监测工作方面存在的问题以及国家在“互联网+环境”方面的战略规划，开展统筹“水—土—气—生—人”的环境监测标准规范与监测网络科学布设方案研究，基于“互联网+”的环境监测技术及关键设备研发及国产化，环境质量在线监测和大数据分析系统平台开发，智能化监测数据管理考核机制及环境应急监测机制研究，对我国环境污染

防控工作具有重大战略意义。

因此，建议成立国家级农产品产地污染监察中心，由国务院领导，整合环境保护、农业农村、水利、住建、国土、卫生等有关生态环境监管部门，统筹资源、科学部署“水—土—气—生—人”一体化农产品产地污染监控预警系统。强化工矿企业源头排污监管。深入调查土壤重金属、有毒有机物污染现状，探究不同污染组分在土壤中的迁移转化规律，分析污染物在土、水、气、作物等介质中的交互作用机制，为农产品产地环境污染防治措施提供客观的科学手段及理论依据。强化农产品种植、生产、流通全链条监管力度，以“严禁流通、源头查封”的不达标农产品“市场倒逼”方式控制农田污染。结合遥感、多维地理信息系统、智慧地图、“互联网＋”等技术，实现国外先进在线环境监测技术及设备的国产化，同时研发具有国内自主知识产权的在线环境监测技术及装备；研发统一的环境监测信息大数据共享平台并开发专业用户客户端，建立完善的智能化监测数据管理考核机制及环境应急监测机制。

2．淘汰落后产能，鼓励工矿业清洁生产

以中央环保督察为契机，推进化工、冶金行业清洁生产，坚决淘汰散、乱、污工矿企业及其落后工艺，鼓励落后生产技术改造，强化行业的环保、能耗、技术、工艺、质量、安全等方面的指标约束，提高准入门槛。推广应用化工生产过程污染物浓缩、分离、纯化、内部资源化循环利用技术。使用湿法冶金工艺逐渐替代火法工艺，减少有害重金属源头排放量，提高有害金属回收率。

积极推进东北平原及黄淮海平原农产品产地工矿产业结构调整，加强顶层设计，优化产业空间布局，推动产业集聚发展。大力推进全行业的清洁生产，全面淘汰落后工艺，鼓励工矿企业向专业化、特色化发展。推进国际产能合作，提高企业国际化经营能力。

建议制（修）订工矿企业污染综合防控监督管理指南。以辽河平原、海河平原、黄泛平原为先行示范区，建立与清洁生产水平、环境管理和风险防控、稳定达标排放相关联的重金属排放强度核算方法，实施综合排污许可制度，加强行业无组织排放控制水平。建立有害重金属污染防治管理信息系统和有害重金属的生产、使用、排放等全生命周期的物质流管理机制。加强企业和园区污染防控自控水平和过程性关键运行参数的监控能力建设。

建议围绕工矿企业有害重金属污染治理共性关键问题，研发集成一批针对性强的先

进适用技术，重点在含有害重金属废水清洁生产节水途径、分质供水和水质安全保障、含有害重金属固废的资源化及二次污染控制、有害重金属烟粉尘无组织排放控制等方面进行研发、应用。建议加强清洁生产技术的推广应用，大力开展清洁生产技术示范，提升行业清洁生产整体技术水平。

建议完善工矿企业环境应急标准化建设规范，定期组织开展有害重金属环境和健康风险评估，完善污染事件应急处置联动机制。建立环境风险隐患登记、整改和销号的全过程监管制度。加强园区风险监测预警体系建设。完善农产品产地有害重金属防控管理政策和技术标准体系，开展典型农产品产地有害重金属环境综合整治国家示范。

进一步完善工矿企业污染严重企业及落后产能退出机制。制定工矿企业产能退出、有价金属资源回收、有害重金属环境污染治理的财政奖励、贷款贴息、生产配额等经济激励或补偿政策，完善有害重金属污染补偿和损害赔偿机制，建立以环境绩效为导向的资金分配方法，对符合条件的重点区域进行持续支持。

3. 推进畜禽养殖污染综合治理

“十二五”期间，我国畜禽养殖环境控制取得了明显成效。2015年，全国畜禽养殖化学需氧量、总氮、总磷排放量分别为1 067万t、129万t、12万t；同比2007年第一次全国污染源普查，畜禽养殖化学需氧量、总磷排放量分别降低11%、20%。然而，目前我国畜禽粪污年产生量38亿t，其中40%未有效处理利用，总氮排放量仍呈上升趋势（同比2007年增幅31%），畜禽养殖环境控制任重道远。我国畜禽养殖业空间布局差异大，区域性污染问题突出。如我国生猪生产主要集中在长江流域、华北、东北和两广等经济发达、人口密集区，猪肉产量占全国80%以上。黄淮海平原是我国畜禽养殖污染负荷最高的区域，青藏高原污染负荷最小；东北平原、中东部、东南沿海畜禽养殖污染负荷较大，蒙新高原和黄土高原污染负荷中等，西南山区污染负荷中等偏低。北方农产品产地畜禽养殖污染负荷大省主要为山东、河南、黑龙江。

根据我国现阶段畜禽养殖现状和资源环境特点，因地制宜确定主推技术模式。以源头减量、过程控制、末端利用为核心，重点推广经济适用的通用技术模式。

黄淮海平原主要包括河北、山西、山东和河南4省，是我国粮食主产区和畜产品优势区，应根据土地承载力及环境承载力，优化调控畜禽养殖总量，重点推广种养结合、粪污资源化还田与沼气能源化并重的技术模式。

东北平原主要包括内蒙古、辽宁、吉林和黑龙江4省（自治区），土地面积大，冬季气温低，环境承载力和土地消纳能力相对较高，应以地定畜、以种定养，科学调增畜禽养殖总量，重点推广适用于较寒冷地区的生态循环养殖技术模式，冬季推行畜禽粪污基质化、垫料化、燃料化清洁回用，夏季推行粪污全量收集还田利用、污水肥料化利用、粪污专业化能源利用”的技术模式。

西北地区包括陕西、甘肃、青海、宁夏和新疆5省（自治区），水资源短缺，主要是草原畜牧业，农田面积较大，应以水资源节约为原则、资源化与能源化并重，加大政府投资，鼓励节水养殖新工艺，改水冲清粪或人工干清粪为漏缝地板下刮粪、板清粪，改无限用水为控制用水，重点推广粪便垫料回用、污水肥料化利用及粪污专业化能源利用技术模式。

蒙新高原、云贵高原和青藏高原污染问题不突出，作为生态脆弱区，要严格控制畜禽养殖生态压力，发展绿色生态畜禽养殖。

科学划定畜禽养殖禁养区、限养区、宜养区。加大国家财政专项支持力度，结合以奖促治，解决农村畜禽养殖污染问题。在农村分散畜禽养殖区域，以村为实施单元，连片推广应用可降解有机废弃物小型户用沼气工程。在农村集中畜禽养殖区域，以镇/县为实施单元，规模化推广应用以畜禽粪便为主的中大型沼气工程。在畜禽养殖废弃物产生量较高的地区，遵循“以地定畜、种养结合”的原则，形成生态养殖—沼气—有机肥料—种植的循环经济模式，实现畜禽养殖污染物的资源化综合利用。推广低污染、低投资、低运行、易管理“三低一易”型畜禽养殖污染寒冷季节越冬工程。

优化畜牧业结构，提升供给质量和效率。依照《畜禽粪污土地承载力测算技术指南》，指导各地合理布局畜禽养殖，推进种养结合、农牧循环发展。以推进“一带一路”倡议的“红旗河”西部调水工程以及京津冀协同发展战略为契机，进一步科学响应生猪养殖北移西进，有效疏解长江经济带生猪饲养密度和畜禽养殖生态环境压力，通过畜禽粪肥资源化利用提升“镰刀弯”地区（东北冷凉区、北方农牧交错区、西北风沙干旱区、太行山沿线区及西南石漠化区）耕地质量，探索形成粮经饲统筹、种养加结合的绿色生态循环养殖机制，推广新型清洁生产技术模式，保障生态环境安全，提升肉蛋奶供给质量与效率。

4. 建立科学规范的农产品产地土壤环境污染防治机制

针对我国北方主要农产品产地环境现状，紧密结合区域实际情况，“一区一策”编制环境调查、风险管控、污染治理、技术评估等系列化技术规范或指南。建立针对秸秆、石灰、钝化剂、调理剂、改良剂等修复措施长期施用的安全性和可持续性定量评估机制，因地制宜地加以调控，避免加剧农田土壤重金属污染的危害。

建议根据东北平原及黄淮海平原不同区域农田生态系统特征，建立土壤重金属污染防治体系，从土壤环境质量调查与评估、污染源头管控与消减、农田分类管理与修复、土壤环境质量基准推导四方面系统推进土壤污染防治工作，从而促进区域农田生态系统健康、稳定和可持续运转。

《土壤污染防治行动计划》对我国农田土壤污染防治工作提出了预防为主、保护优先、风险管控的整体思路。北方主要农产品产地土壤污染防治技术体系，须坚持预防为主、保护优先，管控为主、修复为辅，示范引导、因地制宜等原则，形成由法律法规、标准体系、管理体制、公众参与、科学研究和宣传教育组成的支撑体系，从不同层面响应和服务“土十条”。在构建农田土壤重金属污染防治体系时，应以保障农产品质量安全和人居环境安全为出发点，充分考虑土地利用类别、污染物类别、污染程度、技术经济条件等因素，体现系统化、差异化、有序化等工作思路，在摸清土壤污染现状的基础上，同步推进污染源管控，对农用地实行等级评估、分类管理、有序修复和跟踪监控的科学治理措施。

重金属污染物在土壤—农作物系统中的迁移与转运驱动因子复杂，涉及土壤学、农学、生物学及农业工程学等多个学科。当前我国各级政府部门和研究单位对农田土壤调查、分析方法不统一，且多集中于对土壤重金属总量的监测。在土壤重金属含量分析过程中，实验室带来的误差在2%～300%，而采样造成的误差可达近1 000%。区域环境评估可校正观测值并将整体分析误差降低50%。因此在东北平原及黄淮海平原农产品产地生态系统环境质量调查阶段，应制定统一的采样、分析方案，注重多学科合作，从不同角度联合攻关，实现对土壤、水源、农作物等农田生态系统主要组分的多目标调查。

环境质量评估是对土壤环境综合数据库的有效补充，有利于污染物管控和修复措施的科学决策。提高土壤重金属污染预测精度，准确掌握重金属污染重点区域，有助于在农田污染防治过程中对整体和局部的风险管控。因此，评估工作应注重对土壤整体环境质量、农作物安全质量和重金属累积趋势等内容的多目标评估。评估技术以土壤污染时空预测技术，多介质多受体环境风险评估技术和农产品富集风险预测技术为主。其中土壤污染时空预测技术是指基于农田系统污染物的环境过程、数据空间特征与时间变化的模型分析，对土壤污染物输入/输出过程进行量化，并形成土壤环境保护与风险管控的决策系统；多介质多受体环境风险评估技术是指开展土壤、农作物和地下水等不同介质污染风险耦合关系分析，明确不同风险（污染风险、人体健康风险和生态风险等）影响因子及其相互联系；

农产品富集风险预测技术是指通过农作物重金属含量、土壤重金属含量、土壤有机质和pH等土壤因子构建多元模型，预测不同土壤条件下农作物对重金属的累积风险。

根据农田土壤污染特征，结合同位素分析方法、多元统计方法和源解析模型等技术联合分析重金属污染物的来源类型，估计不同源的贡献率，绘制详细的北方主要农产品产地土壤重金属污染源图谱，识别重要敏感区和污染成因，确定污染面积、空间分布及演变趋势，针对性地控制农田重金属污染趋势，在此基础上开展污染物消减工作。在源头控制上，应用废弃物资源化、清洁化等技术；在路径控制上，结合农业工程措施，发展污染物拦截阻断技术（如精准施肥与施药技术、农业面源污染防治技术）；在区域尺度上，强化工矿企业清洁生产，引导企业合理布局，防治重点污染物迁移扩散，减少农田外源污染物输入。

分类管理是农田土壤污染防治的根本措施。当前农田分类倾向于以乡、镇为单位的规则性划分。而我国北方农田土壤污染格局多样，污染程度各异，污染区分布破碎。因此需要按照国家相关技术规范，根据土壤污染程度、农产品质量情况，将农田划分为优先保护类、安全利用类和严格管控类。在类别划分时，需要综合考虑土壤类型、农作物种类、耕作制度、土壤与农产品重金属累积特征、区域产业结构布局和污染物扩散规律等因素，尽量减少每一个划分单元内自然、社会经济和环境质量等因素的差异，以增强风险管控和修复措施的针对性。

在制定针对具体单元或田块的修复策略时，应充分考虑不同修复技术的优缺点，筛选、联合各种修复技术，并耦合科学的耕作措施和适当的农作物品种，因地制宜地开展修复工作，体现“一区一策”的防治理念。例如针对面积大、无污染或轻污染的优先保护类农田，应用灌溉水清洁化技术，加强对农药、化肥等农田添加物中重金属含量的监测，确保农田污染程度不上升。针对面积中等、污染中等的可安全利用类农田，应用成本低、操作简便的土壤重金属固化技术（如石灰、矿物肥等）或农业生态修复技术（如水分管理、轮作、间作、深耕等），尽量减少对农田生态系统的扰动。针对面积小、污染严重的严格管控类农田，可采取快速、高效的客土、换土等物理修复技术或淋洗等化学修复技术；对于不适合应用此类技术的严格管控类农田，应采用替代种植、休耕或退耕还林还草等管控措施。同时应注重借鉴国内外修复经验和先进理念，进行修复技术的系统化集成研发，对尚处于研究阶段的修复措施进行工程化改造，建立经济可行的区域农田土壤重金属污染治理方案，适度有序地进行污染农田的修复，提升修复效率。

当前我国对土壤和农作物重金属含量是否超标的界定仍基于早年颁布的质量分级基

准，基准的推导只关注污染物的生态环境效应，已经不适应新形势下的环境保护需求。目前基于风险评估的土壤环境质量基准在发达国家广泛应用，而我国在该方面的研究还比较薄弱。我国《土壤环境质量标准》（GB 15618—1995）对重金属的规定标准是粗略而固定的，但土壤重金属环境阈值是动态的，且在不同土壤条件下差异较大。因此在农用地安全利用的风险管控中，应注重重金属污染物在土壤—农作物系统中的迁移转化特征，农产品摄入量和营养元素吸收量等评价指标，推导基于人体健康风险的土壤环境质量基准，保障我国农产品的安全生产。此外，我国幅员辽阔，土壤性质差异大，统一的土壤环境质量标准不适宜于农田土壤重金属污染防治工作。

应重视农田土壤生态服务功能理念，以恢复农田生态系统健康为目标，依托于针对全污染链条各环节的完整技术体系，实现“调查—分类—管控”三步走的战略思考，建立因地制宜、成本经济、简单易行的农田土壤重金属污染治理方案，有效推进我国农田污染防治工作的开展。结合国内外农田土壤污染治理经验和我国国情，农田土壤重金属污染修复是一项长期综合的系统工程，为顺利落实“土十条”的各项要求，媒体应减少“坏土壤”“毒大米”等缺乏科学性的报道，加强相关专业知识的宣传普及；政府部门应高度重视粮食安全，落实相应的法律、法规；科学家应加强技术创新和相关科学研究；民众应积极参与，客观看待农田土壤污染问题。

（四）重大工程

1.“天地一体化”农产品产地环境监测预警与风险管控平台

我国土地资源利用和环境保护发展过程中表现出的规划多、政策措施多、立法多，但“执法难、难执法”，政府监管不到位，环境保护波浪式不平衡发展等现象，以及一些环境污染和生态破坏突出的问题，其根源主要是“资源—利用—环境”监管体制的不完善。在土地资源源头保护上，以往土地利用规划中对环境影响评价的重视程度不足，规划实施过程中缺乏环境跟踪影响评价。在制定和修改土地利用规划和城乡规划时，没有充分考虑土壤污染防治要求，合理确定土地用途。在土地资源利用过程中，缺乏对土地利用情况过程监管和常态化监测，目前仍然单纯强调供地率与实际利用率，缺少对地方政府土地利用生态环境影响方面的考核评价。在环境监管后期，缺乏合理的生态保护评估和绩效考核机制。要解决好土地利用中的生态环境问题，防范环境风险，不仅取决于政府决策、制度建设，还取决于科学技术水平。而从我国的实情来看，一方面，缺乏

环境风险管控标准体系。目前，我国对农田和其他类型土地的土壤环境监测调查、风险评估、污染场地及其修复等方面的技术导则，土壤环境质量标准中的土壤污染分类、治理标准体系均不完善，特别是缺乏污染修复以及环境风险评估等规范标准，致使土壤环境保护及污染场地利用缺乏依据和指导。国外一些发达国家，如美国和日本都具有明晰的土壤污染筛选和修复标准，我国土壤污染筛选机制尚不明晰，以前的修复主要参照比较广泛的居住用地、展会用地、商业开发地标准，也没有对具体的污染物进行要求。另一方面，缺乏有效的技术手段支撑。土地利用中的环境管理，涉及土地利用规划、环境跟踪影响评价技术、土地信息技术、环境预警预测技术、标准规范制定、环境信息管理技术和环境规划等，都需要相应的技术手段。在我国，这些研究起步较晚，尽管近几年取得了快速的发展，但整体而言，我国土地风险防控技术水平还有待进一步提高。

面对严峻的土地利用环境形势，需进一步通过源头保护、过程利用监管、加强监督执纪问责环节开展制度建设，优化对土地利用情况的考核机制。按照环境影响评价和环境风险评估的结果对土地利用布局进行合理规划和调整，及时规避土地利用中可能出现的环境风险隐患。建立健全环境风险防范与突发环境污染事件应急部门协调联动机制，明确各部门权利与责任，开展全过程监管。规范和加强机构队伍建设。加强环境风险管控，建立事前风险防范、事中应急响应、事后损害评估与环境修复等各环节过程管理体系。在此基础上，要进一步拓宽思路和深化改革，与信息公开、公众参与、优质优价、动态监测、科技创新相结合，充分发挥土地利用风险管控的重要作用。提高环境风险管控水平，减少土地利用环境修复恢复的成本，避免环境风险对人民群众身体健康和财产的危害。针对土壤污染问题，要建立土壤污染防治标准体系，开展土壤环境状况普查，实行土壤污染状况监测制度。加快制订不同土地利用类型的土壤环境监测调查、风险评估、污染场地及其修复等的技术导则等，使土地利用环境风险防控有切实可行的标准和依据可循。近年来，国家层面先后出台了《促进大数据发展行动纲要》《生态环境检测网络建设方案实施计划》等政策文件，物联网、卫星遥感、大数据等技术的发展将是未来实现智慧环保、变革环境监管的有效技术手段，可做好以下重要工作。

开展土地利用环境动态监测。目前，我国在空气、地表水、声环境等常规环境监测领域已形成了比较成熟的监测体系，具有较强的监测能力，但土壤环境监测能力亟待加强，尚不能及时掌控全国和区域土壤环境状况。市、县级环境监测机构土壤环境监测仪器设备、专业监测人员匮乏，土壤环境监测体系总体滞后，使区域环境综合分析遇到瓶颈制约。此外，土壤环境监督执法、风险预警、应急体系建设也较为滞后，大气、水、土壤全要素协同监管机制尚未建立。要加强土地利用过程中的环境监管。建立土地污染责任终身追究机制；加强对涉重金属企业废水、废气、废渣等处理情况的监督检查，严格管控农业生产过程的农业投入品乱用、滥用问题，规范危险废物的收集、贮存、转移、运输和处理处置活动，以防止造成新的土地污染。

依托集成卫星和无人机航空遥感技术、土壤环境原位在线监测技术、土壤样品快速精准分析技术、土壤污染物模拟预警技术，构建地面环境监测网点与数据传输系统，建立农产品产地“天地一体化”环境监测及“物联网+”大数据分析预警平台，重点监测农产品产地“土、水、气、生、人”五要素与污染源，整合农产品质量与流通、化肥农药饲料施用情况信息数据。重点强化东北平原地方政府保护黑土地的责任。支持东北4省（自治区）修订完善耕地环境监测地方性法规、规章。完善耕地质量监测体系，健全耕地质量监测网络，建设黑土地质量数据库。开展遥感动态监测，构建天空地数字农业管理系统，实现自动化监测、远程无线传输和网络化信息管理，跟踪黑土地质量变化趋势。建立第三方评价机制，定期开展黑土地保护效果评价。

2. 京津冀地区农产品产地污染综合防治

2015年京津冀地区废水排放总量为555 309万t，占全国的7.55%。其中，废水中COD排放总量为157.87万t，Hg排放总量为174.8kg，Cd排放总量为16.2kg，Pb排放总量为437.1kg。2014年京津冀地区有涉水工业企业约1.53万家，其中化工行业污染源对农田土壤污染的相对贡献率最高（51%），其次为畜禽养殖业（27%）、金属冶炼加工业（9%）、电镀业（7%）。京津冀污染源点多面广，单位面积涉水工业污染源密度是全国平均水平5.4倍，40%地下污染源周边存在地下水污染。区域地下水质Ⅳ～Ⅴ类比例约为78%；重金属污染浅层地下水指标主要以As、Pb、Cd为主，污染比例为7.98%；浅层地下水挥发性有机物污染比较严重，污染比例为29.17%。

建设京津冀区域环境质量动态监测网络，按照统一规划、统一监测、统一评价的原则，实行农作物和土壤环境质量协同监测，界定京津冀农产品产地污染区，识别重点污染行业，全面分析京津冀地区农产品产地污染时空分布及变化趋势。开展农产品质量全程追踪监控工程示范。

开展化工行业、金属冶炼加工业、电镀业、畜禽养殖业、垃圾填埋场等重点污染源在线监控预警。推进化工、冶金行业清洁生产，淘汰落后工艺，鼓励技术改造，减少有

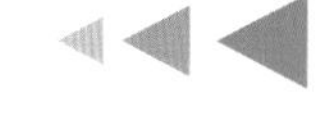

害重金属源头排放量，提高有害金属回收率。

开展土壤污染来源及演化过程、污染物在不同土壤母质中的吸收迁移转化规律、污染物赋存形态对农产品质量及环境风险的影响等基础科学研究，研发、推广、应用经济高效的污染土壤原位/异位修复技术，通过湿地重建提高环境净化能力。

3．生态环境良好农产品产地土壤环境保护

目前，我国北方主要农产品产地局部土壤污染风险较高，但大部分区域土壤环境质量良好，需重点保护土壤污染低风险区域生态环境。建设土壤质量保育示范工程，通过增施有机肥、种植绿肥提高土壤有机质含量和环境容量。在东北老工业基地振兴发展的同时，严格把控工矿企业污染源准入门槛及污染物排放。在秸秆及畜禽养殖集中区建设有机肥生产基地，在秸秆及畜禽养殖分散区建设小规模有机肥堆沤池（站），鼓励秸秆粉碎深翻还田、秸秆免耕覆盖还田、粮豆轮作、粮草（饲）轮作，推广深松深耕和水肥一体化技术。

针对生态环境较好高标准农田的保护工作，应构建有效的公众参与机制，积极创新经营权流转机制，避免标准田块的再次细碎化。创新承包地分配制度，改变绝对平均、田块细化的传统分配模式，探索按区位、产能进行成片分配。严格依据整治规划开展高标准农田建设，创新协同机制，聚合各项目资金，形成高标准农田生态环境保护合力。明确责任主体，确保责、权、利相统一，充分发挥公众的监督作用。坚持因地制宜，建设高标准生态良田，重视生物多样性保护工程。要把生态需求融入设计、施工和后期管护的每一个环节。注重生物多样性保护工程与土地平整工程、农田水利工程、田间道路工程的融合，将耕地地力的培育与提升、农田水环境的保护、污染土壤的修复、耕作生产条件的改善统筹考虑，实现耕地生产与生态功能的系统整体协调。

五、北方主要农产品产地环境污染防治工程案例

（一）天津农产品产地某非正规垃圾填埋场污染综合治理案例

1．场地基本情况介绍与特征描述

天津市某非正规垃圾填埋场所处规划原为农业用地，随着城市发展生活垃圾产量不断增加，原农业用地从2013年开始逐渐沦为附近居民生活垃圾的接纳场所，该垃圾填埋场占地约240亩，填埋深度约11m，垃圾填埋量60万～70万m^3，渗滤液总量

70万～80万m^3，地下水埋深较浅，填埋垃圾长期浸泡在地下水中。场地水文地质条件复杂，80m以浅自上而下可分为潜水含水层、第一层弱透水层、第一至三层承压水，场地区域潜水含水层顶、底高程分别为−2m、−16m。21m以浅的潜水含水层，其岩心主要是黏性较高的粉土层，渗透性较差，富水量差。场地地下水流向为由北向南，地下水流速约为0.043cm/d。地下水pH范围为7.07～8.54，整体呈现弱碱性。NW−2为填埋场上游方向300m的背景点，电导率为7.5mS/cm，氨氮浓度为0.35mg/L，氯化物浓度为1 710mg/L，硝酸盐浓度为0.39mg/L，TOC浓度为5.3mg/L。目前场内垃圾主要分为两区域：一区域为垃圾填埋压实区，该区位于垃圾填埋场西侧，占地面积约为37 000m^2；另一区域主要为垃圾漂浮区域，占地面积约为52 000m^2，初步判断漂浮厚度2～3m（含有覆土层）。由于没有防渗、渗滤液处理、填埋气体导排等环保设施，该非正规垃圾填埋场周边为永久基本农田，存在严重的生态环境安全隐患。

2. 场地环境调查与污染风险

该非正规垃圾填埋场水文地质条件不详，环境污染现状不清，进行场地环境调查与风险评价能够为科学治理污染提供依据。本案例依据《污染场地环境调查技术导则》（HJ 25.1—2014）和《污染场地环境监测技术导则》（HJ 25.2—2014），对填埋场场地周边土壤环境进行调查。

土壤采样点如图2−9所示，填埋场边界点8个，填埋场边界外围30m点8个，共16个；每个采样点调查深度30m，土壤采样点0～3m内每0.5m采集一个样品，共6个；3～6m内每1m采集一个样品，共3个；6～30m内每6m采集一个样品，共4个。场地内调查中心点的土壤，0～15m为垃圾层，从15m开始采取土壤样品，15～18m内每0.5m一个样品，共6个；18～21m内每1m采集一个样品，共3个；21～30m内每3m一个样品，共3个。总计土壤样品220个，监测指标包括pH、有机质、重金属、半挥发性有机物等。采样钻探9口，钻探深度共273m。

图2−9　土壤采样点位

调查结果显示，土壤中有机物邻苯二甲酸二甲酯、邻苯二甲酸二乙酯、邻苯二甲酸二丁酯、邻苯二甲酸二丁苄酯、邻苯二甲酸（2−乙基己基）酯、邻苯二甲酸二正辛酯均有不同程度检出；

铅、镉、铬、砷、汞等重金属浓度范围分别为：12.1～38.5mg/kg、0.10～0.32mg/kg、32.1～243.6mg/kg、5.4～16.0mg/kg、0～0.50mg/kg；氨氮、硝酸盐氮、亚硝酸盐氮浓度范围分别为0.24～27.3mg/kg、0～1 400mg/kg、13.5～128mg/kg。根据污染调查结果对填埋场进行风险评估，具体要求参照《污染场地风险评估技术导则》（HJ 25.3—2014），风险评估流程如图2-10所示。根据前阶段调查结果掌握场地土壤中关注

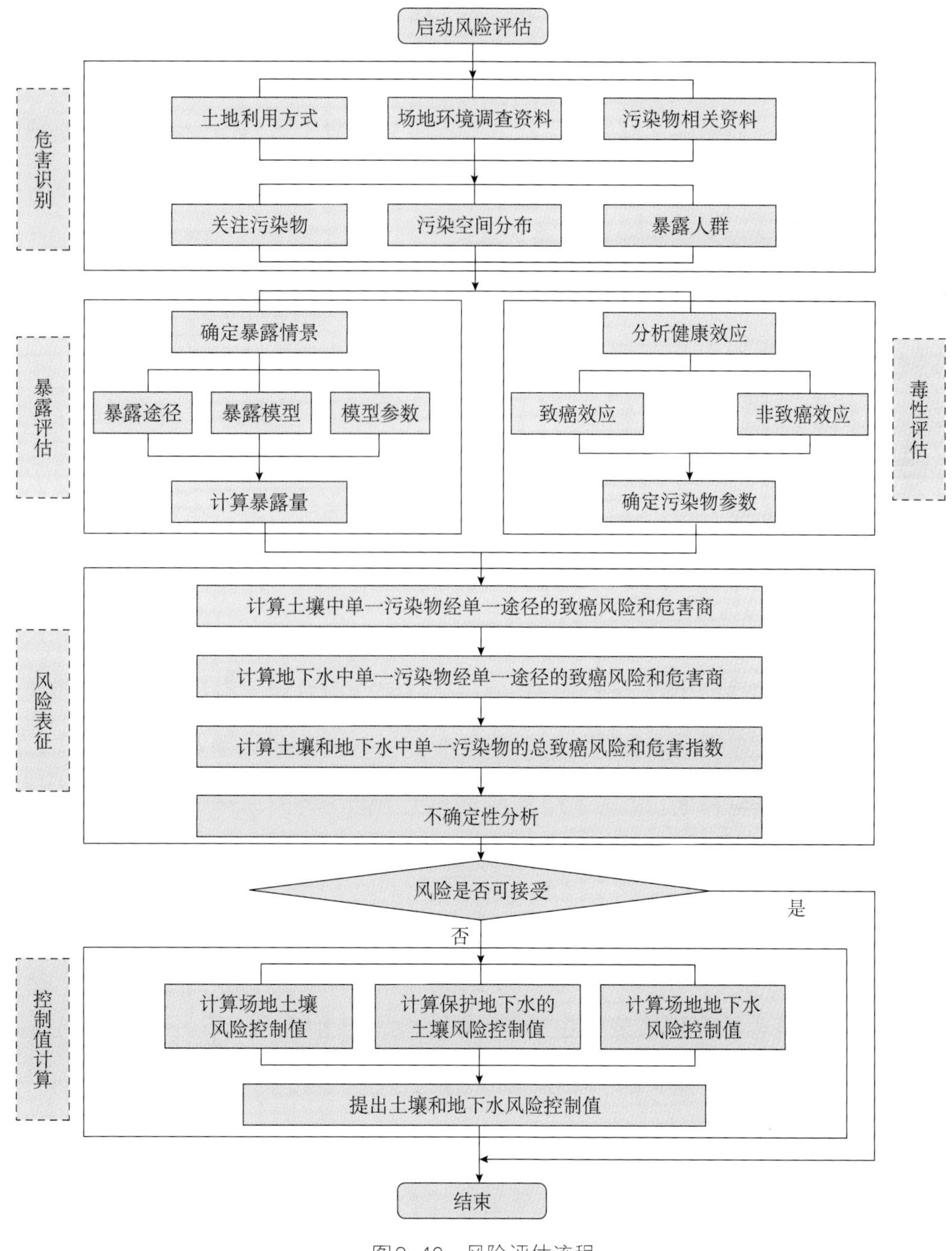

图2-10　风险评估流程

污染物浓度分布，明确规划土地利用方式；在危害识别的基础上，分析场地内关注污染物迁移和危害敏感受体的可能性；确定场地土壤污染物的主要暴露途径和暴露评估模型；确定评估模型参数取值，计算敏感人群对土壤污染物的暴露量。之后，基于危害识别，分析关注污染物对人体健康的危害效应，包括致癌效应和非致癌效应，确定与关注污染物相关的参数，包括参考剂量、参考浓度、致癌斜率因子和呼吸吸入单位致癌因子等。

在暴露评估和毒性评估的基础上，采用风险评估模型计算土壤和地下水中单一污染物经单一途径的致癌风险和危害商，计算单一污染物的总致癌风险和危害指数，进行不确定性分析。在风险表征的基础上，判断计算得到的风险值是否超过可接受风险水平。如常规风险评估结果未超过可接受风险水平，结束风险评估工作；如污染场地风险评估结果超过可接受风险水平，则计算土壤、地下水中关注污染物的风险控制值；如调查结果表明，土壤中关注污染物可迁移进入地下水，则计算保护地下水的土壤风险控制值。本案例计算结果表明，该场地周边农田土壤存在较高污染风险，需进一步采取防治措施。

3．场地污染综合治理思路

由于该非正规垃圾填埋场主要填埋近几年的垃圾，填埋时间短，处于产气高峰，垃圾堆体处于未稳定状态，需要利用好氧降解措施加速稳定，为该场开挖全量原位筛分分类转运异地处理创造条件。但场区内存在大量的渗滤液，垃圾含水率高，地下水位浅，难以在短期时间内降低堆体水位，不利于好氧降解措施的实施。若采用原位筛分分类转运异地处置方案，虽然对填埋场污染治理较为彻底，但存在垃圾开挖和搬迁过程中环境污染（臭气、粉尘污染等）、安全控制（沼气外泄）、消纳地点选择、腐殖土利用、工程周期等问题。同时，筛分分类及转运需要周期较长，分类后垃圾异地处置暂无去向。综上，原位筛分分类转运异地处置需要周期时间长、投资高，不符合该非正规垃圾填埋场短时间内完成治理的要求。

若采用全量转运异地处理方案，将陈腐垃圾开挖后直接转运至规范的处理场所处理，该方案要求运距适当、有接纳的末端处置设施且处置费用合理，往往适用于堆存垃圾量小且有足够容量的异地末端处置场所的情况。目前该市生活垃圾处理能力较为紧张，处理能力已经基本饱和，没有多余的能力接纳该非正规垃圾填埋场接近60万～70万m^3的垃圾。开挖的陈腐垃圾全量转运至分散于周边的垃圾处理设施异地处理，不仅治理、处理周期长，还带来高昂的运行成本。此外该非正规垃圾填埋场填埋时间短，垃圾较为新鲜，开挖过程会产生大量的臭气、粉尘等问题；区域垃圾含水率高，渗滤液量大，开挖前需要先进行渗滤液抽排处理，要求周期时间长，因而该场地不宜直接采取直接全量转运处置的方案。

原位好氧处置将填埋场变为生物反应器，改变填埋场中的物理和化学条件，建立符合微生物生长的环境，利用微生物的作用，加速垃圾中可生物降解有机物的分解，缩短填埋场的填埋时间。充气好氧技术在治理周期、对堆存垃圾的最终处置方面都不能满足要求，因此不适合单独用于该非正规垃圾填埋场的治理。但是，好氧降解治理对该非正规垃圾填埋场的新鲜垃圾快速降解，是一种必不可少的手段，好氧治理与原位封场相结合，能够达到快速稳定化及原位生态封场的要求，与后续污染治理相结合，能够实现场地污染的全面整治。

原位封场处理是一种简单有效的治理方法，可以在较短时间内达到该非正规垃圾填埋场污染彻底根治的总体治理目标，因而将原位好氧降解治理与原位封场处理相结合，作为该非正规垃圾填埋场污染综合治理方案。理由如下：一是，异位移除方案要求垃圾含水率低，以便垃圾开挖，同时需要结合渗滤液抽排处理，保障后续移除工程顺利实施。但由于区域内垃圾量较少，渗滤液量大，难以在短时间内实现渗滤全量处理；相对而言，原位封场治理方案中所涉及的渗滤液处理设施能够在污染不扩散的情况下，逐步实现渗滤液污染源头减量。二是，填埋区域地下水具有水位埋深浅、流通性较好等特点，原位封场治理和异位移除治理方案都需要采取垂直防渗措施及渗滤液抽排处理，但异位移除在开挖、转运过程中易产生二次污染，其环境风险较高；异位移除方案需要新建垃圾填埋场接纳开挖的垃圾，但新建填埋场选址困难、建设周期场、投资费用较大。原位封场治理成本相对较低、周期相对较短、环境风险可控、工艺成熟、便于实施。

依据上述比选结果，结合该非正规垃圾填埋场的实际情况，从治理效果、周期、成本等方面综合考虑，选择原位封场技术方案。主要包括以下工程措施：

甲烷气导排与原位生物强化稳定化输氧曝气工程。设置甲烷气导排井20口，使用750m导排支管、240m导排主管将甲烷气输送至火炬系统燃烧处理；设置10口输氧曝气井及曝气系统进行垃圾原位稳定化处理，加快填埋堆体稳定、严防火灾爆炸等安全隐患。

渗滤液抽出与应急处理工程。以设备租赁形式，实施填埋场渗滤液抽出与应急处理，设置日最大处理规模为200m^{3}的以DTRO（碟管式反渗透膜）为核心的移动式应急设备对渗滤液进行快速处理，出水达到《生活垃圾填埋场污染控制标准》（GB 16889—2008）

标准，膜浓缩液通过高级氧化耦合强化生化技术（包含臭氧催化氧化系统、BAC生物反应系统、赤铁矿生物反应系统和膜生物反应系统、FENTON高级氧化技术、电催化氧化技术等）进行处理，实现渗滤液全量化（无浓缩液生成）达标外排，以减缓污染扩散。

填埋场污染阻断工程。建设总长约1 700m、施工深度为16.5m的止水帷幕工程，并在填埋区域第一层弱透水层顶板以下2m进行水泥灌浆实施补漏工程，实现污染阻断。

渗滤液及其污染地下水治理工程。设置20口渗滤液导排井并建设日处理规模500m^{3}的垃圾渗滤液全量处理工程，最终渗滤液处理出水达到《生活垃圾填埋场污染控制标准》(GB 16889—2008）标准后排放；采用原位可渗透反应墙技术，对填埋场局部区域地下水污染进行修复。

填埋场简易覆膜及绿化提升工程。采用1.5mm HDPE膜对整个垃圾填埋场进行简易覆膜，其中场内水面区域采用网格式反吊柔性膜进行覆盖；铺设20 000m^{2}草皮，改善填埋场地表感官。

填埋场临时防洪与地表径流导排工程。结合填埋场简易覆膜工程，采取临时防洪与地表径流导排措施。

填埋场填埋气导排工程。在填埋气导排应急处理的基础上，增设50口甲烷气导排井及配套导排管道、火炬燃烧装置。

填埋场封场监测。设置地下水、填埋气体、垃圾堆体表面沉降检测设施，实现封场后填埋场地下水监控预警、场区内安全防控。

（二）天津农产品产地某纳污坑塘环境污染调查与风险评价

1. 场地基本情况介绍与特征描述

该纳污坑塘面积约为1 200m^2，水面面积约800m^2，平均水深约1.5m，污水量约1 200m^3，水面呈土黄色。根据卫星历史影像资料，2016年3月坑塘东北侧疑似存有散乱垃圾堆放点。至2017年5月，该纳污坑塘西侧土地被平整，并出现活动厂房，存在生产作业迹象。紧邻坑塘北侧为乡村道路，道路北侧为闲置农用地，目前坑塘周边企业都已停止生产作业。当地相关部门采取投加生石灰等措施，以改善水质酸碱性。

该纳污坑塘污染疑似工业废水偷排所致，偷排企业主要为颜料印染及电镀企业等。颜料生产过程产生的废水具有高酸度、高COD、高色度、高含盐量、有机物难生化降解的特点。而电镀废水主要分为含铬废水、含氰废水以及其他废水（包括铜、镍、锌等）三类，其水质复杂，成分不易控制，其中含有铬、镉、镍、铜、锌、金、银等重金属离子和氰化物等。根据《天津市生态用地保护红线划定方案》，该纳污坑塘土地处于天津市生态红线范畴，属于农业生产保护绿地，坑塘周边农田土壤存在较高的环境风险隐患。

2. 场地环境调查与污染风险

由于该纳污坑塘废水、底泥治理周期短，为提高污染源治理效率，在采样调查的同时进行废水移出处理，并开展底泥移出暂存。为准确判断底泥污染情况，其采样分析分为两个阶段：第一阶段为坑塘表层底泥样品采集，该采样工作与坑塘废水同时进行，采样点位与废水采样点位一致，共计3个样品；第二阶段为废水移出后，在底泥开挖移除过程中进行样品采集，共计2个样品。

污染场地土壤采样点的数量应根据场地规模、污染源的性质、场地土壤类型、污染的程度等情况确定。一般情况下，突然采样点的数量应按照每个污染源不少于2～3个布设。考虑该纳污坑塘面积小且坑塘底部土壤取样较为困难，在底泥开挖移除后，开展坑塘底部土壤监测。初步选取4个底部表层土壤进行采样检测分析，并依据检测结果对污染超标点位进行土壤加密调查，调查点位2个，调查深度2m，土壤采样深度间隔为0.5m，共计10个样品（图2-11）。监测指标包括pH、电导率、有机质含量、重金属（Fe、Cd、Pb、Hg、Ag、As、Cr、Cu、Zn、Ni、Se、Sb）、六价铬、石油类、氰化物、半挥发性有机物、阳离子交换量等指标。

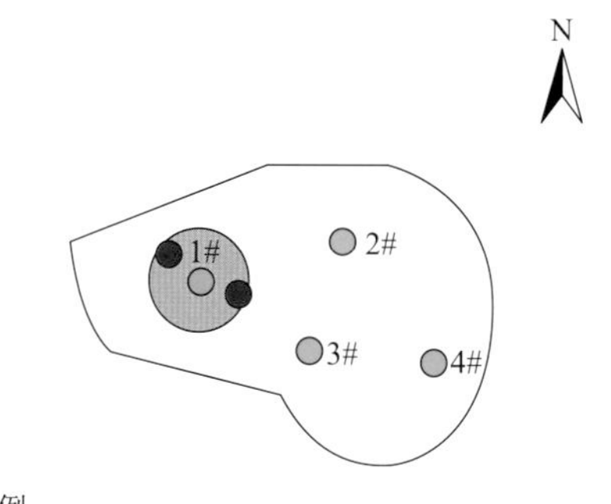

图2-11 坑底土壤采样点分布

调查结果显示：底泥样品检测中发现，底泥石油类指标均高达1 000mg/kg以上，最大检测值为2 050mg/kg，石油类物质含量较高。石油类污染物进入土壤后，会破坏土壤结构，分散土粒，使土壤的透水性降低。其富含的反应基能与无机氮、磷结合并限制硝化作用和脱磷酸作用，从而使土壤有效磷、氮的含量减少。特别是其中的多环芳烃，因有致癌、致变、致畸等活性，且能通过食物链在动植物体内逐级富集，其在土壤中的累积更具危害性。石油类污染物在我国已列入危险废物名单，该污染物应列入关注污染物。此外，底泥中半挥发性有机物均有邻苯二甲酸酯类物质检出。邻苯二甲酸酯类作为塑料增塑剂，常用于农药载体、染料助剂以及涂料和润滑油中，具有种类多、难易降解、生物富集性强等特点，对人体、生物体及植物均有较大的毒性，该类污染物对人类的危害主要表现在致癌、致畸性以及免疫抑制性。目前我国尚无制定土壤邻苯二甲酸酯污染控制标准，本报告参考美国土壤邻苯二甲酸酯化合物控制与治理标准进行分析评估。按照美国土壤邻苯二甲酸酯化合物的控制标准，3种邻苯二甲酸酯化合物均存在不同程度的超标现象，其中邻苯二甲酸二甲酯超过控制标准3.5～4.0倍，低于治理标准；邻苯二甲酸二丁酯超过控制标准0.1～1倍，低于治理目标；邻苯二甲酸二辛酯超过控制标准119.1～150.3倍，超过治理标准0.2～0.5倍，最大检测值为181.59mg/kg。鉴于邻苯二甲酸酯的危害性，应将此类浓度较高有机物列入关注污染物。

天津市要求对有关工业渗坑（塘）应根据《天津市工业渗坑（塘）治理指导意见》对修复后的工业渗坑（塘）的土地进行适宜性评估，借鉴美国环境保护局提出的风险评估方法，采用健康风险评估来确定修复工业渗坑（塘）的潜在用途，即从保护人群健康角度出发，根据修复后的土壤污染物含量、污染物的生态毒理参数以及不同土地利用方式下潜在的人群暴露途径，计算对暴露于污染场地的人群产生不良影响的概率，判定场地的未来适宜利用方式。该污染场地风险评估可根据《天津市工业渗坑（塘）治理指导意见》推荐模型，借鉴我国《污染场地风险评估技术导则》相关指导性方法开展坑（塘）场地污染风险评估，其健康风险评估的主要步骤如下（图2-12）：污染源分析，关注的土壤污染物及其释放率；暴露分析，确认潜在暴露人口、暴露途径、暴露程度；毒性分析，确定土壤污染物浓度水平与健康的反应之间的关系；风险评估，确定工业渗坑（塘）的环境及健康风险。

利用风险评估模型对工业渗坑污染场地的健康风险计算，计算风险值为处于地面的人群通过经口摄入污染土壤颗粒、口鼻吸入土壤尘和污染物气体、皮肤接触污染土壤等途径累积受到的健康风险，包括污染物的总致癌风险和非致癌危害指数。为了使风险分析具有代表性和较好的保证率，严格控制风险水平，采用0～0.2m表层次土壤中污染物浓度最高值进行风险计算，计算结果如表2-21所示。

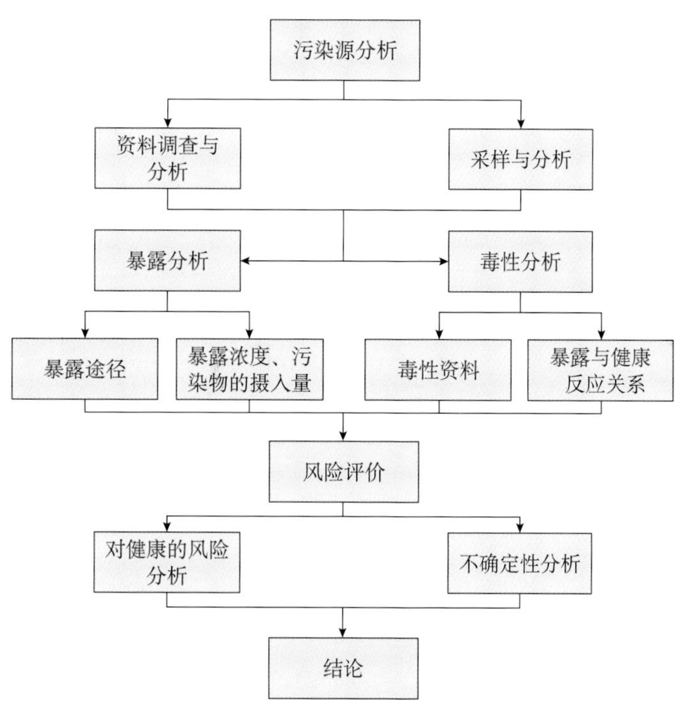

图2-12　风险评估流程

表2-21　土壤污染物风险值

污染物	直接摄入		皮肤接触		呼吸吸入		总致癌风险值	总非致癌风险值
	致癌风险值	非致癌风险值	致癌风险值	非致癌风险值	致癌风险值	非致癌风险值		
锌	—	2.5×10^{-3}	—	5.0×10^{-2}	—	—	—	5.25×10^{-2}
铜	—	5.1×10^{-3}	—	1.0×10^{-1}	—	—	—	1.051×10^{-1}
铬	—	9.3×10^{-2}	—	1.87	2.89×10^{-7}	—	2.89×10^{-7}	1.963
镍	—	6.0×10^{-3}	—	1.2×10^{-1}	1.49×10^{-9}	—	1.49×10^{-9}	1.26×10^{-1}
邻苯二甲酸二甲酯	—	—	—	—	—	—	—	—
邻苯二甲酸二丁酯	—	1.46×10^{-6}	—	1.46×10^{-6}	—	—	—	2.92×10^{-6}
邻苯二甲酸二辛酯	—	1.7×10^{-2}	—	1.74×10^{-2}	—	—	—	3.48×10^{-2}

在健康风险评估阶段，将锌、铜、铬、镍、邻苯二甲酸二甲酯、邻苯二甲酸二丁酯、邻苯二甲酸二辛酯作为主要关注污染物，并以土壤中最大浓度在不同暴露途径进行致癌和非致癌风险值的计算，按照污染物的致癌风险可接受值为10^{-6}、非致癌风险可接受值小于1作为污染场地的风险评价基准，得出如下结论：

关注污染物中铬总致癌风险值为2.89×10^{-7}，总非致癌风险值性大于1，为1.963，具有一定健康的风险性；其他污染物总致癌风险小于10^{-6}，非致癌风险小于1，处于可接受的致癌风险范畴。

铬经直接摄入途径的非致癌风险值为0.093，占非致癌风险4.73%；经皮肤接触途径的非致癌性风险值为1.87，占非致癌风险95.27%，健康风险性主要来源于皮肤接触途径。

3．场地污染综合治理思路

根据前期工作调查结果，废水中COD、BOD_5、氨氮、总氮、氟化物、阴离石油类、氟化物、硫化物、总氮、总磷及锌、硒等物质均检出超出地表水V类标准限值。为防止废水中污染物迁移扩散，造成周边环境二次污染，采取应急措施对坑塘废水进行抽出移除，存放于具有防渗功能的暂存池中。现有暂存池废水监测结果与前期坑塘废水水质相比，由于水质混合扰动，COD、氨氮、油脂类等水质变化明显。根据防止二次污染、就近处理及经济有效等原则，考虑到废水中含有一定的锌、硒等重金属，通过实验室分析，建议废水处理工艺首先采用碱析沉淀去除，然后采用次氯酸钠溶液去除废水中的氨氮，最后在DSA电极电催化作用下进一步去除废水的COD、氨氮、有机氮，确保出水水质达到消纳管理标准。对填坑污泥无需初步脱水即进行固化/稳定化处理，并且可以使底泥固化强度短时间快速提高至较高水平，将简化处理工艺程序和难度、缩短工期，因此，实施过程中应委托具有处理能力的单位进行处置。

坑塘废水、底泥经应急工程移出处理后，原纳污坑塘可进行覆土、平整、绿化，恢复其使用功能。在覆土过程中，可在底层土壤中添加微生物菌剂，利用微生物对土壤重金属元素所具有的特殊吸附、转化、溶解和沉淀能力，进一步降低重金属等有毒污染物活性或降解成无毒物质；在绿化植物选择上，选取对重金属等有毒污染物有特定吸附作用的修复植物，利用微生物菌剂调节土壤肥力和植物吸收固定协同重金属等有毒污染物，通过微生物—植物协同修复技术降低坑底土壤污染程度，达到改善土壤环境的目的。

六、结语

近年来，随着我国城市化和工业化的发展，湖南“镉大米”、海南“毒豇豆”等污染事件层出不穷，农田土壤重金属污染越发严重。因此，2016年国务院在《土壤污染防治行动计划》中指出以农用地为重点，开展土壤污染状况详查，按照污染程度划定农用地土壤环境质量类别，并结合区域种植类型，制定受污染耕地安全利用方案。2017年中央1号文件将《土壤污染防治行动计划》中农田土壤污染防治工作内容进一步提升，在土壤污染状况详查的基础上，深入实施《土壤污染防治行动计划》工作内容，开展重金属污染耕地修复及种植结构调整试点。同年10月，党的十九大报告进一步提出强化土壤污染管控和修复，坚持源头防治，实施重要生态系统保护和修复重大工程，完成生态保护红线、永久基本农田、城镇开发边界三条控制线划定工作。农产品产地土壤污染防治是保护生态红线、保障永久基本农田的必要条件，更是打好防范化解重大风险、精准脱贫、污染防治三大攻坚战的重要保障。

东北平原及黄淮海平原是我国最大的两座“粮仓”，农作物播种面积分别占全国的13.34%、18.50%，其生态环境安全在农业资源可持续方面具有重要的战略地位。因此，基于中国工程院重大咨询项目“中国农业环境资源若干战略问题研究”专设课题“中国北方主要农产品产地污染综合防治战略研究”，旨在系统分析我国北方主要农产品产地（东北平原和黄淮海平原）环境污染现状、趋势与问题成因，形成北方主要污染区域农产品产地污染风险等级，为北方农产品产地环境污染综合防治战略方案提供重要依据；综合经济、环境、社会效益，提出具有针对性的区域性污染综合治理模式，形成我国北方农产品产地污染综合防治战略。

基于课题研究成果，本报告汇总了北方主要农产品产地东北平原及黄淮海平原环境数据，分析了土壤环境质量现状在空间上的分布特征和规律，探讨了水、气环境质量与土壤环境质量之间的相关性；综合考虑土壤重金属污染物的生态效应、环境效应、人体毒理学效应，通过基于ArcGIS的克里金插值法绘制了北方主要农产品产地污染风险等级分区控制图；通过多指标综合评价法及卫星地图数据检索方法，追溯统计了土壤重金属超标点位附近的潜在污染源，分析了环境问题成因。

东北平原及黄淮海平原农产品产地土壤重金属Cd、Hg超标问题较为突出、污染风险不容忽视。Cd超标点位及污染高风险区域集中分布在辽河平原东部的沈阳市和西南部的锦州市，海河平原天津市，黄泛平原西部的新乡市；Hg超标点位及污染高风险区域集中分布在海河平原天津市、北京市。化工行业、畜禽养殖业、金属冶炼加工业是东北平原及黄淮海平原农产品产地土壤重金属污染的主要潜在污染源。基于基础数据分析，以“坚守生态红线、强化风险管控”为准则，以“环保督查常态化”为契机，因地制宜，提出“一区一策”的东北平原及黄淮海平原农产品产地环境污染综合防治战略；循序渐进，推进“天地一体化”监控预警、京津冀农田污染治理、生态环境良好农产品产地土壤环境保护三大重点工程。

参考文献

安徽省环境保护厅，2016．2015年安徽省环境状况公报［R］．06-02.

安永龙，黄勇，刘清俊，等，2016．北京城区表层土壤多元素分布特征及重金属元素污染评价［J］．地质通报，35（12）：2111-2120.

鲍士海，2013．锦州市基本农田土壤环境质量现状及分析［J］．绿色科技（12）.

蔡奇英，刘以珍，管毕财，等，2013．南方离子型稀土矿的环境问题及生态重建途径［J］．国土与自然资源研究（5）：52-54.

曹宏杰，王立民，罗春雨，等，2014．三江平原地区农田土壤中几种重金属空间分布状况［J］．生态与农村环境学报，30（2）：155-161.

陈京都，戴其根，许学宏，等，2012．江苏省典型区农田土壤及小麦中重金属含量与评价［J］．生态学报，32（11）：3487-3496.

陈卫平，阳杨，天谢，等，2018．中国农田土壤重金属污染防治挑战与对策［J］．土壤学报，55（2）：261-272.

重庆市环境保护局，2016．2015年重庆市环境状况公报［R］．06-02.

崔邢涛，栾文楼，石少坚，等，2010．石家庄污灌区土壤重金属污染现状评价［J］．地球与环境，38（1）：36-42.

崔秀玲，徐君静，周速，2013．新乡市土壤环境中铬污染状况分布研究［J］．河南机电高等专科学校学报，21（4）：11-15.

戴文清，1993．江西省主要金属厂矿对畜牧业影响的初步调查［J］．农业环境保护，12（3）：124-126.

段来成，2009．济源市农产品质量安全监管做法浅谈［J］．河南农业（13）：31.

冯金飞，2010．高速公路沿农田土壤和作物的重金属污染特征及规律［D］．南京：南京农业大学.

付东叶，高明波，朱国庆，2007．山东省高青县境小清河对沿岸浅层地下水的污染影响分析［J］．山东国土资源，23（2）：41-44.

付玉豪，李凤梅，郭书海，等，2017．沈阳张士灌区彰驿站镇土壤与水稻植株镉污染分析［J］．生态学杂志，36（7）：1965-1972.

高海楼，常春平，张芳，等，2011．栾城县地下水NO_3-N污染现状调查［J］．中国农学通报，27（32）：275-280.

弓晓峰，黄志中，张静，等，2006．鄱阳湖湿地土壤中Cu、Zn、Pb、Cd形态研究［J］．农业环境科学学报，25（2）：388－392.

古德宁，李立平，邢维芹，等，2009. 郑州市城市土壤重金属分布和土壤质量评价［J］. 土壤通报，40（4）：921－925.

谷宁，2002. 石家庄市水环境中微量有机物的污染规律研究［J］. 地理与地理信息科学，18（2）：85－87.

顾继光，2003. 不同作物品种对重金属的积累特性及农产品品质安全［D］. 北京：中国科学院研究生院（沈阳应用生态研究所）.

国家统计局，环境保护部，2011. 中国环境统计年鉴2011［M］. 北京：中国统计出版社.

韩朴，2015. 2014年中国主要大气污染物时空特征分析［D］. 西宁：青海师范大学.

何纪力，徐光炎，朱惠民，等，2006. 江西省土壤环境背景值研究［M］. 北京：中国环境科学出版社.

胡春华，李鸣，夏颖，2011. 鄱阳湖表层沉积物重金属污染特征及潜在生态风险评价［J］. 江西师范大学学报：自然科学版，35（4）：427－430.

胡宁静，2003. 贵溪地区污灌水稻土重金属环境地球化学研究与环境评价［D］. 成都：成都理工大学.

胡宁静，李泽琴，黄明，等，2004. 贵溪市污灌水田重金属元素的化学形态分布［J］. 农业环境科学学报，23（4）：683－686.

湖北省环境保护厅，2016. 2015年湖北省环境状况公报［R］. 06－02.

湖南省环境保护厅，2016. 2015年湖南省环境状况公报［R］. 06－02.

环境保护部，2011. 2010年中国环境状况公报［R］. 05－29.

环境保护部，2016. 2015年中国环境状况公报［R］. 05－20.

环境保护部，国家统计局，农业部，2010. 第一次全国污染源普查公报［R］. 02－06.

环境保护部，国土资源部，2014. 2014全国土壤污染状况调查公报［R］. 04－17.

环境保护部办公厅，2014. 2015年国家重点监控企业名单［R］. 12－31.

环境保护总局，2006. 2005年中国环境状况公报［R］. 06－02.

黄国勤，2011. 江西省土壤重金属污染研究［M］//2011年中国环境科学学会学术年会论文集：第二卷. 北京：中国环境科学出版社：1731－1736.

黄长干，张莉，余丽萍，等，2004. 德兴铜矿铜污染状况调查及植物修复研究［J］. 江西农业大学学报，26（4）：629－632.

简敏菲，弓晓峰，游海，等，2004. 鄱阳湖水土环境及其水生维管束植物重金属污染［J］. 长江流域资源与环境，13（6）：589－593.

简敏菲，徐鹏飞，熊建秋，等，2013. 乐安河—鄱阳湖段湿地表土重金属污染风险及水生植物群落多样性评价［J］. 生态与农村环境学报，29（4）：415－421.

江苏省环境保护厅，2016. 2015年江苏省环境状况公报［R］. 05－30.

江西省地质调查研究院，2008. 江西省鄱阳湖及周边经济区多目标区域土壤地球化学图集：上册 [C].

江西省环境保护厅，2016. 2015年江西省环境状况公报 [R]. 06-05.

江西省农业厅农业环境监测站，2009. 江西省第一册农业污染源调查分析研究报告 [R].

金丹，郑冬梅，孙丽娜，2015. 辽河铁岭段两岸河岸带土壤重金属分布及风险评价 [J]. 沈阳大学学报：自然科学版，27 (6)：451-456.

康树静，2014. 大气污染物$PM_{2.5}$防治研究 [J]. 科技资讯，12 (19)：216-217.

雷艳虹，严平，曹小华，2013. 鄱阳湖流域重金属污染分布及防治措施 [J]. 九江学院学报：自然科学版 (1)：7-9.

李宏艳，滕彦国，王金生，等，2008. 德兴地区土壤重金属含量空间分布特征 [J]. 辽宁工程技术大学学报：自然科学版，27 (3)：465-468.

李玲，吴克宁，张雷，等，2008. 郑州市郊区土壤重金属污染评价分析 [J]. 土壤通报，39 (5)：1164-1168.

李铭红，李侠，宋瑞生，2008. 受污农田中农作物对重金属镉的富集特征研究 [J]. 中国生态农业学报，16 (3)：675-679.

李天煜，熊治廷，2003. 南方离子型稀土矿开发中的资源环境问题与对策 [J]. 国土与自然资源研究 (3)：42-45.

李永绣，焦小燕，何小彬，等，2000. 离子型稀土绿色开采技术的研究进展及主要问题 [C]. 中国稀土学会第四届学术年会论文集：43-47.

李祖章，谢金防，蔡华东，等,2010. 农田土壤承载畜禽粪便能力研究 [J]. 江西农业学报,22 (8)：140-145.

梁爽，2010. 华北平原特定地区土壤和植物重金属状况研究 [D]. 郑州：河南工业大学.

廖万琪，雷瑞铭，陈志斌，2001. 赣南茶园土壤地球化学特征 [M] //赵小敏. 土壤地质与资源环境. 北京：地质出版社：56-62.

林丽钦，2009. 应用毒理学安全评价数据推算重金属毒性系数的探讨 [C]. 重金属污染监测、风险评价及修复技术高级研讨会论文集.

刘海玉，2010. 海城市农业环境污染产生的原因及治理对策 [J]. 农业科技通讯 (8)：120-122.

刘洪战，2016. 河南省济源市典型地区土壤污染调查评价 [J]. 上海国土资源，37 (3)：75-77.

刘领，2011. 种间根际相互作用下植物对土壤重金属污染的响应特征及其机理研究 [D]. 杭州：浙江大学.

刘兴久，赵雅玲，1987. 松嫩平原区域土壤中8种重金属元素的背景值及其相关因素 [J]. 东北农业大学学报 (2).

刘亚纳，朱书法，魏学锋，等，2016. 河南洛阳市不同功能区土壤重金属污染特征及评价 [J]. 环境科学，37（6）：2322-2328.
刘娅菲，2005. 江西省优势水稻区域环境质量现状与防治对策［J］. 农村生态环境与发展，22（6）.
刘永生，2012. 华北平原土壤重金属元素空间自相关研究［D］. 北京：中国地质大学.
刘足根，彭昆国，方红亚，等，2010. 江西大余县荡坪钨矿尾矿区自然植物组成及其重金属富集特征［J］. 长江流域资源与环境，19（2）：220-224.
刘足根，杨国华，杨帆，等，2008. 赣南钨矿区土壤重金属含量与植物富集特征［J］. 生态学杂志，27（8）：1345-1350.
龙安华，刘建军，倪才英，等，2006. 贵溪冶炼厂周边农田土壤重金属污染特性及评价［J］. 土壤通报，37（6）：1212-1217.
龙显助，于洪涛，陈万峰，2015. 松嫩平原土壤环境背景值调查研究［J］. 科技与企业（2）：96.
卢一富，邱坤艳，2014. 铅冶炼企业周边大气降尘中铅、镉、砷量及其对土壤的影响［J］. 环境监测管理与技术（3）：60-63.
栾文楼，宋泽峰，崔邢涛，等，2010. 唐海县农田土壤重金属元素来源解析［J］. 土壤通报（5）：1170-1174.
栾文楼，温小亚，崔邢涛，等，2009. 石家庄污灌区表层土壤中重金属环境地球化学研究［J］. 中国地质，36（2）：465-473.
毛建华，陆文龙，2000. 天津市农田土壤污染现状与防治对策［J］. 环境科学导刊，19（8）：96-98.
孟丽静，李彦丽，2005. 迁西县农业生态环境质量综合评价［J］. 国土与自然资源研究（3）：39-40.
庞妍，2015. 关中平原农田土壤重金属污染风险研究［D］. 杨凌：西北农林科技大学.
裴青，杜丽娟，刘淑玲，2001. 石家庄市水环境现状与保护对策［J］. 河北省科学院学报，18（3）：189-192.
彭冬水，2005. 赣南稀土矿水土流失特点及防治技术［J］. 亚热带水土保持，17（3）：14-15.
秦鱼生，喻华，冯文强，等，2013. 成都平原北部水稻土重金属含量状况及其潜在生态风险评价［J］. 生态学报，33（19）：6335-6344.
邱孟龙，2016. 珠江三角洲耕地环境质量演变的时空模拟和风险评价［D］. 北京：中国农业大学.
师荣光，郑向群，龚琼，等，2017. 农产品产地土壤重金属外源污染来源解析及防控策略研究［J］. 环境监测管理与技术，29（4）：9-13.
四川省环境保护厅，2016. 2015年四川省环境状况公报［R］. 05-20.
四川省环境保护厅，四川省国土资源厅，2014. 四川省土壤污染现状调查公报［R］. 11-28.
宋文华，张维，刘晓东，等，2017. 天津市土壤环境保护现状问题分析及建议研究［J］. 环境科学与管理，42（6）：58-61.

孙崇玉，2013. 吉林省典型黑土区农田土壤重金属环境风险研究［D］. 北京：中国科学院研究生院（东北地理与农业生态研究所）.

孙华，孙波，张桃林，2003. 江西省贵溪冶炼厂周围蔬菜地重金属污染状况评价研究［J］. 农业环境科学学报，22（1）：70-72.

孙亚芳，王祖伟，孟伟庆，等，2015. 天津污灌区小麦和水稻重金属的含量及健康风险评价［J］. 农业环境科学学报，34（4）：679-685.

孙亚平，2006. 赣州市龙南地区稀土矿矿山环境遥感研究［D］. 北京：中国地质大学.

谭少军，谢贤健，王历，等，2016. 基于GIS的城市镉元素空间分布特征及其污染评价［J］. 水土保持研究，23（3）：333-337.

汤洵忠，李茂楠，杨殿，2000. 离子型稀土矿原地浸析采场滑坡及其对策［J］. 金属矿山（7）：6-12.

田丽梅，贾兰英，韩建华，等，2006. 天津市土壤重金属污染现状与综合治理对策［J］. 天津农林科技（4）：32-34.

万金保，闫伟伟，谢婷，2007. 鄱阳湖流域乐安河重金属污染水平［J］. 湖泊科学，19（4）：421-427.

王美，李书田，2014. 肥料重金属含量状况及施肥对土壤和作物重金属富集的影响［J］. 植物营养与肥料学报（2）：466-480.

王苗苗，徐震，冯伟，等，2012. 天津市郊区工矿企业区农田环境质量状况分析［J］. 天津农林科技（1）：32-34.

王姗姗，王颜红，王世成，等，2010. 辽北地区农田土壤—作物系统中Cd、Pb的分布及富集特征［J］. 土壤通报（5）：1175-1179.

王粟，孙彬，裴占江，等，2014. 松嫩平原重点区域农田土壤污染现状分析与评价［C］. 中国环境科学学会学术年会论文集.

王学锋，皮运清，史选，等，2005. 新乡市污灌农田中重金属的污染状况调查［J］. 河南师范大学学报：自然科学版，33（3）：95-97.

王学锋，王磊，师东阳，等，2007. 新乡市污灌区蔬菜地重金属污染状况调查分析［J］. 安徽农业科学，35（36）：11980-11981.

王瑜玲，刘少峰，李婧，等，2006. 基于高分辨率卫星遥感数据的稀土矿开采状况及地质灾害调查研究［J］. 江西有色金属，20（1）：10-14.

王兆茹，宋秋华，2005. 钨矿污染土壤中植物受重金属污染情况的调查［J］. 科技情报开发与经济，15（22）：150-151.

魏林根，李建国，刘光荣，等，2008. 江西土壤环境质量与绿色食品可持续发展［J］. 江西农业学

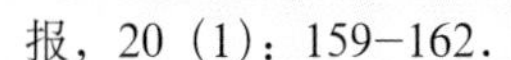

报，20（1）：159-162.

吴燕玉，陈涛，孔庆新，1986. 我国农田土壤的重金属污染及其防治［J］. 土壤通报（4）：45-47.

吴燕玉，李彤，谭方，等，1986. 辽河平原土壤背景值区域特征及分布规律［J］. 环境科学学报，6（4）：420-433.

夏维玉，2017. 矿区周边农田土壤的重金属污染特征与安全利用技术研究［D］. 合肥：中国科学技术大学.

夏文建，徐昌旭，刘增兵，2015. 江西省农田重金属污染现状及防治对策研究［J］. 江西农业学报，27（1）：86-89.

谢学辉，2010. 德兴铜矿污染土壤重金属形态分布特征及微生物分子生态多样性研究［D］. 上海：东华大学.

徐昌旭，苏全平，李建国，等，2006. 江西耕地土壤重金属含量与污染状况评价［C］. 全国耕地土壤污染监测与评价技术研讨会论文集：144-148.

徐晟徽，郭书海，胡筱敏，等，2007. 沈阳张士灌区重金属污染再评价及镉的形态分析［J］. 应用生态学报，18（9）：2144-2148.

徐争启，倪师军，庹先国，等，2008. 潜在生态危害指数法评价中重金属毒性系数计算［J］. 环境科学与技术，31（2）：112-115.

薛占军，2012. 河北省主要污灌土壤质量及其污染风险评价研究［D］. 保定：河北农业大学.

颜春，余广文，2003. 江西省矿山开发引起的主要生态环境问题及防治建议［J］. 中国地质灾害与防治学报，14（1）：111-114.

杨远，2005. 主要重金属在水稻土—水稻、小麦籽粒中的分布与聚集特征研究［D］. 成都：四川农业大学.

于光金，2009. 山东省主要土壤类型重金属环境容量研究［D］. 济南：山东师范大学.

于蕾，2015. 山东省土壤重金属环境基准及标准体系研究［D］. 济南：山东师范大学.

余进祥，刘娅菲，尧娟，2008. 江西省水稻优势产区重金属污染及累积规律［J］. 江西农业学报，20（12）：57-60.

喻超，凌其聪，彭振宇，等，2011. 城市工业区环境系统中的Cd污染循环及其健康风险：以杭州市半山工业区为例［J］. 环境科学学报，31（11）：2474-2484.

张东明，2017. 工业区周边农田土壤重金属分布特征及风险评价［D］. 石河子：石河子大学.

张冠男，2017. 锦州农村地区环境污染问题及对策［J］. 绿色科技（8）：118-120.

张慧，郑志志，马鑫鹏，等，2017. 哈尔滨市土壤表层重金属污染特征及来源辨析［J］. 环境科学研究，30（10）：1597-1606.

张继舟，吕品，于志民，等，2014. 三江平原农田土壤重金属含量的空间变异与来源分析［J］. 华北农学报（12）：353-359.

张丽会，2012. 哈尔滨市农田土壤重金属污染的研究［D］. 哈尔滨：哈尔滨师范大学.

张丽娜，2010. 山东省基本农田土壤重金属含量分布特征及其环境容量研究［D］. 济南：山东师范大学.

张麦生，宋小顺，陶烨，等，2009. 新乡市无公害农产品生产基地环境状况分析［J］. 贵州农业科学，37（9）：253-255.

张秋英，赵英，2000. 松嫩平原农区农业生态环境变化原因及对策［J］. 农业系统科学与综合研究，16（4）：279-282.

赵冰，沈丽波，程苗苗，等，2011. 麦季间作伴矿景天对不同土壤小麦—水稻生长及锌镉吸收性的影响［J］. 应用生态学报，22（10）：2725-2731.

中国畜牧兽医年鉴编辑委员会，2016. 2015中国畜牧兽医年鉴［M］. 北京：中国农业出版社.

周英涛，王春艳，张建林，等，2007. 安阳市农作物典型污染区域环境质量调查研究［J］. 环境与可持续发展（1）：49-51.

朱桂芬，张春燕，王建玲，等，2009. 新乡市寺庄顶污灌区土壤及小麦重金属污染特征的研究［J］. 农业环境科学学报，28（2）：263-268.

朱英美，罗运阔，赵小敏，等，2005. 南昌市近郊蔬菜基地土壤和蔬菜中重金属污染状况调查与评价［J］. 江西农业大学学报，27（5）：781-784.

Pinki M, Jane S, 2010. Evaluation of conservation interventions using a cellular automata-Markov model [J]. *Forest Ecology and Management*, 260(10): 1716-1725.

Biljana Škrbić, Snežana Milovac, Milan Matavulj, 2012. Multielement profiles of soil, road dust, tree bark and wood-rotten fungi collected at various distances from high-frequency road in urban area [J]. *Ecological Indicators*, 13(1): 168-177.